沿黄盐渍化灌区农膜残留对土壤-作物系统的影响研究

李仙岳　史海滨　王志超　胡　琦　陈　宁　闫建文　著

科学出版社
北　京

内 容 简 介

本书从我国沿黄盐渍化灌区农膜污染及防控的角度，以丰富的资料和翔实的数据介绍了农膜残留污染对土壤-作物系统的影响机制，对农膜残留的影响过程和机理进行了全面系统的定量分析和评价，以期促进农膜污染问题的解决，推动农业绿色可持续发展。

本书可供从事农业与环境管理、科研、生产等领域的研究人员、专业技术人员、教学人员和相关专业的研究生、本科生等参考。

图书在版编目 (CIP) 数据

沿黄盐渍化灌区农膜残留对土壤-作物系统的影响研究/李仙岳等著. —北京：科学出版社，2022.12

ISBN 978-7-03-074587-3

Ⅰ. ①沿… Ⅱ. ①李… Ⅲ. ①盐渍土–灌区–农用薄膜–影响–土壤–研究 ②盐渍土–灌区–农用薄膜–影响–作物–研究 Ⅳ. ①S159

中国版本图书馆 CIP 数据核字（2022）第 256306 号

责任编辑：董 墨 李 静 / 责任校对：杜子昂
责任印制：吴兆东 / 封面设计：图阅社

科 学 出 版 社 出版
北京东黄城根北街 16 号
邮政编码：100717
http://www.sciencep.com

北京九州迅驰传媒文化有限公司 印刷
科学出版社发行 各地新华书店经销
*
2022 年 12 月第 一 版 开本：B5 (720×1000)
2022 年 12 月第一次印刷 印张：15
字数：312 000

定价：138.00 元

(如有印装质量问题，我社负责调换)

前　言

农业生产系统中，农膜覆盖有效切断了地表与大气间的水汽交换，是减小农田土壤蒸发，增加土壤温度，抑制土壤返盐，提高作物产量的重要手段，该技术已被广泛应用于世界各地农业生产中。在干旱寒冷盐渍化地区，农膜覆盖率更高，增温、保墒、增产等效果更明显。然而，由于农膜的主要材料是聚乙烯或聚氯乙烯，具有极高的物理、化学和生物稳定性，很难在土壤中自降解。据统计，目前每年农膜残留率约为 20%～30%，如果农膜质量不达标、回收机制不健全，农膜残留率就会更高，农田中“白色污染”已成为制约农业可持续发展的主要制约因素。土壤中残膜累积到一定程度会明显降低土壤入渗能力、抑制根系对水氮的吸收、改变水肥分布和迁移并降低作物产量。另外，塑料农膜在风化、耕作等外力作用下，单块面积会越来越小，部分会分解为微塑料颗粒，其能通过水分进入到作物体内，经食物链的传递，在人体内积累，影响生殖和发育，甚至致癌。因此，加强农膜残留对土壤-作物系统影响机制和农膜污染防治技术的研究对农业绿色高质量发展具有重要意义。

近年来国内外学者对农膜残留在土壤中的分布、以及对土壤物理、水力参数、水分运动及作物生长发育的影响比较关注，这些问题已成为研究的热点。但农膜残留影响机制仍然不清晰，关于农膜残留的表观规律研究较多，系统机理研究仍较缺乏；残膜数量与土壤物理、水力性质的统计关系较多，残膜条件下的水力机理分析较少；非盐渍化地区残膜对作物生长的试验较多；浅地下水、盐渍化地区作物对残膜的响应机制较少。为此作者在国家自然科学基金地区项目“膜下滴灌农田水盐迁移对土壤-残膜-根系多界面系统的响应机制及模拟研究”（项目编号：51669020）、国家自然科学基金重点项目“变化环境下盐渍化灌区水肥循环机制及调控研究”（项目编号：51539005）、国家自然科学基金青年项目“微塑料对土壤水力特性和结构的影响及其作用机理”（项目编号：42007119）、内蒙古自治区自然科学基金项目“长期膜下滴灌连作下残膜对水分迁移及后作生长影响的模拟研究”（项目编号：2011BS0302）以及中国水利水电科学研究院流域水循环模拟与调控国家重点实验室开放研究基金项目“膜下滴灌条件下不同残膜量赋存对土壤水分迁移及作物生长影响的模拟研究”（项目编号：IWHR-SKL-201118）、国家重点研发计划项目“黄河宁蒙灌区节水—控盐—减污—生态保护技术研究与示范”（项目编号：2021YFC3201202）、内蒙古科技计划“沿黄流域农牧区面源污染防治技术研究与示范”（项目编号：2022YFHH0039）以及内蒙古农业大学杰出青年科学基金培育项目“寒旱区生物地膜覆盖农田水氮高效利用机制及灌溉施肥制度优化研究”（项目编号：BR220302）等项目的资助下，围绕农膜残留对土壤和农田作物系统的影响进行研究。从 2012 年开始，开展了包括“覆膜年限及灌水方法对农膜残留的影响”、“农膜残留微塑料在土壤-排水沟的迁移与分布”、“农膜残留对土壤物理和水力性质的影响”、“农膜残留土壤水分入渗规律”、“不同残膜量和灌水定额对土壤-作物系统的影响”等与农膜残留相关的系统试验和研究，并开展了不同时间揭膜对土壤-作物系统的影响机制研究。

本书在上述一系列研究成果的基础上，综合利用农田水利学、土壤物理学、土壤水动力学、植物生理学及统计学等多学科理论和方法，理论研究与实证研究相结合、定量与定性分析相结合，对农膜残留的影响机制和机理进行了全面系统的定量分析和评价；明确农膜覆盖年限和不同灌水方法对农膜在土壤中的分布的影响，揭示了农膜残留微塑料在土壤和排水沟中的赋存量，分析了农膜残留对土壤结构、物理和水力特性的影响，评估农膜残留下土壤水分特征曲线，明确了农膜残留对一维、二维土壤水分入渗的影响，评估了农膜残留下水分入渗的不确定性并筛选出农膜残留条件下适宜入渗和蒸发的模型，基于染色示踪技术分析了农膜残留农田水分入渗的非均匀性及优先流特征，探究了农膜残留农田水盐时空分布特征，明确农膜残留对玉米根冠生长、光合、产量、水分利用效率的影响机制，制定了农膜残留农田适宜的灌水制度，并提出了应对农膜残留的揭膜技术以及农膜污染防治相关建议。

本书可供水利、农水、土壤专业的本科生、研究生及从事相应专业的科研、教学和工程技术人员参考。

本书由内蒙古农业大学李仙岳主笔，内蒙古农业大学史海滨、胡琦、陈宁、闫建文和内蒙古科技大学王志超副主笔。第 1 章为绪论，主要介绍农膜残留的背景及意义、污染产生的原因和国内外研究进展，由闫建文、王志超、胡琦、陈宁撰写。第 2 章介绍了农田残膜的采集和识别方法，由胡琦和陈宁撰写。第 3 章针对沿黄盐渍化灌区的地膜覆盖及农膜残留时空分布特征进行了分析，由王志超撰写。第 4 章研究了农膜残留微塑料在土壤-排水沟中的赋存特征及估算，由王志超撰写。第 5 章分析了农膜残留对土壤结构的影响及基于 CT 断层扫描分析，由王志超撰写。第 6 章分析了农膜残留对土壤物理和水力参数的影响，由王志超撰写。第 7 章为土壤水分入渗和蒸发对农膜残留的响应及模拟，由王志超撰写。第 8 章为土壤剖面水分入渗对农膜残留的响应及染色示踪，由胡琦撰写。第 9 章介绍了农膜残留田间试验的试验材料与方法，由胡琦撰写。第 10 章为农膜残留对农田生育期土壤水盐动态的影响，由胡琦撰写。第 11 章为农膜残留对玉米生长和光合特性的影响，由胡琦撰写。第 12 章为农膜残留对玉米根系生长的影响，由胡琦撰写。第 13 章为农膜残留对玉米产量和水分利用效率的影响，由胡琦撰写。第 14 章为不同揭膜时间对土壤水、热、氮迁移的影响及模拟研究，由陈宁撰写。第 15 章为总结与展望，由王志超和胡琦撰写。全书编写过程由李仙岳组织、统筹、审查。

本书在撰写过程中参考、借鉴了相关专家学者的有关著作、论文的部分内容，在此深表谢意。

限于作者水平，书中难免有不足之处，敬请广大读者批评指正。

李仙岳

2022 年 10 月

目　　录

第1章　绪　　论

1.1　研究背景及意义

农膜覆盖技术是指用聚乙烯（PE）塑料薄膜作为一种覆盖物防止或降低土壤蒸发的农艺技术。由于农膜覆盖具有提高土壤温度、保持土壤水分、防止害虫侵袭、促进农作物生长等功能，自1978年农林部从日本引进该技术后，与我国农业耕作相结合后形成了一套高产、早熟、优质的农业生产体系，农膜成为继化肥、农药之后的第三大生产资料，并在我国掀起了一场农业生产的“白色革命”，对保障我国农产品供给和粮食安全作出了重大贡献。目前，农膜覆盖栽培在80多种作物上均获得成功，有实用价值与经济效益的覆盖栽培作物亦有40多种。农膜覆盖栽培技术在农业增产中发挥了巨大作用，据1992～2020年《中国农村统计年鉴》显示，我国农用地膜使用量增加了256.70%，地膜覆盖面积增加了182.96%（图1.1）。2017年我国地膜覆盖面积高达1865.72万hm^2，已成为世界上地膜使用量和覆盖面积最大的国家。

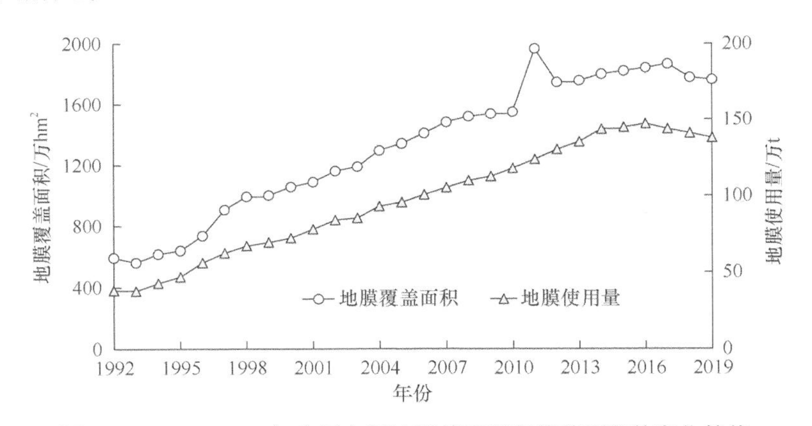

图1.1　1992～2020年中国农用地膜使用量和覆盖面积的变化趋势

然而，农膜的广泛使用在带来经济效益的同时也带来了新的问题，由于目前使用的农膜主要是聚乙烯，在自然环境下降解速度相当缓慢，大约需要100年。由于农膜用量逐渐增加、农膜质量较差、老化易碎难以回收，且回收成本高，缺乏有效的管理措施，使农田中的农膜残留逐年增加。据统计，我国每年会增加20万～30万t不能降解的残留农膜。农膜老化破碎和回收不够，造成大量农膜残留在土壤，影响田间机械化耕作，破坏了耕作层土壤结构，使土壤孔隙减少，降低了土壤通气性和透水性，影响水分和营养物质在土壤中的传输，使土壤微生物的活力受到抑制，导致土壤水难于下渗，引起土壤次生盐碱化等严重后果。除此之外，还影响农作物对水分和营养物质的吸收，阻碍了农作物种子发芽、出苗和根系生长，最终导致农作物减产，“白色革命”已经逐渐演变为一场严重蔓延的“白色污染”，如果再不加以治理将严重破坏生态环境。近几年全国各地都在进行减膜控膜技术的推广，地膜使用量和覆盖面积均有所下降。

2014 年全国农业工作会议上首次明确提出了农业面源污染治理目标，要求 2020 年农膜回收率基本达到 80%以上。2015 年发布的《全国农业可持续发展规划（2015—2030 年）》提出，到 2030 年农业主产区农膜废弃物实现基本回收利用。2019 年农业农村部、国家发改委等 6 部门联合印发《关于加快推进农用地膜污染防治的意见》，2020 年国家发改委、生态环境部等九部委发布了《关于扎实推进塑料污染治理工作的通知》进一步明确了地膜污染防治的总体要求、制度措施、重点任务和政策保障。在政策支持下，部分省（区，市）农膜污染治理也取得了初步成效，如甘肃全省地膜回收率由 57%（2011 年）提高到 80.1%（2017 年），2017 年新疆 40 个覆膜大县回收率已接近 80%，内蒙古 14 个农膜回收示范项目建设旗县的农膜回收率超过 80%。但总体上，全国农膜污染形势依然严峻，离当季农膜回收率 80%的目标，还有一定的距离。

目前大多研究主要集中在农膜残留的现状及其产生的危害，在农膜残留对土壤理化性质、作物生长发育及作物产量的影响等方面，很少进行系统的归纳和总结。所以系统研究农膜残留对土壤-作物系统的影响，并提出响应的对策，对于大规模农膜覆盖地区地膜的使用方式、控膜制度的推行等均有重要意义。内蒙古河套灌区是我国三个特大型灌区之一，是典型的盐渍化灌区且地膜使用量约占内蒙古地区的 30%，覆膜面积占整个内蒙古地区的 40%以上，是典型的盐渍化农膜残留严重区域。本书以内蒙古河套灌区为研究区域，以促进灌区农膜覆盖技术合理、安全、可持续使用提供合理依据为研究目的，考虑覆膜年限、灌溉制度、灌水方法、农膜残留量等影响因素，综合区域水土环境、土壤结构、物理、水力参数、土壤入渗蒸发、农田水盐运移、作物生长等农膜残留影响的水土环境和作物生长问题，运用区域调查、野外典型试验、室内模拟验证、CT 扫描、染色示踪、数值模拟等多种试验方法，系统地开展了河套灌区地膜覆盖及农膜残留时空分布特征、农膜残留微塑料在土壤-排水沟中的赋存特征及估算、农膜残留对土壤结构的影响、农膜残留对土壤物理和水力参数的影响、农膜残留土壤水分入渗和蒸发室内试验与模拟、土壤剖面水分入渗对农膜残留的响应及染色示踪、农膜残留对农田生育期土壤水盐动态的影响、农膜残留对玉米生长和光合特性的影响、农膜残留对玉米根系生长的影响、农膜残留对玉米产量和水分利用效率的影响等方面研究，并提出通过揭膜技术以降低农膜残留率，以此明确农膜残留现状及环境污染问题，剖析农膜残留对土壤水分运移的影响机理，明确农膜残留和灌溉定额对水盐运行的交互作用，探明残膜量对玉米生长发育的胁迫规律，并提出降低农膜残留污染的技术和对策，为农膜残留地区农膜残留治理和地膜覆盖技术的合理、安全、可持续使用提供数据支撑。

1.2　农膜残留污染产生的原因

1.2.1　地膜生产标准较低

自 20 世纪 90 年代以来，我国地膜生产以《农业用聚乙烯吹塑薄膜》（GB 4455—1994）、《聚乙烯吹塑农用地面覆盖薄膜》（GB13735—1992）等为标准，该标准规定我国地膜生产厚度为 0.008±0.003mm；2017 年国家标准化管理委员会颁布了《聚乙烯吹塑农用地面覆盖薄膜》（GB13735—2017）新国家标准，地膜厚度下限由 0.008mm 提高到 0.010mm，增加了 0.015mm、0.016mm、0.018mm、0.025mm 和 0.03mm 五种推荐厚度规格。然而，目前世界上大多数国家规定地膜生产厚度为 0.012mm，其中欧美国家规定为 0.020mm，日本规定为 0.015mm，厚度要求均高于我国的 0.010mm。众所周知，地膜厚度是影响地膜回收率的一项非常重要的因素，我国目前广泛使用的低厚度地膜，在经过一年的使用后，加上风化，日晒等原因，破碎率非常高，给残膜回收带来了巨大的困难（宋克森，2007）。

1.2.2　农民地膜回收意识较差

尽管农民对残膜污染的巨大危害有了一些认识，但对危害的认识程度不够，对于残膜回收的意识仍然不高。大部分农民不会对残膜进行专门的回收，只是在耕地、犁地过程中“顺路”将面积较大的残膜进行回收，很少有人利用专门的残膜回收机械进行回收，进而导致农田中的残膜越积越多，对土壤及农业生产产生了巨大危害。除此之外，由于环保意识不强加之没有合理的处理设施，大多数农民将回收来的残膜进行集中焚烧，对空气环境造成了恶劣影响，形成“二次污染”（谢静，2009）。

1.2.3　地膜回收技术及机械发展较慢

虽然地膜覆盖技术在我国应用已经有几十年的历史，但是截至目前还没有比较完整、可操作的地膜覆盖及回收技术，如根据当地特有的土壤及气候因素，在不影响作物产量的情况下采取什么样的覆膜方式、多大的覆膜量更适宜，更能减少地膜的使用量；特别是当前还没有比较完整、成熟的地膜回收技术，如由于地膜老化及作物秸秆的影响，农田中残膜回收难度大，同时残膜下面土壤易板结，容易造成残膜捡拾装置损坏（王向丽，2018）；残膜回收过程中由于土壤不断压实，不利于土壤保水保墒，苗期揭膜技术不完备，不利于作物继续生长（颛孙玉琦等，2022）；在进行残膜回收时，残膜与杂草、残茬等极易混合在一起，如果不能很好地将它们分开，将不利于残膜的回收，甚至会出现二次污染（哈力甫•阿布拉哈提，2020）。另外要根据当地的作物类型、日照强度等确定什么时候回收地膜更合适，而不是等到作物完全成熟后地膜已经破碎后再进行回收等，这些都需要经过研究进行确定。地膜回收机械也有待进一步发展，很多农民只利用机械进行耕地、平地，很少单独利用残膜回收机械回收残膜，既增加了成本又费时费力，同时部分残膜回收机回收率不高，回收土层深度不深，目前我国用于机械化残膜回收的设备功能还比较单一，质量也参差不齐，实际的残膜回收能力差别较大，且无法应对多变的土壤情况，很多时候都需要进行多次反复的回收才能达到比较满意的效果（田娟，2020），这也是造成目前残膜回收机得不到大规模推广的原因之一（曹肆林等，2009；薛文瑾等，2005）。

1.2.4 农膜回收处理存在制约条件

政府是治理“白色污染”的重要环节，但目前在农膜回收政策的制定与落实方面尚存在局限性，如缺乏健全的残膜回收服务体系，导致回收效果不佳，也没有对残膜后处理的延续对策或政策，对回收的标准要求不高。故政府要加强残膜回收利用政策、资金等支持，积极争取相关项目资金，加强对残膜回收加工企业的扶持力度；强化相关职能部门的配合协作，相关职能部门要切实做好农膜回收利用的规划指导、协调服务、宣传引导等，必要时采取以奖代补的办法，形成残膜回收利用的良好氛围（杨薇，2022）。

1.3 农膜残留对土壤影响的国内外研究进展

1.3.1 我国农膜残留现状及分布特征

随着不合格农用塑料薄膜的大量使用，农田土壤中残膜碎片的累积量也越来越大，但由于我国不同地区的种植作物、种植方式及地膜类型等因素的影响，导致我国不同地区残膜的分布特征存在明显差异。根据调查显示（严昌荣等，2014），我国各省份在过去20年的地膜使用量都大幅增加，增幅一般在3～10倍。但不同省份地膜使用量的增幅有明显差异，北方地区地膜使用量的增幅是我国最大的区域。

例如，甘肃从 1991～2011 年地膜使用量的增幅为 92.31%；新疆从 1991～2011 年地膜使用量的增幅为 79.89%；黑龙江和吉林 1991～2011 年地膜使用量的增幅为 72.00%～77.14%。据邹小阳等（2017）调查研究发现，河南省在华南地区的残膜量最高。河北省在华北地区残膜量最高为 81.25kg/hm^2。西南地区的残膜量较低，其中云南省的旱地农业面积较大，所以云南省的残膜污染较为严重。西北内陆地区的残膜量在全国范围内最高，其中新疆残膜量最高（Zhang et al.，2016），同时也是我国农膜残留量最高的地区。总体上，随着农膜覆盖面积越来越大，农膜残留也会越来越严重。

土壤中残留地膜受农事活动和农业机械耕作的影响呈现出多种多样的形状和大小，形状主要有片状、球状、卷曲状等，以水平、垂直和倾斜三种方向存在于土壤中。马辉等（2008）研究发现，残膜以面积为标准可分为大膜（>25cm^2）、中膜（4～25cm^2）和小膜（<4cm^2）3 类，其中小膜占绝大多数，小、中、大 3 种面积的残膜数量平均比为 7∶2∶1。马彦等（2015）通过对甘肃省地膜残留污染的调查与计算也发现，田间残留地膜的面积以<4cm^2 最多，其次是 4～25cm^2，此外，残膜主要分布在 0～20cm 表层土壤中，且残膜量随着土层深度增加而减小。特别在地表滴灌条件下（王志超等，2017a），残留的农膜碎片面积多以小于 5cm^2 存在于土壤中（严昌荣等，2008），且主要分布在 0～30cm 土层。也有研究表明（齐小娟等，2001），土壤中的残膜碎片主要分布在耕作层，其中 0～10cm 土层中的残膜量占土壤中残膜总量的 2/3 左右，剩下的则分布在 10～30cm 土层。刘建国等（2010）通过对绿洲棉田残膜量的调查发现，存在于土壤中的残膜在 0～30cm 土层的比例达到了 85%，残膜量也随着连作（覆膜）年限的增加而增加，残膜在 0～30cm 土层的分配比例有所变化（0～15cm 土层的残膜数量减小，15～30cm 土层的残膜数量增加），由于土壤耕作等因素，残膜的破碎度增加，>10cm^2 以上的残膜量下降。

1.3.2 农膜残留污染的发展趋势

农膜残留是我国农业发展中出现的新型的面源污染问题，而我国目前尚未对残膜污染问题有系统的研究和有效的举措。这说明我国残膜污染仍有扩大的趋势，具体来说，我国残膜污染的发展趋势有以下特征：一方面，农膜残留问题在短期内不会消除，残膜量也会持续增加。但由于我国大多数地区的地膜回收率较低，且对于地膜回收的相关法律法规不健全，残膜污染问题十分严峻。另一方面，随着时间的推移，以及国家对农业污染问题的高度重视，残膜污染的问题将会逐渐被解决。农业部提出“一控、两减、三基本”的重点整治农业污染的方针政策，农田残膜污染是其中一个重要方面。国家也修改了地膜的厚度标准，提高了薄膜的厚度，增加了地膜回收率，同时国家已经开始加大相关科研和治理力度，在可降解的地膜、生物环保型的地膜，以及地膜回收机械的研发上不断取得进展。大量的田间试验也表明可降解地膜覆盖在促进作物的生长、抗旱增温等方面与普通地膜覆盖没有明显区别，能够有效解决残膜污染问题。随着可降解地膜不断的改进，出现了新型环保可降解生物地膜（张相松等，2019；梁志虎，2018；赵燕等，2010），唐建阳和周先治（2016）研究发现，田间填埋 6 天后，Nature M.T 环保地膜的降解速率是普通聚乙烯农膜的降解速率的 37.03 倍，所以 Nature M.T 环保地膜较普通聚乙烯地膜更容易降解。可见在农业生产中可降解地膜可以代替普通聚乙烯农膜的使用。李朝辉等（2020）将玉米地的残膜回收机具进行了改进，工作时表层残膜回收率能达到 91%，能够很好地分离土和膜，不会产生二次污染。

1.3.3 农膜残留对土壤物理性质的影响

土壤中残膜难以回收利用，且不易分解，破坏土壤团粒结构，造成土壤结构破坏、板结，给土壤环境造成了严重污染（黄占斌和山仑，2000；李青军等，2008）。农膜在土壤中残留及积累造成对土壤物理性质的影响是农膜残留的主要生态环境影响之一，部分学者通过实验研究发现，农膜残留可以影响土壤物理性质，如影响土壤孔隙度，降低土壤的通透性，破坏土壤结构，造成土壤板结等（解红娥等，2007；Liu et al.，2014）。杜利等（2018）研究发现相对于无膜处理的土壤，含残膜的土壤容重较高，且随着残膜量和土层深度的增加，土壤容重越大，与土壤容重不同的是含残膜土壤的孔隙度相对较低，并且随着残膜量和土层深度的增加，土壤孔隙度越小。董合干等（2013a，b）研究了新疆棉田地膜残留对土壤物理性质的影响，其结果表明农膜残留可导致土壤物理性质恶化，水分分布不均，土壤营养下降，土层孔隙度显著减小，土壤通气性变差。解红娥等（2007）研究表明，含残膜土壤的容重均高于对照土壤，且残膜量在 0～1440kg/hm^2 时，地膜残留量与土壤容重呈对数关系。杨素梅等（1999）研究发现，农膜残留会降低土壤中气体的流通和交换，进而降低土壤中氧气的含量，对土壤中微生物及蚯蚓等有益动物的生存造成严重影响。Sharma 等（2009）研究表明，残留的农膜残片能够在土壤中形成阻隔层，降低土壤透气性，减少土壤团聚体量和稳定性，从而影响土壤的雨水溅蚀力和保肥保水性能；此外，农膜残留还会增加土壤颗粒分散性，减少土壤渗透和降低土壤的抗蚀性（马兆嵘等，2020）。王坤等（2021）通过比较含残膜和不含残膜土壤的物理性质指标发现，两种土壤的土壤孔隙度、田间持水量、土壤含盐量等理化性质指标数值有较大差异。含残膜的土壤孔隙度、田间持水量要小于对照土壤，但土壤含盐量相对较高，即含残膜的土壤，其农作物种植生长环境相对要更加恶劣一些。蒋金凤等（2014）研究表明残膜能够导致土壤出现分层，且上下层土壤温度不一致，使得气体不能很好地交换。土壤容重随着残膜量增高而逐渐增大，土壤孔隙率则随着残膜量增高而逐渐减小，通过实验发现，当膜残量分别为 225kg/hm^2、450kg/hm^2 和 900kg/hm^2 时，土壤容重分别较无残膜处理增加了 0.78%、2.33%和 5.43%（李青军等，2008）。赵素荣等（1998）研究土壤中残留农膜对土壤理化性状的影响，试验表明：除土壤硬度外，农膜残片对土壤容重、土壤含水量、土壤孔隙度、土壤透气性、透水性等都有显著影响，且残膜碎片越大，影响越明显。当无残膜时，土壤含水量为 16.2%，孔隙度为 53.0%，容重为 1.21g/m^3；当残膜量为 450kg/hm^2 时，含水量减少到 14.2%，孔隙度减少到 35.7%，而容重上升到 1.84g/m^3。这表明残留地膜与土壤含水率、土壤空隙度呈负相关，与土壤容重呈正相关。

但目前对于农膜残留问题造成的土壤物理性质的影响大多集中于对局部地区短时间的研究，研究内容系统性也不强，大多只是对几个指标的研究，长期性、系统性大范围的影响研究还较少。

1.3.4 农膜残留对土壤化学性质的影响

残膜的存在除影响土壤的物理性质之外，还会对土壤的化学性质产生一定的影响。由于农膜中含有稳定剂、增塑剂等化学添加剂，残膜在土壤中分解后，亦会生成有毒物质，经土壤水分淋洗后，进而对土壤、地下水、作物产生严重的不良影响；更严重的是地膜化学添加剂中的重金属残留在农田中后，会造成土壤严重的化学污染，降低肥料利用率，并且这种污染能够长久持续（赵雪等，2007；黄星炯等，1993；Dick et al.，1988）。

近年来，土壤污染已经越来越受到社会各界的高度重视，农膜残留对土壤理化性质的影响是造成土壤污染的重要原因，且由于残留农膜既不容易蒸发也不容易挥发，更不易被微生物分解，故其造成的影响是持久性的。张丹等（2017）研究表明，当土壤中残膜量超过 450kg/hm^2 时，土壤微生物量、微生物群落丰度和土壤酶活性显著降低。同时，土壤中长期存在的农膜会降低土壤有机质（SOM）含量、总氮（TN）、氨态氮（NH_4^+-N）、硝态氮（NO_3^--N）以及土壤速效磷（Olsen-P）含量，引起土壤养分退化，肥力降低。祖米来提·吐尔干等（2017）研究表明，随着土壤中残膜量的增加，植株对土壤中氮素的吸收量逐渐降低，从而导致土壤中硝态氮和铵态氮的含量增加，生物量下降，农作物产量降低。董合干等（2013a，b）研究新疆棉田残膜时发现，残膜使土壤 pH 显著上升，有机质、碱解氮、速效磷和速效钾显著下降，当残膜密度达到 2000kg/hm^2 时，土壤有机质、碱解氮、有效磷和有效钾含量分别降低 16.7%、55.0%、60.3%、17.9%。常芳红（2017）研究表明，随着残膜密度的增大，土壤中水解氮、速效磷、速效钾和有机质均有所下降，而土壤 pH 呈上升趋势。

塑料农膜含有增塑剂、稳定剂、添加剂等化学物质，在自然界分解后会产生有毒有害物质，对土壤环境造成直接危害（李青军等，2008）。例如，农膜增塑剂（邻苯二甲醛酯类化合物）具有低水溶性、高脂溶性和显著的生物累积性，进入土壤后会对作物产生严重毒害作用（肖军和赵景波，2005）；农膜稳定剂中的重金属盐类，如 Pb、Cd、Zn、Ba、Sn 等会通过残膜的积累残留在农田，影响土壤的化学性质，形成化学污染，妨碍肥效或造成肥料危害（杨素梅等，1999）。解红娥等（2007）选取 5 年以上地膜覆盖种植棉花、残膜拣拾较差的地块，对照常年种植小麦的地块，通过对土壤有机质及大量微量元素进行测定，结果表明，覆膜 5 年以上的地块土壤中的 N、P、Fe、Zn 的含量略有上升，Cu、Ni、Hg 的含量呈下降趋势。于立红等（2013）通过盆栽和大田试验，发现地膜残留量对土壤和植株中重金属含量影响较大，土壤中重金属质量分数随残膜量增加呈显著上升趋势，高残膜量土壤的重金属质量分数明显高于低残膜土壤，土壤中 Cd 的质量分数均超标。由此可见，残膜对土壤化学性质的影响是显而易见的。不过目前这方面主要还是定性的研究，定量化的研究很少甚至没有涉及。

1.3.5 农膜残留对土壤水力参数的影响

土壤是具有巨大比表面积的多孔物质，土壤孔隙中保持了相当数量的土壤水，残膜的存在因其对土壤孔隙产生影响，进而会造成土壤水及土壤水力特性的改变。土壤水力特性主要包括饱和导水率、水平扩散率和水分特性曲线等。已有研究表明，饱和导水率、水平扩散率等土壤水力特性与土壤质地、结构、容重、养分、盐分、有机质含量等均有相关。

近年来已有大量学者就生物炭、聚丙烯酰胺（PAM）、膨胀土等因素造成土壤孔隙变化而对土壤水分特性产生影响进行了大量研究。潘金华等（2016）研究显示土壤的饱和持水率、田间持水率等会随生物炭含量的增加而呈增大趋势，同时生物炭的增加会提高土壤供水能力及保水保湿能力；蒋俊明等（2008）通过试验研究表明土壤中的砾石含量过多，会导致土壤的田间持水率显著降低，从而减小土壤的持水性能，土壤易产生干旱；饱和导水率主要与土壤的性质和水的黏度相关（于德芬和徐福安，1990）；佘冬立等（2014）对草地、保护地、菜地和茶园 4 种不同土地利用方式下的饱和导水率进行比较，发现茶园和草地不同尺寸孔隙对水流的影响随孔隙尺寸减小而降低，而菜地与保护地中的小孔隙对水流影响最大；在土壤中增加了秸秆、膨润土、PAM 改良材料后，土壤饱和导水率都有不同程度的增加（孙荣国等，2011）；刘新平等（2008）研究发现，土壤水分扩散率随着土壤粒径的减小而逐渐降低，玻尔兹曼（Boltzmann）参数的变化与含水率有关，随着土壤含水率增加，Boltzmann 参数逐渐减小；马鑫（2014）通过 PAM 对土壤水分特性研究表明，在 PAM 相同分子量、相同掺量下，不同盐渍化土壤的饱和导水率、水平扩散率等均会随着盐分的增加而减小，而在相同掺量下随 PAM 分子量增大，饱和导水率、水平扩散率等会逐渐减小。尽管关于土壤水力特性已经做了大量研究，然而对于农膜残留情况下的土壤水分特性变化研究较少，特别是不同残膜量条件下的相关变化研究更少。

农膜在土壤中残留后，部分残膜会阻断土壤水分运移的通道，对土壤含水率及土壤水力参数等造成影响（邹小阳等，2016a；John et al.，1998）。李仙岳等（2013）通过室内滴灌试验研究发现，当土壤中残膜量不断增加后，在相同时间内滴灌湿润锋的运移距离明显变小，滴灌湿润体积也明显减小，同时水分入渗的不确定性明显增大，这说明残膜的存在降低了土壤水分的入渗性能。另外，残膜的存在会阻碍土壤水分的运动，对土壤水分运移产生负面作用，但随着土壤中残膜持续增加，也可能导致残膜区土壤大孔隙比例增加，产生优势流。Liu 等（2009）则通过研究表明，随着残膜量增加，土壤中毛管水的运移路径易被残膜阻断，从而造成土壤过水能力降低，影响土壤水分运移能力，但李元桥等（2015）通过试验研究发现，当残膜量达到 720kg/hm^2 时，残膜区土壤中会产生较多的大孔隙，进而会在残膜区导致较明显的优势流作用，使得在该区域湿润锋的运移速度加快，湿润比和稳定入渗速率降低。常芳红等（2017）研究发现，在残膜密度为 0～555kg/hm^2 时，0～10cm、10～20cm 和 20～30cm 各土层土壤含水率基本没有差异。但是，当残膜密度大于 900kg/hm^2 时，土壤水分下渗变缓，由于残膜对水分的阻隔，下层土壤中含水率明显降低。当残膜密度达到 1020kg/hm^2 时，20～30cm 土层的土壤含水率比 0～10cm 土层减少了 7.2%。由此可见，高密度的地膜残留会严重阻碍水分在土壤中的下渗。王亮等（2016）通过对新疆棉田蒸散及棵间蒸发的影响研究表明，当地膜残留量增大后，土壤的棵间蒸发量、棵间蒸发占蒸散的比例不断增大，与此同时蒸散量、作物蒸腾量则逐渐变小，可见残膜的存在不仅会影响土壤水分入渗，同时也会对土壤水分的蒸发产生一定的影响。尽管在残膜对土壤水分的影响方面，前人还做了相关方面的大量研究（Yan et al.，2014；王鹏等，2012；梁志宏和王勇，2012），其主要集中在农膜残留对湿润锋、湿润体，特别是对土壤水分的阻水作用及优势流作用的影响等方面，然而目前对于农膜残留影响土壤水分运移的机理仍不够清楚，对于残膜存在下不同水力参数的变化响应仍不够明确，特别是在残膜存在条件下土壤水分入渗、蒸发模型拟合方面的相关研究还较少。

1.3.6 农膜残留对土壤水分入渗及蒸发的影响

土壤蒸发主要受土壤输水能力和大气蒸发能力的影响，目前在不同覆盖物、不同盐分、不同 PAM 施用量等对土壤蒸发的影响方面研究较多，如增加麦秆覆盖量将明显降低土壤蒸发量（李艳等，2015）；土壤含盐量增加会导致土壤蒸发速率显著降低（张少文等，2015）；土壤中 PAM 施用量增加会增大土壤孔隙度及毛管孔隙度，并减少土壤水分蒸发（张婉璐等，2012）。而对土壤中农膜残留会直接隔断部分毛管孔隙，导致毛管导水率下降，影响土壤蒸发等方面的研究较少。尽管刘春成等（2011）对 Philip（原林虎，2013）和 Kostiakov 等主要入渗模型（范严伟等，2012）在不同条件下的土壤水分入渗做了评价，刘旭（2010）对参数较少的 Black 和 Rose 蒸发模型在土壤蒸发评价等方面也做了相应研究，但是对于农膜残留条件下这些模型的评价，以及是否具有较高精度等方面的研究较少。另外，虽然目前关于农膜残留对土壤水分入渗的影响做了部分研究，但主要以单一土质为研究对象，对于不同质地条件下农膜残留对土壤水分入渗、蒸发的影响研究较少，而对其模型的适应性评价方面的研究就更少。

农膜是一种分子结构稳定的聚乙烯材料，难以在自然条件下进行光解和热降解（李付广等，2005），随着连续多年覆膜耕作，农膜残留问题必将越来越严重（解红娥等，2007；Mahajan et al.，2007）。研究显示农田中地膜残留量的增加将阻碍土壤毛细管水的运移和降水的入渗，土壤孔隙度、通透性等都会降低，导致土壤板结，最终会严重影响水分入渗过程导致农作物减产（何文清等，1993；毕继业等，2008）。另外，残膜影响土壤物理性状，若长期滞留在土壤里，会影响土壤的透气性，阻碍土壤水肥的调节，影响土壤微生物活动和正常土壤结构形成，最终降低土壤肥力水平（严昌荣等，2006），影响作物产量及出苗率（张保民等，1994）。然而目前对残膜影响水分入渗机制了解甚少，特别是随着连续覆膜耕作年限加长，残膜在土壤中的位置也将不同，水分入渗规律也将随之变化。

1.3.7 农膜残留对土壤微生物的影响

农膜残留强度对土壤微生物的影响报道较少，目前已有研究指出残膜在影响土壤理化性质的同时，也对土壤中的生物种类、数量、活性，特别是土壤微生物和土壤酶活性有着间接影响（李青军等，2008）。农膜作为一种有机高分子化合物，极难被土壤中的微生物降解，由于地膜残片的机械阻隔作用，不利于土壤内空气的循环和交换，土壤中 CO_2 含量过高，阻碍了土壤中的微生物和有益昆虫如蚯蚓等的生存繁殖，破坏土壤生态的良性循环（杨素梅等，1999）。杨蕊菊等（2021）研究认为残膜会阻隔土壤空气的流通通道，使 CO_2 体积分数上升，恶化微生物和蚯蚓等昆虫的生存环境。邹小阳等（2017）研究指出，残膜会破坏土壤空气循环过程，影响土壤微生物的生理活动。同时，土壤中不断增加的残膜碎片，还会影响土壤内物质流和能量流的传递，从而抑制微生物生长。

不仅如此，残膜在影响土壤通气性的同时，还对土壤酶活性有着重要影响。土壤酶在土壤生态系统的营养物质转化和有机质分解过程中起着至关重要的作用，且其活性也是评价土壤质量的重要指标（姜益娟等，2001）。土壤中包括参与有机质分解过程的 α-葡萄糖苷酶、β-葡萄糖苷酶、纤维素酶、木聚糖酶等都受到土壤水分、有机质、微生物活性等因素的影响（何春霞，1998）。研究表明，土壤中 α-葡萄糖苷酶、β-葡萄糖苷酶、纤维素酶、木聚糖酶等酶活性随着残膜量的增加呈现先增加后降低的趋势。国外学者曾对黑钙土进行了相关研究，结果表明，当土壤空气分别以 H_2、CO_2、N_2 饱和时，土壤磷酸酶的活性降低了 30%～50%；而以 O_2 饱和时酶活性则明显提高。土壤脲酶和蛋白酶的活性变化与磷酸酶相似。土壤中 O_2 饱和使土壤过氧化氢酶的活性较之 N_2、CO_2、H_2 饱和时提高了 1～2 倍，但土壤脱氢酶的活性恰与之相反。张丹等（2017）研究了残膜对土壤养分含量和生物学特征的影响，其研究结果表明，农田中农膜残留强度显著影响土壤微生物量碳、氮含量。农膜残留强度≤300kg/hm^2 时，土壤微生物量碳、氮含量随农膜残留强度的增加呈显著增加趋势，其原因主要为土壤含水量的增加有利于提高土壤微生物活性（刘岳燕，2009），但是当农膜残留强度大于 450kg/hm^2 时，土壤微生物量碳、氮含量显著降低，其原因主要为高农膜残留强度下土壤有机质含量降低（于树等，2008）。Dick 等（1988）研究表明，随着农膜残留强度的升高，土壤孔隙率随之逐渐降低，而孔隙率低的土壤中如磷酸酶、脲酶、转化酶等活性明显降低。严健汉和詹重慈（1985）指出，随着土壤容重的减小，土壤中好氧型微生物数量显著增加，而厌氧型微生物急剧减少。土壤中微生物的数量在一定程度上决定着土壤酶的数量，因而也影响着土壤中的酶活性的变化（李青军等，2008）。蒋金凤等（2014）分析表明，残留农膜会抑制土壤微生物的活动，使迟效性养分转化率降低，影响施入土壤的有机肥养分的分解和释放，降低肥效。由此看出，土壤酶活性随农膜残留变化规律与土壤微生物量、碳、氮，以及土壤微生物群落丰度变化规律基本一致。其主要原因为土壤酶来源于微生物的活动，而土壤微生物量和微生物群落丰度均可影响土壤酶活性。此外，残膜产生的邻苯二甲酸酯类有机污染物，具有致畸、致癌和致突变特点，在高农膜残留强度下，土壤中有机污染物浓度较高，对土壤微生物产生毒害作用越大。综上所述，农田土壤中有少量残膜存在可适当提高土壤微生物量、微生物群落丰度和酶活性，但过量残膜会导致土壤微生物量、微生物群落丰度和酶活性降低。

1.4 农膜残留对农田作物系统影响的国内外研究进展

1.4.1 农膜残留对农田水盐运移的影响

土壤中的残留地膜作为一种外来物质，会改变原有的土壤结构，恶化土壤水分渗透性，从而影响了土壤中水分的运移，造成土壤水分分布不均匀（牛文全等，2016）。邹小阳等（2016a，2016b）认为随着残膜量的增加，土壤水分入渗的时间增加，在垂直方向上湿润峰的距离逐渐减小，水平湿润峰运移速率减缓，且对水平方向上土壤水分运动的阻滞作用增强。张建军等（2014）的研究结果也验证了这样的结论，残膜量的增加导致玉米成熟期 0～120cm 土层含水率下降，土壤水分下渗速度减缓。张富林等（2016）通过残膜对土壤水分运移的研究发现残膜会阻碍土壤水分向上移动，残膜量为 1600kg/hm^2 处理的土壤水分向上移动的距离为 14.4cm，仅为 20kg/hm^2 残膜处理的 76.90%。土壤水分是盐分的主要运移载体，土壤水分运移受阻会导致表层土壤发生次生盐碱化。吴凤全等（2018）的研究结果显示土壤中不规则分布的残膜碎片会影响土壤水分的均匀分布，使得根系主要分布区域的土壤水分出现不均匀分布的现象，也会阻碍盐分的向下运移，导致土壤盐分在主要根区出现富集。

目前有研究将残膜单因素扩展为水分和残膜双因素，探究不同水分条件下残膜对土壤水分运移的影响，李仙岳等（2013）通过室内滴灌入渗试验设置不同残膜量和滴头流量，并研究了残膜对滴灌水分入渗的湿润锋、湿润体的影响，研究结果显示滴灌湿润峰的运移距离随着土壤中残膜量的增加而变小，其中高滴头流量处理在垂直方向上更明显。王静（2016）在绿洲棉田研究残膜和灌溉量对水分时空分布的影响时发现降低灌溉量时残膜处理的土壤含水率大于无残膜处理，而增加灌溉量时残膜处理的含水率小于无残膜处理。可见残膜作为一种弱透水物质存在于土壤中会阻碍水分入渗和向上运移。但李元桥等（2015）研究发现，当残膜量为 720kg/hm^2 时，残膜土层的土壤大孔隙数量有所增加，在土壤中产生优先流路径，造成土壤水分的优势迁移。而溶质也会通过土壤中的优先流路径移动到深层土壤，从而增加了污染物向土壤深层运移的概率（陈晓冰等，2015），故土壤中优先流路径较多会使得地下水更易受污染，在农田中当虫洞、植物根系和农业机械耕作等因素存在时（闫加亮和赵文智，2019；闫加亮等，2015；Cheng et al.，2011），易于产生优先流，与之类似，当竖向和斜向分布的残膜存在会导致农膜-土壤界面易于产生优先路径，促进优先流的产生（胡琦等，2020a）。因此，定量探索土壤中优先流对于农业灌溉和施肥的高效利用、农业面源污染具有重要意义（唐泽华等，2015）。

1.4.2 农膜残留对作物生长发育的影响

残膜在土壤中与作物根系直接接触，会导致作物根系生长发育受阻，土壤中积累的残膜阻碍根系垂向和横向生长，由于残留的农膜主要集中在农田 0～30cm 土层中，所以作物根系向深层土壤生长受阻，降低土壤水分分布与玉米根系分布的匹配程度（Jiang et al.，2017）。作物根系的形态和生理指标也会受到残膜的影响而发生变化，残膜量的增加显著降低了根系生物量、根质量密度、根长密度、根表面积密度、根系体积和根系平均直径，其中 900kg/hm^2 残膜处理的根表面积密度较无残膜处理下降最明显，降幅达 216.50%（林涛等，2019）。祖米来提·吐尔干等（2017）也得到类似的结论，残膜阻碍根系生长，根长、根直径、根表面积、根体积、根尖数均随残膜量的增加而下降，其中，残膜量为 900kg/hm^2 较残膜量为 0 在根长、根直径、根表面积和根体积、根尖数分别下降了 33.7%、24.3%、19.72%、66.4%和 35.3%。Hu 等（2020）研究表明土壤中残膜使得根量总体减少，但单位根量的吸水能力却增强。也有研究表明残膜对作物根系的影响并不是随着残膜量的增加线性增加的，这对探究影响作物根系生长的残膜量阈值提供了参考。棉花和玉米的根系形态和生理指标都呈现出先增加后降低的趋势，棉花和玉米的根长、根表面积、根系活力和过氧化氢酶活性都呈现出先增加后降低的趋势，最大值出现在 90kg/hm^2 和 180kg/hm^2 残膜梯度上（He et al.，2018；李元桥等，2017）。另外残膜对根系构型也存在一定影响，如棉田中的残膜阻碍棉花主根垂直生长，造成根系在形态上的变异，呈现出鸡爪型和丛生型等畸形，未受残膜影响的根系形态则呈现为直根型（Dong et al.，2015）。

根系是作物吸收水分及养分的通道，残膜对根系生长造成影响的同时必将影响作物地上部的正常生长。在含残膜的农田土壤环境中，播种后种子可能会散落在残膜上，使得种子因无法吸收水分和养分而腐烂，最终导致作物的出苗率降低，且残膜量越大，出苗率越低（毛新颖等，2020），与无残膜相比，当残膜量达到 720kg/hm^2 时，出苗率下降了 10.9%（辛静静等，2014）。随着生育期推进，土壤中的残膜会抑制作物地上部生长发育（胡灿等，2020）。同时，残膜对作物地上部生长的胁迫程度随着残膜量的递增而增加（Hu et al.，2020）。也有研究表明残膜对作物生长的影响主要在作物生育前期，番茄生育前期的株高和茎粗均随残膜量增加而降低，当残膜量为 1280kg/hm^2，其株高增长速率明显低于其他处理（邹小阳等，2016c）。当残膜量达到某一值后在部分生育期根冠比会呈现断崖式下降，严重影响光合产物在不同器官之间的运输、分配和作物生长（Mokany et al.，2005），邹小阳等（2016c）研究认为随残膜量增加，土壤含水率减小，导致番茄水分减少，且随残膜量增加，水分减小的程度增大，增加了番茄叶片的气孔关闭数，减小气孔的开张度，使得 CO_2 缺乏，最终导致番茄的光合作用减弱。农用塑料薄膜在生产过程中会添加增塑剂，该物质具有挥发性，植物吸收后会抑制叶绿素的合成，导致作物光合作用减弱。而塑料地膜中主要的生产材料聚乙烯分解的产物也会导致小麦叶绿素相对含量降低（唐永金和刘俊利，2015；赵萍等，2012；刘金军和王环，2009）。光合作用提供作物干物质的主要来源（Mu and Chen，2021），残膜减弱作物的光合作用必然造成作物干物质积累量的减少（Qi et al.，2018）。高维常等（2020）认为当残膜量高于 900kg/hm^2 时，对作物地上部生长产生了明显的阻碍作用。

大量的研究结果已经表明土壤中不断积累的残膜会影响作物生长发育，进而影响作物产量。杨彩霞（2020）研究显示当残膜量大于 200kg/hm^2 时，番茄产量随残膜量增多逐渐下降，并且当土壤中的残膜量远大于 600kg/hm^2 时，番茄产量的下降速率越来越快。Gao（2019）通过 Meta 分析研究了农膜残留对农业生产的影响，表明残膜量在 0～240kg/hm^2 时对作物产量无显著影响，但当残膜量>240kg/hm^2 时，作物产量显著下降。胡琦（2020）研究结果显示当残膜量达到 600kg/hm^2 时，玉米产量下降 24.61%。尽管地膜覆盖技术促进了农业生产，但农膜残留问题对作物生长环境及其自身生长发育的影响不容忽视。

1.5 农田残膜的有效解决措施

目前，农田残膜的有效防控策略主要包括推广可降解地膜、提高机械回收效率、适时揭膜等方法（杜晓明等，2005）。应用可降解地膜是解决残膜污染的有效途径之一，其作用原理是通过氧化降解和微生物同化作用将天然高分子材料降解为 CO_2 和水等无危害物质（申丽霞等，2012）。然而，由于可降解地膜降解速率受外界环境影响较大，且价格昂贵（约为塑料地膜的 3 倍），极大地限制了其推广应用。此外，地膜回收机械的改进也为农田残膜污染治理提供新的思路。该技术主要是采用“先起膜后卷膜”的工艺，地膜回收率可超过 85%（王福义，2012）。然而，由于目前塑料地膜拉伸强度较低，造成了地膜机械回收的难度较大，且该技术容易造成残膜与作物残茬的混合。此外，由于地膜拉伸强度会在自然风化作用下逐渐降低，特别在作物生育后期，地膜拉伸强度不足 50%，极大地增加了地膜回收的难度（祁虹等，2021）。因此，在满足作物生长需求的前提下，适时揭膜技术具有更强的适用性。该技术主要指在作物不同生育期揭除覆盖在土壤表面地膜的一种覆膜技术。该技术有利于保持较高的地膜拉力，提高地膜回收率，降低农田地膜残留量。例如，占东霞等（2021）通过对比不同揭膜时间处理农田残膜量差异，发现揭膜处理可以较无揭膜处理有效降低农田残膜量 54.6%～58.6%。史艳虎（2022）进一步表明揭膜处理农田地膜回收率均可达 90%以上。

适时揭膜技术具有良好的可操作性和经济价值，已被前人广泛推荐（牛媛等，2015；蔡利华等，2021；韦建玉等，2021）。该技术可以通过增加土壤蒸发，降低土壤温度，从而避免作物根系受到水热氮胁迫作用（张金华等，2009；蒋耿民等，2013；张建军等，2016）。例如，Zhang 等（2012）通过评价 4 种覆膜不同覆膜周期对花生农田氮转化和作物产量的影响，表明花生结荚期揭膜可以有效提高氮矿化量，减小氮淋溶，提高作物产量。Wang 等（2009）对比分析了覆膜 60 天、75 天、90 天、105 天和全生育期覆膜处理农田土壤水热和作物产量差异，发现总体上马铃薯作物产量和水分利用效率随着覆膜时长的增加而减小，且推荐最优的覆膜时长为 60 天。Hou 等（2010）指明覆膜可以减小马铃薯农田蒸散量，但覆膜超过 60 天后对蒸散影响不大。赵鸿（2012）相似地发现覆膜 65 天可以有效改善马铃薯农田水热环境，提高水分利用效率和产量，并较传统地膜覆盖技术提高经济收益 3.18 倍。祖米来提·吐尔干等（2018）研究表明随覆膜时间的延长，根长密度和根重密度呈增加趋势，但当覆膜超过 100 天，将造成大量根系的死亡。邓方宁等（2019）考虑了揭膜时间对棉田土壤盐分时空的影响，研究发现当覆膜时间超过 100 天，地膜保水抑盐的效果显著下降。因此，上述研究均推荐覆膜 100 天为新疆棉田最优覆膜处理。

另外，前人研究也发现覆膜 30～60 天可以提高小麦农田土壤微生物活性，提高土壤肥力（Li et al.，2004b）。例如，宋秋华（2006）研究发现，在小麦播种后 30 天，覆膜 60 天和 30 天可以较不覆膜处理提高土壤微生物生物量 4.3%和 3.8%。张守都（2018）研究表明玉米苗期和抽穗期揭膜不会提高土壤脲酶活性。目前，前人研究主要开展了花生、小麦、马铃薯农田单一土壤性质的试验监测（蒋耿民，2013；王亮等，2017；高琳等，2017）。尽管单特（2017）研究了不同覆膜时间对玉米产量及水分利用效率的影响，发现 PM_{90} 处理农田产量和水分利用效率最高，但不同揭膜处理下玉米农田土壤水热氮的交互效应仍并未被揭示。同时，不同揭膜处理下玉米农田作物产量和水氮利用效率对农田经济效益的影响也并未被系统的研究。另外，前人主要集中于田间试验研究，该方法费事费力，难以获取连续的观测数据，故难以精确量化揭膜处理下的农田土壤环境变化机制。

1.6　研究内容及目标

目前，干旱、半干旱地区农膜残留对土壤物理及水力性质、土壤水分运移及作物生长发育的影响机制的研究并不系统，土壤中的残膜改变土壤环境所带来的一系列影响效应较多，系统的机理性研究成果少有报道。一方面，本书采用室内试验与田间试验并行，将理论与实践相结合，在总结前人关于农膜残留影响过程的研究成果基础上，通过设置不同残膜量、不同残膜位置、不同土壤质地等因子对土壤结构变化、土壤水力特性、土壤水分特征曲线、土壤水分入渗过程、土壤水分蒸发特性等方面开展系列室内试验研究及相关模型构建；另一方面，选取位于内蒙古巴彦淖尔市双河镇九庄节水综合试验站，以灌区主要种植作物玉米作为供试作物，探究农膜残留对土壤水盐运移规律及玉米生长发育的影响机制，同时考虑残膜会破损分解为体积更小的微塑料，探讨河套灌区排水沟道微塑料的分布特征，全面、系统地对农膜残留的机理性研究进行定量分析和综合评价。另外，以“节水-控肥-减污”为目标，本书考虑采用不同生育期揭膜的方法，借助试验观测和模型模拟等多种手段，寻求适宜的覆膜技术模式。因此，本书将针对以下几个科学问题，着手开展河套灌区农膜时空演变交替特征、农田生境变化机制、作物生长协同演变规律等系列研究。

（1）调查内蒙古沿黄盐渍化灌区及典型研究区地膜使用现状，针对河套典型研究区域不同覆膜年限及灌水方法对不同作物残留特性进行分析研究，为沿黄盐渍化灌区及相似区域农膜残留特性，特别是为不同灌溉耕作模式下的农膜残留的分布和残膜污染治理提供理论支撑。

（2）考虑农膜残留导致的微塑料，以沿黄盐渍化灌区大规模覆膜种植为背景，分析河套灌区土壤和排水沟道微塑料分布特征，对黄河流域以农业覆膜种植为主的大中型灌区微塑料治理也具有重要的指导与借鉴意义。

（3）针对土壤中不同农膜残留量，分析不同农膜残留量对土壤水分特征曲线及土壤孔隙的影响，构建农膜残留条件下土壤水分特征曲线模型，并对其进行评价，为农膜残留条件下土壤水分运移研究提供理论基础。

（4）选取沿黄盐渍化灌区典型土壤类型，分析农膜残留下水分入渗的不确定性并筛选出农膜残留条件下适宜入渗和蒸发的模型，定量分析土壤中残膜不同埋深滴灌湿润锋的运移规律，为农膜残留条件下土壤水分运移及残膜存在条件下的滴灌灌溉制度制定提供理论基础。

（5）基于染色示踪技术探究不同入渗量及不同残膜量对农田土壤优先流发育状况的影响，并对优先流进行评价，以期揭示农膜残留对土壤水分分布和优先流入渗的影响机制，为农膜残留农田的灌溉和深层渗漏提供理论支撑。

（6）设置不同残膜水平和不同灌水定额，研究不同残膜量和灌水定额对土壤水盐运移交互作用的影响，以揭示不同残膜量下作物生长发育和水盐运移的规律，为沿黄盐渍化灌区农膜残留农田的合理调控灌水提供依据。

（7）考虑不同残膜量对玉米地上生长指标和光合特征的影响，明确不同残膜量下不同生育阶段玉米冠层生长和光合作用的变化情况；考虑土壤中随机分布的残留农膜与作物根系直接接触，探讨了不同残膜量对玉米根干重、根冠比、根体积比和不同径级根系的影响，明确农膜残留条件下玉米根冠的生长协调机制。

（8）分析不同残膜量对作物产量和水分利用效率的影响，估测危害作物产量的残膜量阈值，探究残膜对作物生长发育的影响机制。

（9）研究不同揭膜时间对沿黄盐渍化灌区玉米生长及土壤水盐氮热的影响机制，综合分析农田经济效益，提出适宜的揭膜技术模式。

第 2 章　农田残膜的采集和识别方法

2.1　引　言

目前，农田残膜的常用采集方法为农田调查法。该技术主要包括 6 个步骤，分别为地块基础信息调查、样点选择、样点数确定、样点规格、样方深度和样品采集，其中样点选择又包括对角线法、梅花点法、棋盘点法和蛇形线法，而样点数确定又被限制为 3 个以上。此外，该技术还需要确定地块经纬度、调查地块户主，以及种植作物、种植方式、覆膜年限、地膜类型等。总体上，该技术费时费力，实际利用效率低下，且精度不高。因此，当前亟须提出一种方便快速的农田残膜采样方法。

对于上述问题，可以利用无人机和卫星技术，通过采集高分辨率图像，经过二值化处理和相关代码运算后，估算出表层农田残膜量，再利用表层农田残膜量与耕层农田残膜量的关系，最终快速估算出农田残膜量。然而，该方法经济成本较高，对于以小农户经济为主体的农村难以真正适用。另外，由于无人机和卫星拍摄的图像分辨率有限，且该方法属于间接估算农田实际残膜量，故该方法估算精度也难以满足要求。本章提供一种农田残膜检测方法、装置及设备，用以解决上述背景技术中提出的农田残膜采样步骤复杂、成本高、精度低的问题。

2.2　传统人工实地采样法

2.2.1　采样点的选择

传统的残膜污染评估大多采用人工实地采样调查，调查时间选在上季作物收获后整地前进行。采样前应该进行田间调查，选取不同程度残膜污染的田块，调查地块确定后用 GIS 数据采集器进行定位，明确田块所在经纬度，并记载调查地块的户主姓名、种植作物、覆膜年限、覆膜方式、覆膜比例、地膜类型，以及地膜回收方式等基本信息。采样方法主要采用五点法、对角线法、棋盘点法和蛇形法等方法。每个样点为面积是 1m×1m 的正方形。

2.2.2　残膜样品的采集

在选定的样点处，采用不锈钢材料制作一个长×宽×高为 1m×1m×0.3m 的空心铁框作为提取残膜样品的器具，将铁框轻轻地嵌入 30cm 深的土壤中，随后挖去铁框周围的土壤，将含土壤-残膜样方的铁框取出。将铁框中的土壤-残膜样方取出放在防水帆布上，用尺子将样方自上而下依次划定 3 个土层深度，分别为 0～10cm、10～20cm 和 20～30cm。在样点旁边同样铺上防水帆布，将每层的土壤样品放在筛子中，进行人工捡拾残膜，将捡拾的地膜分层放入标记好的自封袋保存。每个样方残膜筛检完毕后，将挖出的土壤按相应土层进行回填、压实，恢复取样前的样貌。

2.2.3 残膜样品分类处理

1. 清洗残膜

尽量清除残膜上附着的土壤，轻轻展开卷曲的残膜碎片，放在清水中进行浸泡，人工清除残膜表面的泥土后用超声波清洗仪再次清洗残膜，清洗时间为 10～20min。

2. 晾干残膜

用滤纸吸干残膜上的水分后放在阴凉干燥处自然晾干至恒重。

3. 残膜面积划分

选择与残膜碎片有反差的纸板，分别裁剪大小为 2cm×2cm、5cm×5cm 的正方形，然后将展平的地膜与不同大小的纸板进行比对，将残膜面积按照<4cm^2、4～25cm^2、>25cm^2 的标准分为 3 个等级，并记载每个等级的残膜碎片数。

4. 残膜称重

采用精度为万分之一的天平进行称重记载，便于后期进行统计分析。

2.3 基于无人机的农田残膜识别方法

2.3.1 农业监测无人机技术研究现状

近年来，AI 智能技术和图像信息技术的快速发展，为我国农业的机械化和信息化提升提供了极大的帮助，我国作为农业大国，具有种植面积大、种植结构复杂等特征，人工作业已经不能满足以上特征，快速发展自动化机械技术势在必行，无人机作为一种新型的高科技技术得到广泛应用（图 2.1）。无人机以成本低、质量小、适应性强、灵敏度高、速度快、操作简单和可获取高清影像等技术特点，被广泛应用于农业生产（周超等，2017），如搭载高清摄像头和先进传感器的农业无人机，能够绘制精确地块与土壤分析三维地图，为播种制订详密的规划，在农业生产的起始阶段发挥了至关重要的作用；无人机播种系统可同时将种子及其生长所需的全部营养素一起注入土壤，可将种子对营养素的吸收率提高 75%，而播种成本降低 85%；植保无人机的喷洒系统可以对农作物实施精准而均匀的喷洒作业，显著减少农药用量，降低了植保作业对水体以及土壤环境的污染风险；搭载实时影像系统的农业无人机给农户提供了更加精确的农作物生长状况，便于农户及时采取有效的防治手段；搭载高光谱、多光谱、热传感器的农业无人机，可准确分析并识别地块的干旱区域，有力支撑了精准灌溉作业。

图 2.1　大疆精灵 4 无人机

另外，众多学者对无人机在不同农业生产领域的应用进行了研究，王军和姜芸（2021）利用无人机多光谱遥感数据实现对大豆叶面积指数的反演估值，显示无人机多光谱遥感系统可以快速反演田间大豆叶面积指数，精准指导农业生产。无人机多光谱遥感数据同样可以成功反演冬小麦的叶面积指数和夏玉米植被指数（韩文霆等，2020；孙诗睿等，2019）。刘昌华等（2018）利用无人机获取冬小麦不同生育阶段的冠层光谱信息，结合人工测量数据，构建小麦氮素反演模型，成功预测冬小麦氮素变化，为精准氮肥管理提供了数据支撑。牛庆林等（2018）基于无人机技术，采集玉米株高和叶面积指数等表观形态，利用 DSM 提取株高信息，并进行归一化处理，叶面积指数的估测精度得到了显著提高。杨贵军等（2015）提出了以无人机的遥感平台获取育种小麦的信息，能够快速、精准获取小麦倒伏面积、叶面积和产量等表型特征。吴才聪等（2017）运用无人机遥感技术收集玉米农田图像，利用克里格插值法绘制虫害株率空间分布图，为玉米螟虫害的防治提供理论支撑。朱秀芳等（2019）基于无人机遥感技术，采集云南省农膜覆盖农田图像，运用众数分析进行分类后处理，结合图像形态学算法与面积阈值分割法提取覆膜农田面积及分布信息，识别精度达 94. 84%。孙钰等（2018）基于深度学习的大棚及地膜农田无人机航拍监测方法采集了赤峰市大棚和地膜农田图像，结合神经网络和多尺度融合等深度学习方法，精准快速地获取大棚和地膜农田的地理分布及面积。Lanorte 等（2017）基于 Landsat8 影像利用支持向量机分类方法对意大利南部阿普利亚地区的地膜进行了提取。李佳雨等（2018）基于 Landsat 和资源三号卫星结合数据，对甘肃中部地区覆膜农田图像进行提取，分析了图像的光谱、纹理、指数等特征，采用随机森林分类法进行地膜的快速识别和分类，精度达 90.2%。

传统的农膜残留量调查多采用实地走访获取覆膜信息和残膜分布情况，具有一定的主观性和局限性。基于无人机的遥感平台可以作为一种地膜识别技术。吴雪梅等（2020）提出了一种基于颜色特征的残膜识别方法，结合原始图像残膜分布情况，优选出基于脉冲耦合神经网络的分割法，结合形态学算法，最终获得烟地残膜面积与分布信息。梁长江（2019）基于无人机的残膜图像分割算法研究发现，根据阳光直射和不同作物生长时期田间残膜分布特点，建立了不同的田间残膜识别方法，其平均识别率为 87.42%。总的来看，无人机技术和图像处理技术的结合能够快速、精准的识别残留农膜碎片的面积和分布情况。

2.3.2 无人机采集农田残膜图像

图像采集时尽量选择晴朗、微风天气，这是因为阴天采集的图像影响处理效果，风速过高影响无人机空中悬停。图像采集之前先对无人机进行校准，起飞点和降落点选择空旷平坦的位置。图像采集材料有：无人机、光照计、风速测量仪、掌上计算机、起飞台、卷尺、笔和记录本（梁长江，2019）。利用 AgisoftPhotoScan 软件对采集的图像进行拼接处理和几何校正，基于几何参考板 GPS 控制点进行图像几何校正，去除无人机姿态变化、大气折射等影响（吴雪梅等，2020）。

2.3.3 残膜图像的识别方法

数字图像处理的过程是目标识别的过程，无人机采集的农田残膜图像中，目标为残膜，主要颜色为浅白色；背景是土壤和杂草，主要颜色为黄褐色，因此研究颜色分量对识别残膜目标至关重要。为了准确描述、评价和测定颜色，研究者建立了不同种类的颜色空间模型，目前图像处理中使用较多的空间模型有 RGB 颜色模型、Lab 颜色模型、YCbCr 颜色模型、HSV 颜色模型、Ohta 颜色模型等（夏雪，2018）。

1）RGB 颜色模型

RGB 颜色模型是一种面向计算机等硬件设施的简单颜色模型，由红（red）、绿（green）、蓝（blue）三个分量构成，是最为常见的一种颜色空间模型。根据色度学原理，可以通过调整红、绿、蓝三原色的混合比例来获得任何一种光色。同样，自然界中的任一光色也可以分解为红、绿、蓝三种颜色分量，颜色方程表征为

$$M=r(R)+g(G)+b(B) \tag{2.1}$$

式中，M 为三基色混合后的光色；r、g、b 分别为特定颜色 M 中红色（R）、绿色（G）、蓝色（B）所占比例；R、G、B 各为一种单一颜色，且三种颜色相互独立，每种颜色取值范围均为 0～255，该数值的大小决定了单一颜色的亮度。如果一幅图像的 R、G、B 三个分量的数值相同，则该图像为灰度图像（图 2.2）。

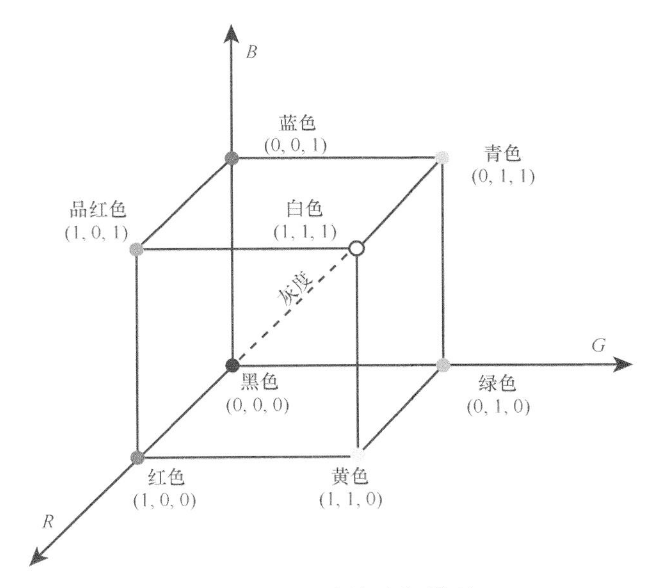

图 2.2　RGB 颜色空间模型

RGB 颜色空间模型的优点在于该模型与大多数成像硬件设备的颜色系统相同，便于直接应用于设备采集的图像数据，不需进行颜色空间转换，但 RGB 空间模型属于不均匀颜色空间，三原色分量具有高度的相关性：R&G 为 90%，G&B 为 94%，B&R 为 78%（吕继东等，2014），因此在进行颜色分离时会产生分离误差等问题。

2）Lab 颜色模型

Lab 空间可以表达自然界中任何一点色，它的色彩空间远远大于 RGB 空间。另外，该颜色空间模型是以数字化方式来描述人的视觉感应，与设备无关，所以它弥补了 RGB 颜色空间模型必须依赖于设备色彩特性的不足。Lab 颜色空间模型由亮度（L）和两个色度分量 a、b 组成。其中，L 表示亮度，取值范围为 0～100，

当 L 取值为 0 时代表黑色，取值为 100 时代表白色。a 分量表示红色到绿色逐渐变换的范围，取值范围为–120～120；b 分量表示从黄色到蓝色逐渐变换的范围，取值范围为–120～120（Bulanon et al.，2010）。Lab 颜色空间模型如图 2.3 所示。

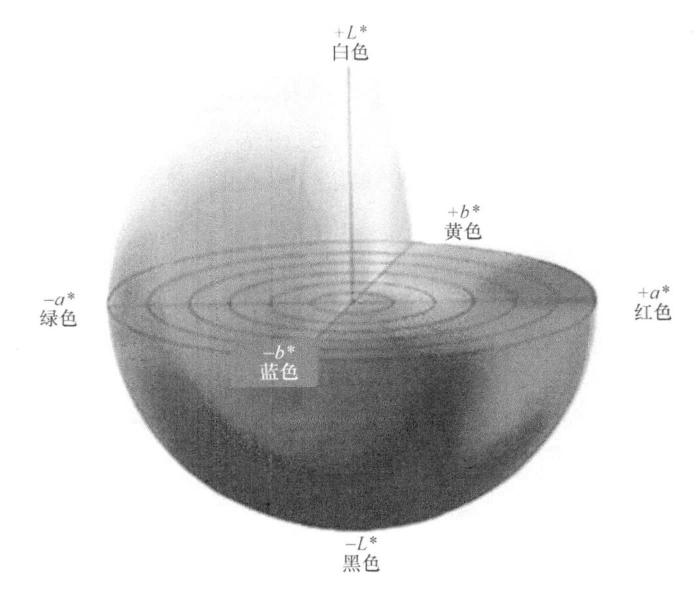

图 2.3　Lab 颜色空间模型

从 RGB 颜色空间模型转换到 Lab 颜色空间模型时，首先要从 RGB 颜色空间转换为 XYZ 颜色空间模型，然后通过 XYZ 颜色空间模型转换为 Lab 颜色空间模型，RGB 颜色空间模型与 XYZ 颜色空间模型的转换关系的表达式如下：

$$\begin{bmatrix} X \\ Y \\ Z \end{bmatrix} = \begin{bmatrix} 0.42 & 0.36 & 0.18 \\ 0.21 & 0.72 & 0.07 \\ 0.02 & 0.12 & 0.95 \end{bmatrix} \begin{bmatrix} R \\ G \\ B \end{bmatrix} \tag{2.2}$$

式中，R、G、B 分别为 RGB 颜色空间模型中的 3 个颜色分量值；X、Y、Z 分别为经过 RGB 颜色空间数值计算得到的分量值。XYZ 颜色空间模型转化为 Lab 颜色空间模型的关系式为

$$\begin{cases} L = 116 \times f\left(\dfrac{Y}{Yc}\right) - 16 \\ a = 500 \times \left[f\left(\dfrac{X}{Xc}\right) - f\left(\dfrac{Y}{Yc}\right) \right] \\ b = 200 \times \left[f\left(\dfrac{Y}{Yc}\right) - f\left(\dfrac{Z}{Zc}\right) \right] \end{cases} \tag{2.3}$$

式中，Xc、Yc、Zc 为可见光下的 3 个刺激值；f 为校正函数。Lab 颜色空间模型包括人类可以看见的所有颜色要素，特点是感知均匀、色域范围较广，因此该模型被广泛应用于图像处理过程（Hannan and Burks，2004）。

3）YCbCr 颜色模型

YCbCr 颜色空间模型中 Y 表示亮度分量，即图像的灰阶值（王辉等，2012），Cb 和 Cr 代表色度，用来描述图像色彩及其饱和度（Zhang et al.，2014），其中 Cb 表示蓝色色度的分量，Cr 表示红色色度的分量。该颜色空间模型可以将亮度 Y 分量和色度分量（Cb 和 Cr）分开进行处理（赵文旻，2012），能够将每种颜色描述为红色、绿色和蓝色 3 个基本成分的加权组合，因此受亮度变化的影响不大，能较好限制目标分布区域。

RGB 颜色空间模型经过线性变化可转化为 YCbCr 颜色空间模型，表达式如下：

$$\begin{bmatrix} Y \\ \mathrm{Cb} \\ \mathrm{Cr} \end{bmatrix} = \begin{bmatrix} 0 \\ 128 \\ 128 \end{bmatrix} + \begin{bmatrix} 0.299 & 0.587 & 0.144 \\ -0.169 & -0.331 & 0.500 \\ 0.500 & -0.419 & -0.081 \end{bmatrix} \begin{bmatrix} R \\ G \\ B \end{bmatrix} \tag{2.4}$$

4）HSV 颜色模型

HSV 模型是一种主观视觉模型，采用的颜色可以反映人的视觉系统感知彩色的方式，以色调（hue）、饱和度（saturation）、明度（value）三种基本特征量来感知颜色（Zhang and Li，2014）。色调表示了该颜色最接近的光谱波长，反映颜色彼此间互相区分的特性；饱和度表示颜色的浓淡或深浅程度，它取决于光色中白色光的含量程度，白光含量越高，色彩越淡；明度表示人眼感受的光刺激强度，即光的明暗程度，光波的能量与亮度成正比，它决定了像素的整体亮度。HSV 颜色模型完全反映了人类对不同颜色的感知，可以区分不同颜色及颜色的深浅度，因此被广泛应用于图像表示和处理中（王海青，2012）。HSV 颜色空间模型如图 2.4 所示。

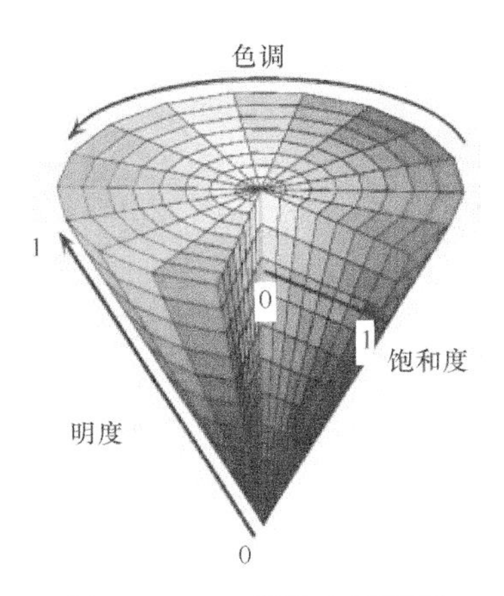

图 2.4　HSV 颜色空间模型

5）Ohta 颜色模型

Ohta 颜色模型中明度分量 I_1、I_2 分量能有效区分棕色和蓝色；I_3 分量能突出绿色（Gongal et al.，2015），是一种颜色分量之间完全独立的颜色空间模型。选择合适的彩色空间对于彩色图像分割有重要意义，Ohta 颜色空间是 Ohta（1980）在经验总结的基础上，归纳得到的一组正交颜色特征集{I_1，I_2，I_3}。其表达式为

$$\begin{cases} I_1 = \frac{1}{3}(R+G+B) \\ I_2 = \frac{1}{2}(B-R) \\ I_3 = \frac{1}{4}(2G-B-R) \end{cases} \tag{2.5}$$

式中，R、G、B 为 RGB 颜色空间模型的颜色分量。

2.3.4 残膜图像的分割算法

图像分割技术是图像处理领域中的关键一环，是图像自动化分析和检测过程中的重要一步（袁小翠等，2019），数字图像处理过程中，我们根据研究内容的需求在图像中寻求研究所关注的部分，这些部分具有一定的特征属性，对于整个图像而言把它称为图像的前景或目标，那么图像中其他无关的部分就称作图像的背景。为了让人们更清楚地分辨图像中的目标，则需要把一幅图像中的目标从图像中分割出来（Zhao et al.，2012），常见的图像分割方法有阈值分割法、迭代式阈值分割法、最大类间方差法阈值分割、边缘分割算法、区域生长分割算法、聚类分析分割算法等（田岩和彭复员，2009）。

1. 阈值分割法

阈值分割是一种经典的图像分割算法，具有操作简单、稳定性强等优点，因此被广泛用于农业生产。阈值分割法的基本原理是按图像像素灰度幅度进行分割的过程，首先设定一个灰度标准阈值（T），将目标图像的灰度值与设定的灰度标准阈值进行比较，灰度值≥T 的部分归为目标，标记为白色，灰度值<T 的部分归为背景，标记为黑色（郑小南等，2020）。具体表达式为

$$g(x,y) = \begin{cases} 255, & I(x,y) \geqslant T \\ 0, & I(x,y) < T \end{cases} \tag{2.6}$$

式中，$I(x，y)$为目标图像的灰度值；$g(x，y)$为输出图像的灰度值；T 为设定的灰度阈值。设定初始灰度标准阈值 T 的依据是：该阈值同目标区域灰度值接近，同背景区域灰度值差异较大。

2. 迭代式阈值分割法

迭代式阈值分割法的优势是通过条件迭代选中的最佳阈值具有普遍适用性，且该算法具有较强的抗噪能力。迭代式阈值选择的基本思想是：先依据图像中目标的灰度像素分布特点，选择一个初始阈值。通常情况下，初始阈值是图像的灰度均值；然后对初始阈值不断进行迭代，直到满足既定的条件，产生最佳阈值（Sanderson and Paliwal，2004）。该算法的主要流程如下：

（1）设 T_0 为初始阈值，即为处理图像的灰度中间值；

（2）依据阈值 T_i，把处理图像按照像素点的灰度分成 Z_1 和 Z_2 两个不同的区域；

（3）计算 Z_1 和 Z_2 中所有像素处的灰阶均值 μ_1 和 μ_2；

（4）求解新的阈值，$T=(\mu_1+\mu_2)/2$；

（5）重复流程（2）和（3），直到 T 满足既定条件，得到 Z_1 和 Z_2 的均值 μ_1 和 μ_2。

3. 最大类间方差法阈值分割

最大类间方差法阈值分割是对于灰度直方图自适应分割阈值的方法（徐长新和彭国华，2012；Bhandari et al.，2019），其特点是不受图像对比度和亮度的影响、算法原理简单、计算量较小，处理迅速。该算法的原理是利用某个灰度值将图像分割成前景（目标）和背景两个部分，分别计算每个灰度级到两类的灰度方差和，类间方差越大代表前景和背景的差别越大。因此，最大类间方差就意味着前景和背景错分的概率越小。

假设一张图像的灰度值为 L，该图像所有的像素点为 N，灰度值 M（$0 \leqslant M \leqslant L$）的像素点数量共有 n_1 个，因此，可以得到灰度值 M 的像素点出现的概率为 $P_1=\frac{n_1}{N}$，当存在一个灰度值为 t 的阈值将图像分割为 Z_1、Z_2 两部分，其中 $Z_1<t$，代表前景（目标）区域；$Z_1>t$，代表背景区域。各自的像素点总量和发生概率为 $N_1(t)=\sum_{i=1}^{t}h(i)$、$P_1(t)=\frac{N_1(t)}{N}$，$N_2(t)=\sum_{i=t+1}^{L}h(i)$、$P_2(t)=\frac{N_2(t)}{N}$。$Z_1$、$Z_2$ 区域内所有像素点对应的灰度值总和分别为 $I_1(t)=\sum_{i=0}^{t}ih(i)$ 和 $I_2(t)=\sum_{i=t+1}^{L}ih(i)$。$Z_1$、$Z_2$ 区域均值分别为 $\mu_1(t)=\frac{I_1(t)}{N_1(t)}$ 和 $\mu_2(t)=\frac{I_2(t)}{N_2(t)}$。完整图像的均值为 $\mu=\frac{\sum_{i=0}^{L}ih(i)}{\sum_{i=0}^{L}h(i)}$。

当类间方差最大时，即可找到分割阈值，即最为最优阈值。

图像 Z_1、Z_2 两个区域的类间方差为 $\sigma_B^2 = P_1(t)\left[\mu_1(t)-\mu\right]^2 + P_2(t)\left[\mu_2(t)-\mu\right]^2$。

4. 边缘分割算法

边缘是图像标志特征之一，基于边缘检测的图像分割是先确定研究者感兴趣的区域边缘像素，然后再把这些边缘像素连接起来，就组成了分割的目标区域边界。关联到图像中的灰度值，即为灰度值发生变化的区域。常见的边缘检测算子有：Sobel 算子、Roberts 算子、Prewitt 算子和 Canny 算子（王雪和郭鑫鑫，2018）。

5. 区域生长分割算法

区域生长分割算法是由 Zucker（1976）提出的一种半自动化的图像分割算法。该算法的核心思想是基于同一目标区域像素的相似性，完成图像的分割（郑浪等，2020）。该算法的前提是先对每个需要分割的区域找一个种子像素作为生长起点，然后将周围邻域中与种子像素有相同或相似性质的像素归类到已有种子像素区域，将这些种子像素当作新像素重复上述过程，直到没有多余的种子像素，即可实现目标区域的分割（林刚等，2021）。

6. 聚类分析分割算法

聚类分析分割算法是一种自适应的分割算法，一般应用于边缘模糊、背景复杂的情况，按照一定的相似性进行组合，即同一类别中相似性较高（靳明明，2012）。农业生产中广泛应用的主要是 *K*-means 聚类算法，其中 *K* 代表聚类类别个数，该算法通过设定 *K* 值，以及选择初始化质心将高度相似的数据点进行归类，通过计算聚类中心到聚类数据之间的距离平方和，把数据点按距离进行分类，分类要求为每一个数据分配到最相似的聚类中心形成类，根据最小距离的原则，修正聚类中心，并通过归类后的均值迭代优化得到最佳聚类结果，若相邻两次聚类中心全部相同时，说明数据已分配至最合适的类别中，表明数据样本调整完毕（李扬，2017；韩瑞瑞，2013）。

2.4 基于分层随机中心四分法的农田残膜采集方法

2.4.1 操作流程

1. 农田残膜图像采集

利用携带高清摄像头的手机对收获后的采样区进行拍摄。所述高清摄像头焦距为 2.8，像素为 1200 万，拍摄角度为倾斜 45°，采集图片格式为 JPEG 或 TIFF。

2. 图像预处理

将采集图片通过网络输入计算机图片处理器中，经几何校正和背景化处理，按 1∶100cm 比例，将实际农田划分成若干 100cm×100cm 单元。

3. 选定采样区

根据地膜反光率，设置图片灰度区分阈值，将若干单元分为覆膜区和非覆膜区（图 2.5），并利用分层随机抽样法对覆膜区和非覆膜区包含单元进行 3 次抽样，最终选定采样区。

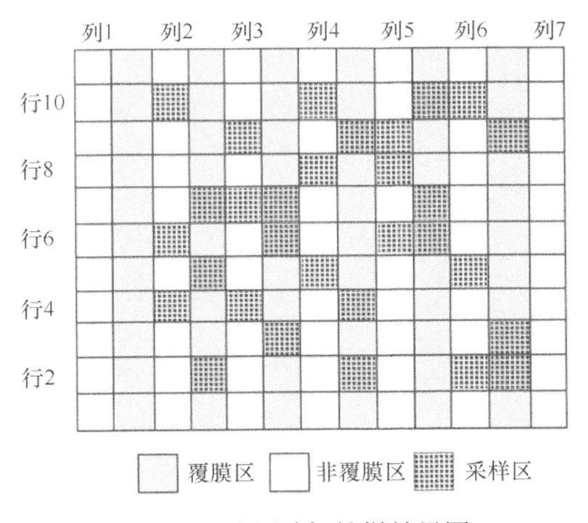

图 2.5　分层随机抽样效果图

随机数生成公式如下：

$$R = A + \text{RAND}\ (\ ) \times (B - A) \tag{2.7}$$

式中，A 为单元变化下限值；B 为单元变化上限值；RAND ( ) 为产生随机数函数。

4. 典型样品

选定抽样区后，使用土样采集器取回抽样区 0～15cm 表层土样，倒入中心四分法采样装置内，启动装置，混合均匀土样，利用固定在装置底板上高度为箱体总高 1/3 的十字框架，将混合均匀土样平均分为四份，启动电磁连接装置（图 2.6），抛弃相对放置的两份土样，仅保留原土样 1/2 的样品，将保留土样再次混合均匀。重复上述操作 3 次后，得到体积为原土样 1/8 的试验土样，即为典型样品。

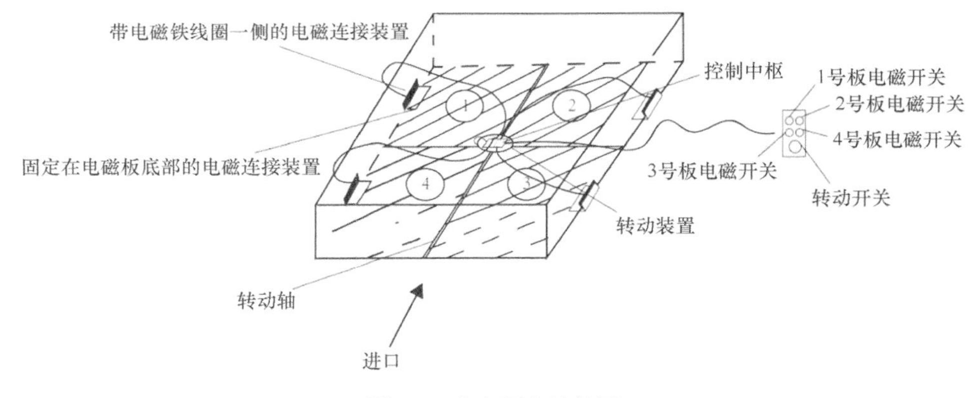

图 2.6　中心四分法装置

5. 残膜面积测量与计算

采用不同年份的残膜尺寸筛子过滤典型样品，将得到的残膜带到实验室风干至恒重。土样中残膜面积可采用称重法计算得到：

$$A_{\mathrm{RF}} = \frac{m_{\mathrm{s}}}{d_{\mathrm{s}}} \tag{2.8}$$

式中，A_{RF} 为农田残膜面积（cm^2）；m_{s} 为土样中残膜质量（g）；d_{s} 为地膜表观密度（$\mathrm{g/cm}^2$）。

2.4.2　地膜采样试验

针对内蒙古沿黄盐渍化灌区磴口县和临河区分别开展地膜采样工作。采样方法主要包括图像识别法、对角线法、梅花点法、棋盘点法和蛇形线法，采样面积为 100cm×100cm，深度为 0～30cm。另外，选择典型区，对农田进行全面积采样作为真实值对照。采样后，将样品经去杂、清洗、晾干等预处理后，利用称重法计算农田残膜量。

本章提出的分层随机中心四分法在不同地区的采样精度均达到 90%以上（表 2.1），精度较高。其中分层随机中心四分法在磴口县的采样精度可较图像识别法、对角线法、梅花点法、棋盘法和蛇形线法分别提高 35.7%、18.8%、14.5%、9.2%和 11.8%；在临河区的采样精度分别提高了 29.2%、20.8%、9.4%、8.1%和 14.8%。可见，与现有方法相比，本方法具有计算方便、成本低、精度高等优点，可以更好地应用于农业面源污染防控措施中。

表 2.1　不同残膜采样方法精度对比

采集方法	磴口县		临河区	
	残膜量/（kg/hm^2）	残膜采样精度/%	残膜量/（kg/hm^2）	残膜采样精度/%
全面积采样法	98.42	100	27.63	100
分层随机中心四分法	93.48	95	25.67	93
图像识别法	68.88	70	19.87	72
对角线法	78.72	80	21.25	77
梅花点法	81.67	83	23.46	85
棋盘点法	85.61	87	23.74	86
蛇形线法	83.64	85	22.36	81

第 3 章　沿黄盐渍化灌区地膜覆盖及农膜残留时空分布特征

3.1　引　　言

本章在分析沿黄盐渍化灌区典型研究区地膜使用现状的基础上，研究了灌区典型研究区域不同覆膜年限及灌水方法对不同作物残留特性的影响，研究结果可为沿黄盐渍化灌区及相似区域农膜残留特性，特别是不同灌溉模式下的农膜残留规律提供理论支撑，并为农膜残留防治提供参考。

3.2　农膜残留量田间调查

3.2.1　查阅资料与问卷调研

参考统计和调查年鉴，对沿黄盐渍化灌区典型研究区域 2005～2014 年地膜使用量及覆盖面积进行整理分析，掌握其地膜覆盖现状。

在选定的 4 个研究区中选取典型农户进行问卷调研，通过发放调研问卷、现场交流等方式，了解农户耕作及覆膜情况，具体包括：覆膜年限、灌水方法、种植作物、覆膜方式、覆膜厚度、地膜使用量、地膜回收情况等，共发放调研问卷 100 份，收回有效问卷 92 份。根据调查，研究区覆膜耕作方式达到 90%以上，研究区主要种植作物为玉米（约 50%）、葵花（约 40%）及瓜果蔬菜（约 10%）等，平均地膜使用量为 45kg/hm^2，调查显示目前农民普遍意识到农膜残留对作物及土壤产生的巨大危害，其中 93.48%（86 份）的农民在秋季收获后或春季播种前对地膜进行回收，回收方式基本为耕土时利用犁、耙等耕作机械回收，较少利用残膜回收机械，也有少部分农民进行人工捡拾，考虑到时间、成本等问题，面积为 20cm^2 以下的残膜回收率很低，总回收率为 70%～80%（图 3.1、表 3.1）。

3.2.2　定点试验

为了研究不同覆膜年限和灌水方法对农膜残留的影响，于 2016 年作物收获后，在温都尔毛道嘎查、巴音温都尔嘎查耀升农庄、坝愣村和三海子村 4 个典型区确定不同覆膜年限及不同灌水方法取样区。选择正常农耕田块，在经过农民、农场主及当地技术人员等确认且无争议的田块设置取样点。分别设置 2 年、5 年、10 年、20 年共 4 种覆膜年限，地面灌溉和膜下滴灌 2 种灌水方法，玉米、葵花 2 种作物种类，共 16 个处理，每个处理按照 5 点取样法取样，共 80 个取样点。

图 3.1 野外残膜取样

表 3.1 沿黄盐渍化灌区典型地块覆膜情况

覆膜年限/年	灌溉类型	种植作物	覆膜方式	覆膜厚度/mm	地膜使用量/（kg/hm^2）	回收率/%
2	膜下滴灌	葵花	行上覆膜	0.006	～45	约 70
5	地面灌溉	玉米	行上覆膜	0.005		约 80
10	膜下滴灌	葵花	行上覆膜	0.008		约 75
20	地面灌溉	玉米	行上覆膜	0.006		约 80

每个取样点样方大小为 100cm×100cm，在 0～10cm、10～20cm、20～30cm 土层分层取土，相互不混合，分离出塑料农膜样本并装袋带回实验室备用。采用超声波清洗仪洗涤 30min 后自然风干，对每个样本中的塑料农膜按面积 0～4cm^2、4～20cm^2、20～50cm^2 及大于 50cm^2 进行分组，每组用万分之一天平称重，并人工计片数。

3.2.3 农膜残留指标计算

残留强度：表示农膜残留程度的大小，即单位面积上农膜的残留量：

$$R = P / A \tag{3.1}$$

式中，R 为残留强度，kg/hm^2；P 为农膜残留量，kg；A 为覆膜面积，hm^2。

破碎率：表示农膜破碎程度的大小，即单位质量残膜所含有的片数：

$$D = N / P \tag{3.2}$$

式中，D 为破碎率，片/g；N 为残膜总片数，片；P 为农膜残留量，g。

3.3 沿黄盐渍化灌区典型研究区地膜覆盖现状分析

沿黄盐渍化灌区属于典型干旱内陆区，年蒸发量是降水量的10倍以上，盐渍化严重（童文杰等，2012）。地膜覆盖技术能明显减少蒸发，增加作物产量，从而导致沿黄盐渍化灌区地膜使用量和覆膜面积呈直线上升趋势（图3.2），而研究区的磴口县是灌区地膜使用最早的区域之一。地膜的大规模应用，极大地改善了内蒙古地区干旱、高寒、高盐等不利农业生产条件，粮油作物产量不断增加。因此，覆膜耕作栽培技术也已成为当地重要的农艺措施，地膜使用量和覆膜面积急剧增长。

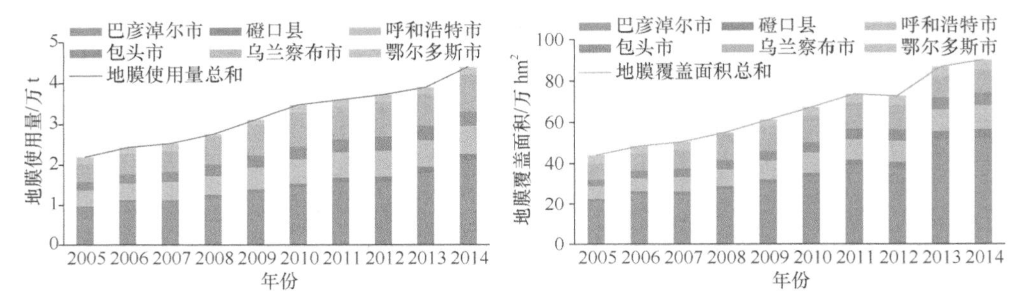

图3.2　2005～2014年沿黄盐渍化灌区典型研究区地膜使用情况

2005年沿黄盐渍化灌区典型研究区地膜使用总量和覆盖总面积分别为2.2万t和44.1万hm^2。经过10年的发展，到2014年沿黄盐渍化灌区典型研究区地膜使用总量和覆盖总面积分别为4.4万t和90万hm^2，分别增长了100%和104.08%。巴彦淖尔地处40°N，是农作物种植的黄金纬度带，农民人均耕地面积10.6亩，是全国人均耕地的5倍多，农民多采用覆膜耕作栽培技术来提高农作物产量，导致巴彦淖尔市成为沿黄盐渍化灌区地膜使用量和覆盖面积最大的地区，10年来，巴彦淖尔市地膜使用量和覆盖面积分别增加126.98%和144.64%。另外，磴口县的地膜使用量和覆盖面积是沿黄盐渍化灌区典型研究区增幅最大的地区，10年来磴口县分别增加225.77%和264.73%。总体上，呼和浩特市、包头市、乌兰察布市和鄂尔多斯市的地膜使用量和覆盖面积都是稳步递增的。据《中国农村统计年鉴》《内蒙古经济社会调查年鉴》等显示，沿黄盐渍化灌区地膜使用量约占内蒙古自治区的30%，覆膜面积占整个内蒙古自治区的40%以上。可见，近年来覆膜耕作在沿黄盐渍化灌区得到了跨越式发展，而磴口县地处沿黄盐渍化灌区的西部，与整个灌区相比，干旱少雨更为严重，从而该地区地膜覆盖发展速度更快，另外该区域作为灌区水权转让工程的样板，膜下滴灌技术发展迅速。但从这两个数据可以看出，覆膜面积增长速度明显要快于使用量的增长速度，10年来磴口县的单位面积覆膜量降低 7.08%，这表明单位面积的地膜使用量在减少，可见覆盖地膜的平均厚度在减少，这也是导致近几年农膜残留日益严重的重要原因。

沿黄盐渍化灌区各旗（县）地膜使用量也不尽相同，其中以临河区、乌拉特前旗使用量最多，乌拉特中旗、乌拉特后旗使用量最少。这主要是由各旗（县）的农业发展情况所决定的，磴口县、临河区、乌拉特前旗和五原县等旗（县）相比而言虽然地域面积不大，但是这些地域紧靠黄河，引黄条件优越，农业基础情况及农业发展情况较好，特别是玉米、葵花等粮油作物的种植面积较大，是沿黄盐渍化灌区重要的粮油作物生产基地。当地百姓也对覆膜种植、膜下滴灌等农业耕作措施较认可，由于其独特的干旱、高寒环境特点，覆膜耕作已经成为当地一项重要的农耕措施，甚至已经达到了“无覆膜不农业”的地步（图 3.3）。

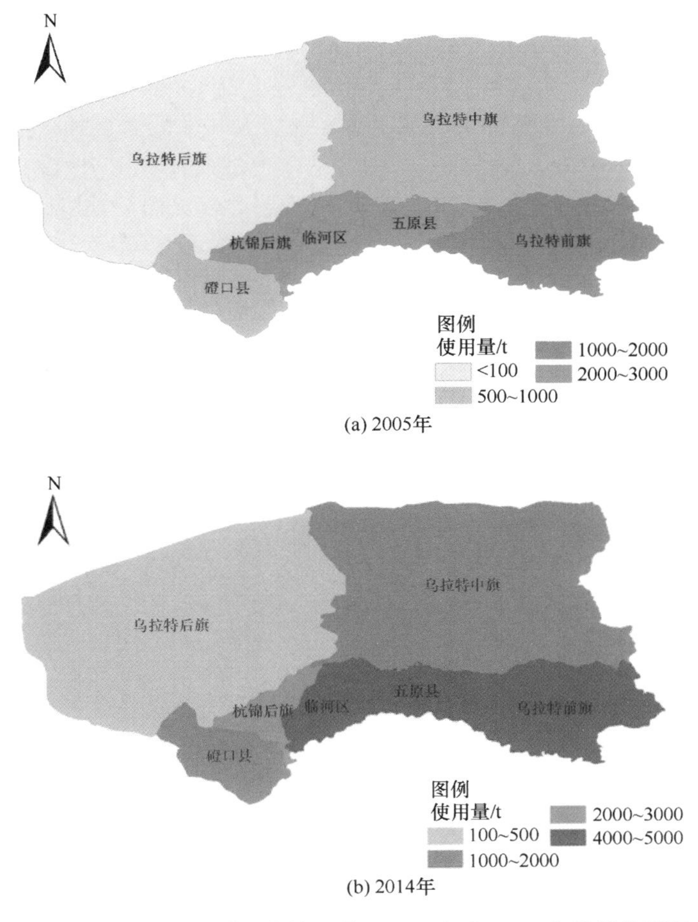

图 3.3　沿黄盐渍化灌区各旗（县）2005 年和 2014 年地膜使用量

3.4 覆膜年限及灌水方法对农膜残留强度和破碎率的影响

玉米、葵花是沿黄盐渍化灌区的主要粮油作物，基本全为覆膜耕作，通过对玉米和葵花两种作物在不同覆膜年限下农膜残留强度 R 和破碎率 D 进行比较（图 3.4），结果显示两种作物在相同覆膜年限及相同灌水方法下残留强度 R 和破碎率 D 差异都非常小，玉米和葵花最大残留强度 R 相差 3.72kg/hm^2，最大破碎率 D 相差 4.31 片/g，均无显著差异（P>0.05）。然而不同覆膜年限以及灌水方法对残留强度 R 和破碎率 D 的影响很大，从图 3.4 中可以看出随着覆膜年限的增加，残留强度 R 和破碎率 D 均呈开口向下的抛物线增长态势，覆膜 5 年、10 年、20 年后，两种作物残膜平均残留强度 R 比覆膜 2 年后（24.29kg/hm^2）分别增长了 80.14%、163.70%、273.64%（P=0.029），两种作物残膜平均破碎率 D 比覆膜 2 年后（36.76 片/g）分别增长了 20.97%、38.14%、60.20%（P=0.041）。由此可见，不同作物农膜的残留特性相近，但是随着覆膜年限的增加，残留强度 R 将会显著增加，同时由于耕作、风化等作用，破碎率 D 也会呈显著加大，从而单位面积农田中残膜量增加，同时微小尺寸残膜比例也会显著增加，这将导致长期覆膜农田的残膜回收难度加大。

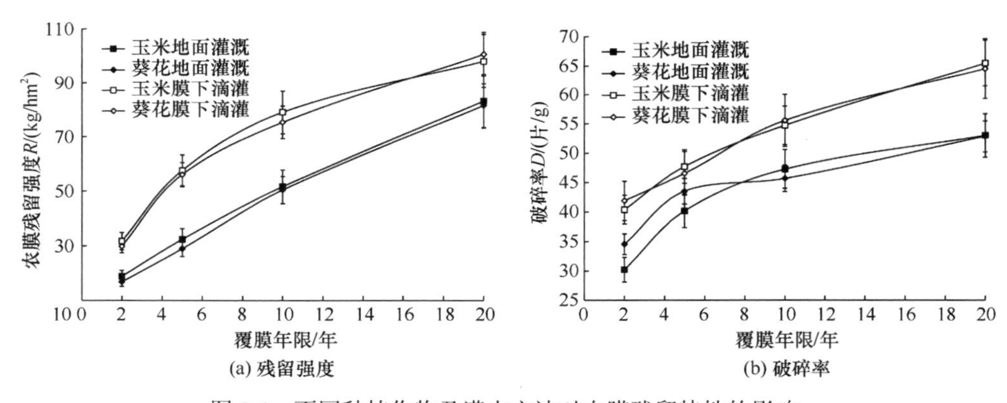

图 3.4 不同种植作物及灌水方法对农膜残留特性的影响

对地面灌溉覆膜耕作和滴灌覆膜耕作的农膜残留强度 R 及破碎率 D 进行分析（图 3.4），结果显示不同的灌水方法下残留强度 R 和破碎率 D 都呈显著差异（P<0.05），滴灌覆膜与地面灌溉覆膜相比，其残留强度 R 平均高 19.82kg/hm^2（42.92%）（P = 0.028），破碎率 D 平均高 8.68 片/g（20.01%）（P =0.034），其中覆膜 2 年、5 年、10 年、20 年后滴灌覆膜残留强度 R 分别比地面灌溉覆膜高 72.75%、68.78%、51.25%、20.70%，破碎率 D 分别高 26.93%、12.74%、18.61%、22.76%。造成这种现象的主要原因是滴灌覆膜下地表铺设滴灌带，滴灌带凸起导致两侧地膜易于断裂，同时滴灌带回收时拉扯地膜等导致破碎率 D 显著高于地面灌溉覆膜耕作［图 3.4（b）］，

且造成大块完整地膜减少，回收率降低，从而间接致使单位面积的残留量增加。

通过对各处理函数形式进行拟合比较，发现不同作物、不同灌溉类型间残留强度 R 及破碎率 D 与覆膜年限 t 之间的关系可以用多项式函数 $R=a_1 t^2+b_1 t+c_1$、$D=a_2 t^2+b_2 t+c_2$ 的形式较好地表示，拟合参数见表 3.2、表 3.3，可以发现，各拟合函数决定系数 R^2 均较高，均在 0.9 以上，拟合效果较好，表明该函数可以较真实地对沿黄盐渍化灌区多年后的农膜残留情况进行预测，具有一定的现实意义。另外，通过比较发现玉米和葵花间参数 a、b 的差异不大，这也说明玉米和葵花两种作物的耕作方式对农膜残留特性的影响较小。

表 3.2　各处理拟合参数（残留强度）

作物及灌溉类型	a_1	b_1	c_1	R^2
玉米地面灌溉	−0.054	4.748	9.717	0.999
葵花地面灌溉	−0.057	4.884	6.819	0.999
玉米膜下滴灌	−0.235	8.741	16.743	0.994
葵花膜下滴灌	−0.191	7.993	16.771	0.989

表 3.3　各处理拟合参数（破碎率）

作物及灌溉类型	a_2	b_2	c_2	R^2
玉米地面灌溉	−0.092	3.237	24.86	0.989
葵花地面灌溉	−0.048	1.974	32.171	0.935
玉米膜下滴灌	−0.043	2.314	36.37	0.996
葵花膜下滴灌	−0.043	2.212	37.255	0.997

3.5　覆膜年限及灌水方法对残膜在土壤中分布的影响

2 种灌水方法和 4 种覆膜年限均显示不同土层的残膜量分布数量为 0～10cm 土层>10～20cm 土层>20～30cm 土层（图 3.5），其中 0～10cm 土层内残膜数量均显著高于其他土层（$P<0.05$），该层平均残膜数量占总残膜量的 64.89%，最大比例达到 74.22%（2 年连续玉米膜下滴灌），最小比例为 53.09%（20 年连续葵花膜下滴灌），可见农膜残留主要集中在土壤 0～10cm 土层内，这也与严昌荣等（2014）、马辉等（2008）的研究结果一致；且覆膜年限越长，残膜在土壤中的累积量越多，覆膜 5 年、10 年、20 年后分别比覆膜 2 年后农膜残留量平均增加了 115.22%、259.78%、486.68%。随着覆膜年限的增加，残膜逐渐向深层移动，尽管土壤上层的残膜量高于土壤下层，但是其比例在下降，不同处理覆膜 2 年后 0～10cm 土层残膜量占总残膜量的 71.47%，而覆膜 5 年、10 年和 20 年后，该比例分别变为 63.64%、59.52%、54.61%；10～20cm 土层该值由 23.37%变为 25.92%、26.06%、32.24%。滴灌覆膜耕作与地面覆膜耕作对残膜在土壤中的分布的影响不大，其中

滴灌覆膜耕作条件下 0～10cm 土层残膜量占总残膜量的 58.64%，10～20cm 土层残膜量占总残膜量的 28.42%，地面覆膜耕作条件下这两个数值分别为 59.30%、31.02%，差异并不显著（P>0.05）。

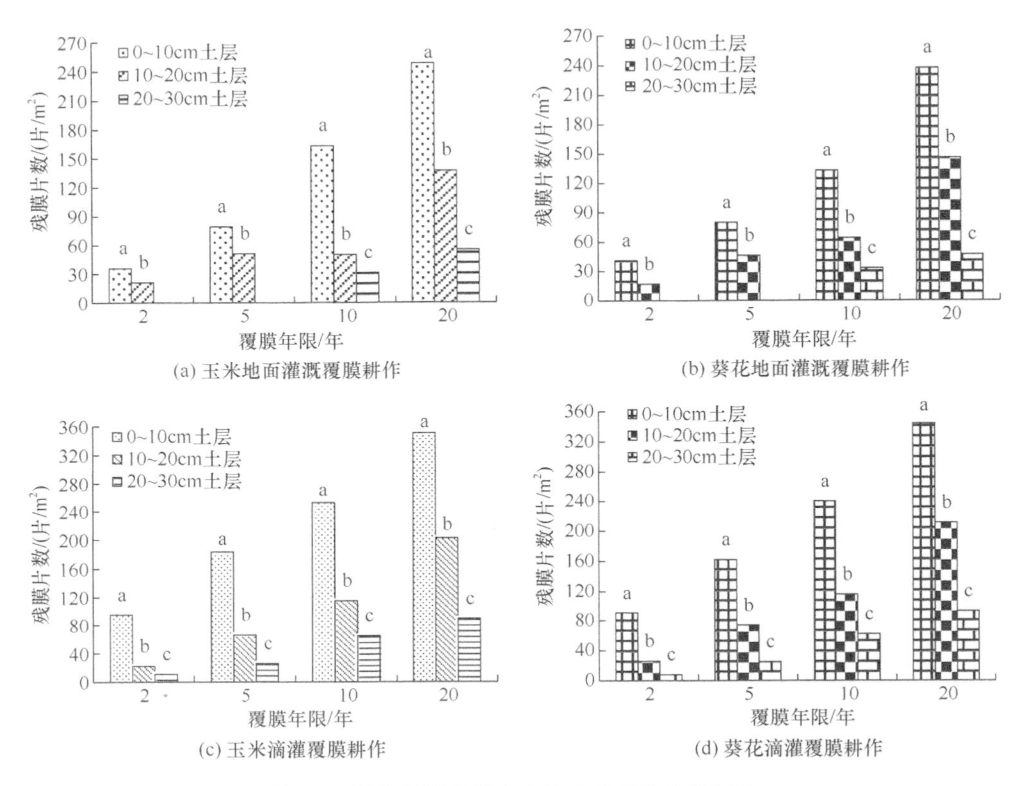

图 3.5　覆膜年限及灌水方法对残膜分布的影响

不同小写字母表示同种作物相同覆膜年限不同土层间残膜片数差异显著（P<0.05）

3.6　覆膜年限及灌水方法对残膜碎片面积的影响

农田中未回收的残膜通常都属于小碎块，面积较小，随着覆膜年限的增加、农业耕作及老化等现象均会导致残膜的进一步碎片化（图 3.6），不同处理覆膜 2 年后残膜碎片面积分别为 0～4cm²、4～20cm²、20～50cm² 及大于 50cm² 的平均数量为 92 片，覆膜 5 年、10 年、20 年后，其平均数量却分别增长到 198 片、331 片、540 片，而葵花和玉米在相同覆膜年限及灌水方法下残膜的形态变化无显著差异（P>0.05）。由图 3.6 可进一步看出农田中残膜以 0～4cm² 和 4～20cm² 的残膜为主，占总残膜量的 58.86%，其中面积为 0～4cm² 残膜所占比例最多，明显多于其他面积残膜，并且随着覆膜年限的增加土壤中不同面积残膜比例差异越显著，覆膜 20

年后面积为 20cm² 以下的残膜的数量是面积为 20cm² 以上残膜数量的 1.43 倍，而覆膜 10 年、5 年和 2 年后这个数分别为 1.44 倍、1.51 倍、1.59 倍（$P<0.05$）。导致这种现象主要是因为市场上大量的农膜厚度不达标，机收残膜率低以及该地区残膜回收机制不健全，且农民没有足够的残膜污染意识，以及时间、成本等观念，致使大量小面积残膜存留于土壤中，再加上耕作和风化等物理过程，随着耕作年限的增加，小面积残膜数量不断增高。而覆膜 2 年、5 年后面积在 0～50cm² 范围的残膜间均不存在显著性差异（$P>0.05$），说明低覆膜年限对残膜面积大小影响不大，随着覆膜年限增加，小面积残膜数量逐渐增多。另外滴灌农田中滴灌带导致农膜更易于破碎，从而出现不同覆膜年限后滴灌覆膜耕作面积为 0～50cm² 的残膜占总残膜的比例明显要高于地面灌溉覆膜耕作，覆膜 2 年、5 年、10 年和 20 年后分别比地面灌溉覆膜耕作高出 1.82%、4.15%、8.08%、9.14%，呈显著差异（$P<0.05$）。

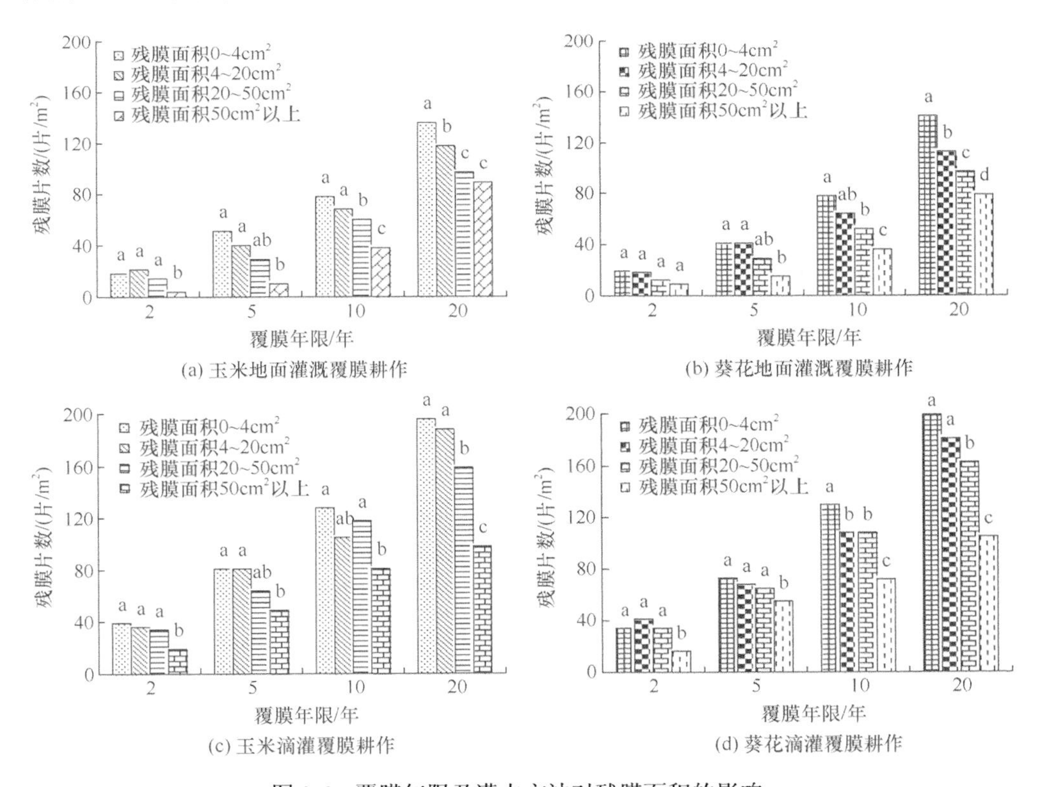

图 3.6　覆膜年限及灌水方法对残膜面积的影响

3.7　讨　　论

地膜在大量应用的同时所造成的污染也不可忽视，由于普通地膜难以降解，以及农民对残膜危害的不重视，致使农田中的残膜量逐年累积，不仅影响作物的生长发育，还污染环境、影响农业机具作业。雷蕾等（2021）对新疆典型覆膜地区农户残膜污染治理行为进行了调查与分析，结果表明新疆农田残膜污染严重，且不同地区残膜污染情况存在明显差异。南疆棉田残膜污染较为严重，特别是喀什地区，棉田平均残膜量高达 267.31kg/hm^2，其次为巴州地区，棉田平均残膜量为 243.43kg/hm^2，而阿克苏以及和田地区棉田平均残膜量则分别为 236.7kg/hm^2、158.4kg/hm^2（韩咏香等，2013）；同样北疆不同地区地膜残留情况也存在差异，其中塔城地区残膜污染尤为严重，农田残膜量高达 357kg/hm^2，而博州和昌吉地区耕地残膜污染程度相差不大，但都远超国家标准值 75kg/hm^2，约为 300kg/hm^2（辛岩，2019）。另外，对河南省花生田地膜使用及残膜污染现状调查结果表明，河南省花生地膜厚度为 0.004～0.006mm，地膜使用量一般为 45kg/hm^2，花生田地膜残留量为 15.0～40.0kg/hm^2，低于《农田地膜残留量限值及测定》（GB/T 25413—2010）规定的农田残膜污染的一级标准 75kg/hm^2（郝西等，2019）。通过调查发现 10 年来沿黄盐渍化灌区和磴口县的单位面积覆膜量分别降低了 8.82%和 7.08%，单位面积的地膜使用量在减少，覆盖地膜的平均厚度在减少，这也是导致近几年农膜残留日益严重的重要原因。

覆膜年限及灌水方法是影响土壤中残膜的重要因素，影响残膜的破碎从而影响其在土壤中的分布特征（Su et al.，2018）。在郝西等（2019）的研究中已证实覆膜年限越长，地膜残留量越大，覆膜 5 年、10 年和 15 年的残留量分别达到 15.0kg/hm^2、26.9kg/hm^2 和 40.0kg/hm^2，花生田残膜主要集中在 0～10cm 的浅层土壤中，残膜主要以中块膜（4～25cm^2）和大块膜（>25cm^2）为主。依据 75kg/hm^2 的残膜污染标准，年均覆膜量、年均残留率分别按 45kg/hm^2、5.92%～6.65%计算，河南省覆膜花生安全使用地膜的年限为 25～29 年。另外，最新研究表明残膜的破碎度随着覆膜年限的增加越来越小，覆膜 1～10 年残膜破碎度分别为 0.6981、0.6237、0.6094、0.5933、0.5722、0.5146、0.5125、0.4899、0.4889、0.4832，针对人工采样获取的不同覆膜年限的棉田表层和总的残膜质量进行函数拟合，拟合后的 R^2 均在 0.7 以上，其中覆膜 1 年的棉田表层残膜质量与残膜总质量的拟合函数的拟合度相对较低，为 71.6%，其余覆膜年限最优拟合效果均达到 90%（胡灿等，2019）；在排除覆膜年限因素后，整体上对选取区域的 30 块棉田进行函数拟合，最好的拟合效果可达到 94.19%（陈墨，2021）。这与我们的研究结果一致，虽然不同作物农膜的残留特性相近，但由于覆膜年限的增加，残留强度将会显著增加，同时在耕作、风化等作用下，残膜破碎率也会显著加大，从而不仅仅在单位面积农田中残膜量增加，同时微小尺寸残膜比例也会显著增加（祁虹等，2021），这将导致长期覆膜农田的残膜回收难度加大。

3.8 结　　论

本章研究了沿黄盐渍化灌区近年来地膜覆盖情况，并分析了典型研究区不同覆膜年限和不同灌水方法对当地主要作物的农膜残留的影响，主要结论如下：

沿黄盐渍化灌区覆膜耕作呈跨越式发展，但单位面积覆膜质量呈下降趋势。近 10 年来内沿黄盐渍化灌区典型研究区地膜使用量和覆膜面积分别增长了 100%和 104.08%，而磴口县更是增长了 225.77%和 264.73%；然而单位面积覆膜量却在下降，磴口县的单位面积覆膜量降低了 7.08%，这可能导致农膜残留量进一步加剧。

随着覆膜年限的增加，土壤中农膜残留强度（R）和破碎率（D）显著增加（$P<0.05$），滴灌覆膜耕作下 R 和 D 显著高于地面灌溉覆膜（$P<0.05$）。覆膜 5 年、10 年、20 年后，农膜平均 R 比覆膜 2 年后分别增长了 80.14%、163.70%、273.64%，农膜平均 D 比覆膜 2 年后分别增长了 20.97%、38.14%、60.20%；滴灌覆膜 R 比地面灌溉覆膜相平均增长 42.92%，D 平均增长 20.01%，相同覆膜年限及灌水方法下玉米与葵花的 R 和 D 无显著差异。

覆膜年限影响残膜在土壤中的分布，而灌水方法对残膜在土壤中的分布影响较小。覆膜年限越长土壤中残膜量越多，覆膜 20 年比覆膜 2 年土壤总残膜量增加了 486.68%，且 0～10cm 土层残膜由占残膜总量的 71.47%降低为 54.61%，10～20cm 土层残膜由 23.37%升高为 32.24%。

随着覆膜年限增长，农田中残膜碎片化现象越严重，且滴灌条件下比地面灌溉条件下碎片化严重。农田中残膜以 0～4cm^2 和 4～20cm^2 的残膜为主，分别占残膜总量的 31.06%和 27.81%；覆膜 20 年、10 年、5 年和 2 年后面积为 20cm^2 以下的残膜分别是面积为 20cm^2 以上残膜的 1.43 倍、1.44 倍、1.51 倍、1.59 倍（$P<0.05$）；滴灌条件下面积为 0～50cm^2 的残膜比例显著高于地面灌溉，覆膜 2 年、5 年、10 年和 20 年后面积为 0～50cm^2 残膜所占比例比地面灌溉时分别高出 1.82%、4.15%、8.08%、9.14%，呈显著差异（$P<0.05$）。

第4章　农膜残留微塑料在土壤-排水沟中的赋存特征及估算

4.1　引　　言

沿黄盐渍化灌区是内蒙古经济重要发展区、重要粮食产地，同时也是资源富集区，其中河套灌区作为黄河中上游的大型灌区，是内蒙古沿黄盐渍化灌区的主要研究区域，河套灌区平均每年通过灌区各级排水沟道排入乌梁素海水量超过 $5\times10^{8}\ m^{3}$，并在乌梁素海滞蓄后经退水渠排入黄河。已有研究表明，由于河套灌区长期覆膜种植等原因，农作土壤中微塑料最大平均丰度值已达 19600n/kg（王志超等，2020），而土壤中大量微塑料经自然因素（风力）、人为干预等作用进入河套灌区排水系统，进而经河套灌区斗沟、支沟、干沟和总排干沟等进入乌梁素海，并广泛分布于各级排水沟道的水体及底泥沉积物中，在河套灌区形成了新型污染物。本章以河套灌区大规模覆膜种植为背景，开展河套灌区排水沟道微塑料分布特征分析，对黄河流域以农业覆膜种植为主的大中型灌区微塑料的治理具有重要的指导与借鉴意义。

4.2　农膜残留量微塑料分布特征试验

4.2.1　研究区概况

河套灌区受年均蒸发量大（约 2200mm）、降水量小（约 150mm）等因素影响，灌溉排水系统十分发达，有各级灌渠 991km，各级排水沟道 791km（侯凯旋等，2019）。其排水系统设七级沟道，即总排干沟、干沟、分干沟、支沟、斗、农和毛沟等，现已建成总排干沟 1 条，干沟 12 条，分干沟 45 条，支沟 137 条，斗、农沟和毛沟共计 11275 条。总排干沟全长 206km，是灌区排水、渠道退水和山洪泄水唯一排入黄河的通道，沿途由一至七排干沟的农田退水和部分城镇的工业废水和生活污水汇入，最后经乌梁素海进入黄河（田志强等，2019）。

4.2.2　样品采集

鉴于河套灌区第三、五和七排干水量较大，分别处于河套灌区的上游、中游及下游，且水源除河套灌区农田退水外还兼有生活污水和工业废水等，具有广泛代表性。故在第三、五和七排干的中游、下游及入总排干处分别设置取样点（U1～U3、U4～U6 和 U7～U9）；同时，在总排干中游、下游及乌梁素海入海口处设置取样点（U10～U12），详见图 4.1。采样工作于 2019 年 8 月进行，样品包括水样及底泥沉积物样；取样过程由特氟隆泵完成，用硝酸纤维素膜过滤的实验水对泵进行预清洗。抽取水样后，每个样品通过 48μm 不锈钢筛网，用纯水洗涤筛上的残留物，于每个取样点距岸边 150cm 处，取水面下 20cm 水样 20L，容器在采样完毕后及时封口，带回实验室进行检测（Wang et al.，2019）；用彼得逊不锈钢采泥器取沉积物样品，于取水点下采集表层 10cm 沉积物样品，所有沉积物样品均装入铝箔封口袋中密封后运回实验室，将沉积物样品中植物残体、砾石和贝壳等杂质剔除后，置于避光处自然风干（Nel et al.，2018）。每个取样点设置 3 组重复取样。

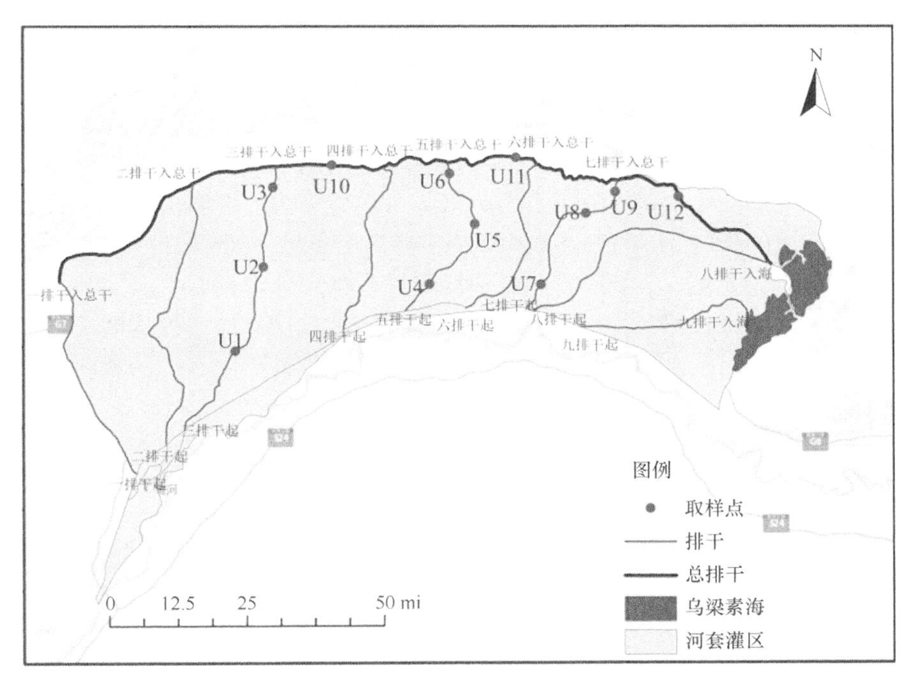

图 4.1　河套灌区取样点示意图

1mi=1.61km

4.2.3　微塑料分离与提取

水样经 500 目不锈钢筛过滤后，用去离子水将筛上富集的微塑料样品连同其他杂质一并收集于 300mL 的锥形瓶中，加入 30%H_2O_2 溶液，放置于 45℃、150r/min 的振荡培养箱中 24h，以充分消解有机物和无机杂质。用玻璃纤维过滤器（GF/F，

47mm，0.45μm 孔径）进行真空过滤。滤膜放置于干净培养皿中用锡箔纸覆盖，以避免空气中杂质的污染，在 50℃恒温烘箱中恒温干燥，并在显微镜下观测（Noam et al.，2017）。

沉淀物样品在 70℃下干燥 24h 至恒重，并从每个采样点取 1000g 等份试样。将样品移入干净的玻璃烧杯中，添加 30%H_2O_2 消解有机物。将样品再次在 70℃下干燥 24h 至恒重（Turner et al.，2019）。用氯化钠溶液（1.2g/L）进行浮选，将上清液沉降 24h，用玻璃纤维过滤器（GF/F，47mm，0.7μm 孔径）进行真空过滤。最后，将滤纸在 40℃下干燥 24h 后进行提取。每次提取后用浓氯化钠漂洗和洗脱含样品的烧杯，避免丢失可能附着在烧杯壁上的微塑料颗粒；最后，用纯水洗涤残余固体，在 40℃下排水干燥，在显微镜下观测（Di and Wang，2018）。

4.2.4 微塑料的鉴别

采用立体显微镜（M165FC，徕卡，德国）和激光共聚焦显微镜（奥林巴斯，OLS4000）鉴定微塑料的特征（形态、粒径和颜色），并采用 Nano Measuer 1.2 软件统计各样点微塑料的丰度值（水体微塑料丰度值的单位是 n/m^3，沉积物干物质中微塑料丰度值的单位是 n/kg）（刘淑丽等，2019；刘启明等，2019）。微塑料粒径以最长一边的长度记，对于不确定的颗粒或粒径小于 500μm 的微塑料，采用傅里叶红外光谱仪（RXI，美国）对微塑料颗粒进行成分识别。在采样和试验过程中，避免使用塑料容器，配置的溶液提前过滤密封待用，玻璃仪器清洗多次和高温灼烧后方可使用。实验台、室内环境确保洁净，以减少空气中的塑料成分对实验结果的影响（Lin et al.，2018）。

4.2.5 总排干微塑料质量估算方法

已有研究表明，受微塑料密度等因素影响，微塑料在水环境中呈现不同的垂直分布特征，其中表层水体（0～20cm）塑料丰度值约为底层水体微塑料丰度值的 4 倍（Song et al.，2018），即表层 20cm 水体中微塑料占水体微塑料总量的 80%。故可通过比例流量法估算河套灌区总排干微塑料质量（Miller et al.，2017）。假定总排干中同一断面不同水深处流量恒定，将取水深度（H_q）与河流深度（H_z）之比记为比例深度（H_b）[式（4.1）]；则比例深度（H_b）与流量（Q_z）的乘积即为总排干的比例流量（Q_b）[式（4.2）]；故单位时间内流经总排干表层水体的微塑料总质量（M_b）即为比例流量（Q_b）与表层水体单位体积内微塑料的质量（M）之积 [式（4.3）]；因而 1 天（24h）内流经河套灌区总排干的微塑料总质量（M_z）可表示为表层水体的微塑料总质量（M_b）与比例系数 τ 的乘积 [式（4.4）]。本书取样水深 H_q 为 0.2m；取样点的总水深、总排干流量从当地水文监测站获取，其

中取样点的总水深 H_z 为 2.6m、总排干流量 Q_z 为 31.72m^3/s；比例系数 τ 为 1.25。

$$H_b = H_q / H_z \tag{4.1}$$

$$Q_b = Q_z \times H_b \tag{4.2}$$

$$M_b = Q_b \times M \tag{4.3}$$

$$M_z = M_b \tau \times 24 \times 3600 \tag{4.4}$$

式中，H_q 为取水深度，m；H_z 为河流深度，m；H_b 为比例深度；Q_z 为总排干流量，m^3/s；Q_b 为比例流量，m^3/s；τ 为比例系数；M_z 为微塑料总质量，g。

因微塑料形态各异，单个微塑料的质量差异较大，难以利用微塑料数量与单个质量乘积的方法来估算微塑料的质量，故本章通过密度体积法估算河套灌区总排干表层水体单位体积内微塑料的质量（M）（Eo et al.，2019）。根据前人相关研究，取水环境中微塑料的平均密度 1.04g/cm^3 作为总排干表层水体微塑料的密度值（Besseling et al.，2017；Connors et al.，2017）。单个微塑料的体积则根据微塑料的具体形态特征进行计算，其主要形态包括碎片、薄膜及纤维。其中，碎片和薄膜状微塑料（统称为非纤维）在显微镜垂直观察视觉下呈圆扁平状，参照已有相关研究，其体积按球体体积乘以形状因子计算（Kooi et al.，2018）[式（4.5）]；纤维状微塑料体积则按圆柱体进行计算 [式（4.6）]。本书非纤维状微塑料直径取该微塑料的粒径区间的平均值，形状因子 α 取 0.1，纤维状微塑料取试验测得的平均半径（10μm）（Silva et al.，2018）。故表层水体单位体积内非纤维微状塑料的质量（M_1）和纤维微状塑料的质量（M_2）及其总质量（M）可用下式表示：

$$M_1 = 4/3\pi R^3 \times 1.04\alpha \tag{4.5}$$

$$M_2 = \pi R^2 L \times 1.04 \tag{4.6}$$

$$M = M_1 + M_2 \tag{4.7}$$

式中，M_1 为非纤维状微塑料的质量，g；M_2 为纤维状微塑料的质量，g；R 为非纤维状微塑料半径，cm；α 为形状因子；L 为纤维状微塑料的测量长度，cm；M 为表层水体单位体积内微塑料的质量，g。

4.3　河套灌区各排干微塑料的丰度与分布差异

河套灌区各排水干沟水体和沉积物中均检测出微塑料的存在（图 4.2），水体平均丰度值为（14310±3571）n/m^3，最小为 2880n/m^3（U10），最大为 11200n/m^3（U12）。与国内外其他陆地径流中微塑料赋存丰度值相比，河套灌区排干中的微塑料丰度值处于中上水平（表 4.1）。另由图 4.2（a）可知，对于同一条排水干沟，均呈现出排水沟道中下游微塑料的丰度显著高于上游的趋势（P<0.05），其中，三、五和七排干和总排干中、下游微塑料丰度分别较上游增长 7.24%和 21.72%、40.28%

和 45.37%、119.20%和 50.33%、63.89%和 288.89%。产生这一现象的原因：一是微塑料作为水体中非可溶性物质，分子结构稳定，不易进一步被分解和吸收（Wang et al.，2018），在排干中的水动力作用下，从上游到下游不断在水体中持续累积，导致排干下游水体中微塑料丰度的增加；二是从上游到下游随着排干的不断延长，排干周围的各种塑料垃圾、生活垃圾、农田碎料残膜等也以风、水流等形式大量的汇入排干或总排干中，造成较大的面源污染。以集聚现象最明显且距离最长的总排干为例，下游微塑料丰度（U12）是上游（U10）的 2.88 倍。另从图 4.2（a）可以发现，七排干中游（U8）微塑料丰度值[（6620±1557）n/m^3]高于下游丰度值[（4540±1230）n/m^3]。现场勘察发现七排干中游附近有较多的工厂存在，村庄和城镇数量也较多，人口密度较大，会产生更多的工业废水和生活污染物，致使附近河流内的微塑料丰度值显著增加。

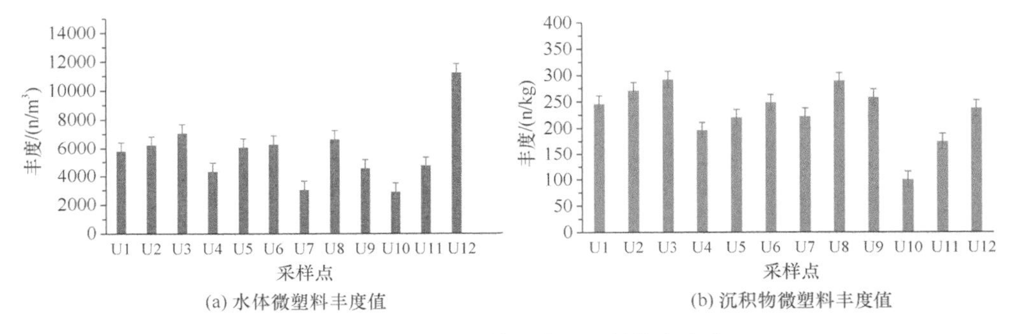

(a) 水体微塑料丰度值　　(b) 沉积物微塑料丰度值

图 4.2　河套灌区各排干中微塑料的丰度值

表 4.1　国内外河流微塑料的丰度，主要类型及粒径

取点位置	丰度范围	主要类型	主要粒径/mm	文献
中国渭河	3670～10700n/m^3	纤维	<0.50	Ding et al.，2019
中国上海小河口	13530～44930n/m^3	颗粒	<2.00	Zhang et al.，2019
中国珠江	373～7924n/m^3	纤维	<0.10	Song et al.，2018
中国长江口表层水	500～10200n/m^3	纤维	0.50～1.00	Xiong et al.，2018
中国长江口表层沉积物	20.3～290.5n/kg	纤维	0.07～1.00	徐沛等，2019
中国长沙城市水域沉积物	270.17～866.59n/kg	碎片	<1.00	Wen et al.，2018
荷兰城市运河沉积物	68～10500n/kg	球体	0.01～0.30	Leslie et al.，2017
英国苏格兰城市河流沉积物	161～432n/kg	纤维	<0.09	Blair et al.，2019

河套灌区各排水干沟沉积物中微塑料的平均丰度值为（229±42）n/kg，最小为 100n/kg（U10），最大为 292n/kg（U3），与其他地表径流沉积物微塑料丰度值相比基本处于中等水平（表 4.1）。总体上，三排干沉积物中的微塑料丰度值高于五排干、七排干和总排干。这是由于三排干流速缓慢，排干中水深较浅，有利于

微塑料的沉积；而七排干中游 U8 点沉积物丰度值亦较高［（289±52）n/kg］，这与 U8 点水体中微塑料的高丰度值密不可分。由图 4.2（b）可知，总排干沉积物中微塑料的丰度并不比各排干中大，甚至总排上游（U10）沉积物中的微塑料是所有采样点中最小的［（100±22）n/kg］。出现这一现象的原因是随着一至七排干中的水量汇入总排干，总排干中水量增加，流速变快，导致水力条件不利于微塑料的沉淀，只有少量的微塑料能够沉入沉积物中。综上所述，陆地径流沉积物中的微塑料丰度值不仅与水体中微塑料的丰度值息息相关，更受水体流量、流速等外界条件的影响。较高的水体微塑料丰度、较低的河流流速所产生的耦合效应是导致沉积物中微塑料丰度值增加的重要原因。同时，比较图 4.2 可以发现，与同一排干不同取样点水体间微塑料丰度差值较大相比，同一排干上、中、下游沉积物中微塑料的丰度差值则相对偏小。分析可知，水体中微塑料的分布可能受直接外源污染、气象条件、水环境特征和人类活动多种因素的影响（Frère et al.，2017），波动值较大，而沉积物中微塑料与水体中处于悬浮状态的微塑料相比，因其受到固体沉积物的束缚作用，迁移转化速率较慢，丰度值则更趋于稳定。

4.4　河套灌区各排干微塑料外形特征与聚合物分析

河套灌区排水干沟内的微塑料形态不同，大小不一，颜色各异。通过激光共聚焦显微镜观察表明排干中微塑料形态主要分为纤维状、碎片状和薄膜状 3 种形态（图 4.3）。其中，纤维状微塑料在水体和沉积物中均占比最大，分别达到 34.98%～70.39%和 42.24%～58.56%，其次是碎片状和薄膜状。分析认为纤维状微塑料不仅来源于人类日常生产、生活中的化妆品、洗面奶等初级微塑料，更来源于大型塑料甚至碎片状、薄膜状微塑料的进一步风化、分解所产生的次级微塑料（Guerranti et al.，2019；Hernandez et al.，2017）。而王志超等（2020）通过对河套灌区农作土壤 0～30cm 土层范围内微塑料形态特征观察发现，薄膜状微塑料在农作土壤表层所占比例最大，为 38.57%（图 4.4），与本试验中微塑料在河套灌区排干的类型

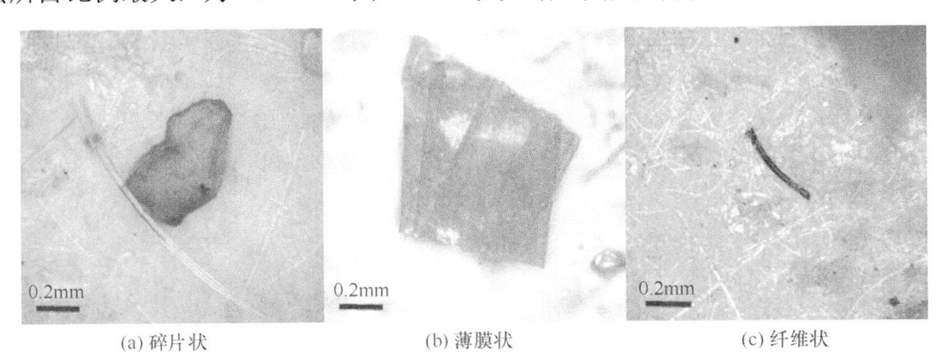

(a) 碎片状　　(b) 薄膜状　　(c) 纤维状

图 4.3　河套灌区各排干中微塑料的不同形态

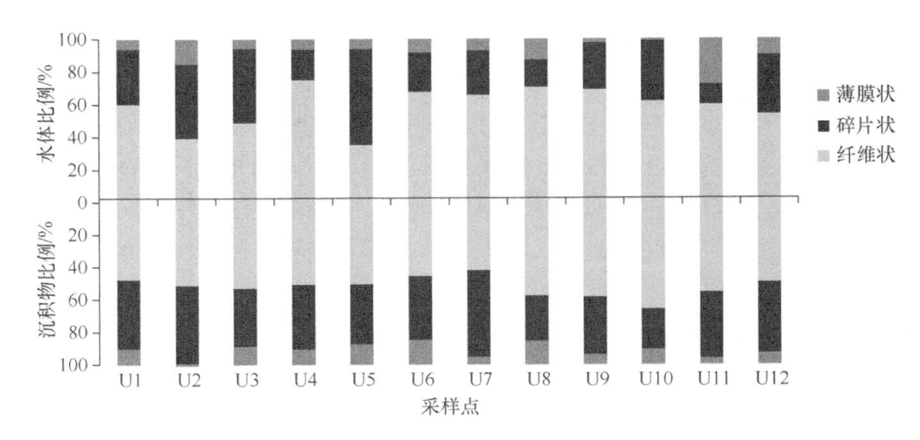

图 4.4 河套灌区各排干中微塑料形状比例

分布规律差异较大，主要是因为农作土壤中的微塑料主要来源于大块残留农膜的降解和风化，导致农作土壤中微塑料主要以薄膜状为主，而随着时间的推移，薄膜状微塑料逐渐进一步降解为纤维状，向土壤深层迁移并随地下径流及地表径流等，经各级毛、农、斗和支沟逐步汇入河套灌区排干和总排干；加之各排干的水流冲刷及河套灌区的强烈光照和风等自然因素对微塑料分解的促进作用，导致水体中主要以纤维状微塑料为主（Cesa et al.，2017）。

各采样点微塑料粒径比例如图 4.5（a）所示，河套灌区排干内收集的微塑料以<0.5mm 粒径最多，分别占据水体和沉积物微塑料的 46.43%～61.51%和 43.27%～54.79%，其次是 0.5～1mm 粒径微塑料，总体而言，0～1mm 微塑料为排干水体（74.26%～86.94%）和沉积物（70.21%～85.61%）微塑料的主要粒径组成。这与已有研究表明的微塑料的含量与其粒径呈负相关，即与粒径越小、含量越高的结论相一致。排干中大粒径微塑料在长期浸泡和水力腐蚀以及机械摩擦的作用下，会破碎、剥离成小块，进而转化成更小粒径的微塑料。河套灌区排干内的微塑料颜色丰富，分别为透明、黑色、红色、蓝色和绿色［图 4.5（b）］。在水体和沉积物中均以透明色微塑料为主，分别占据微塑料的 46.43%～61.51%和 40.41%～57.44%，其次是黑色。河套灌区农作土壤 0～30cm 土层范围内微塑料以黑色和透明的为主，在 0～10cm 土层范围内，黑色微塑料居多，占 30.25%，在 10～20cm 和 20～30cm 土层范围内则以透明微塑料居多，分别占该层微塑料总数的 30.15%和 29.23%（王志超等，2020）。调查可知，河套灌区主要覆盖农膜的颜色以黑色和透明色为主，这是造成农作土壤微塑料以黑色和透明为主的主要原因。而河套灌区排水沟道水体和底泥中微塑料亦以上述两种颜色为主，说明尽管排干中微塑料的来源相对农作土壤更加丰富，包括生活及工厂等产生的废弃物，但其主要来源还是大规模覆膜种植导致的农膜残留。同时，随微塑料在整个河套灌区

的迁移转化路径，黑色微塑料从土壤表层到土壤深层，再到排水干沟，其占比一直在减小，分析认为这可能是因为黑色微塑料更易吸收太阳辐射，导致其风化及降解速率快于其他颜色微塑料，因而微塑料的迁移转化受其自身颜色因素影响较大。

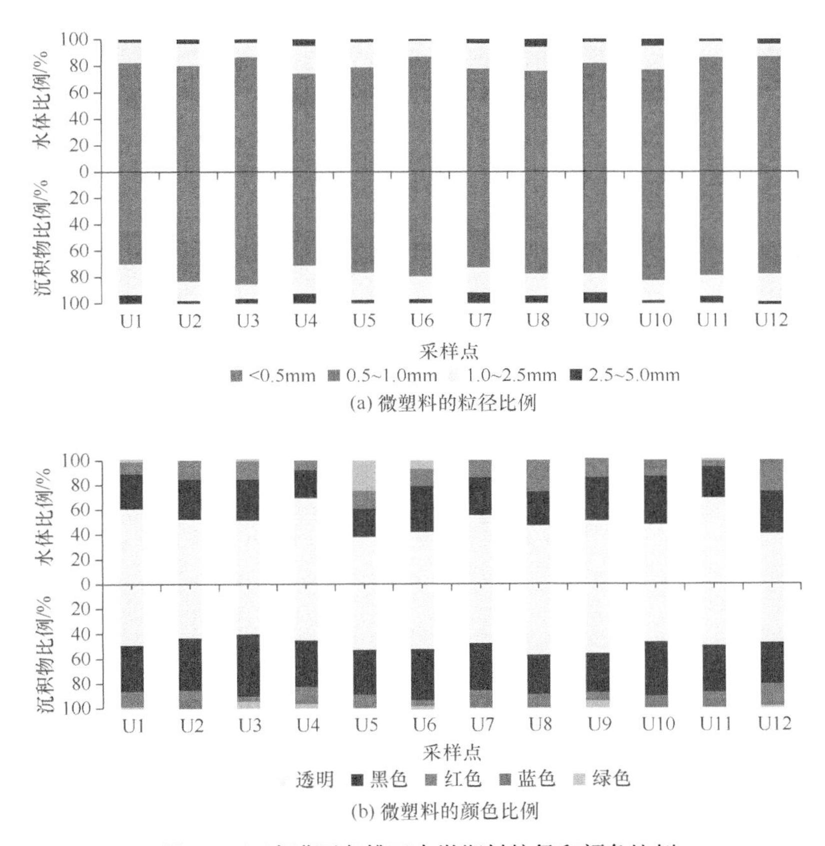

图 4.5　河套灌区各排干中微塑料粒径和颜色比例

通过傅里叶变换红外光谱仪（Fourier transform infrared spectrometer，FTIR）来鉴定微塑料的主要成分（图 4.6）。在所有样品中随机选出 100 个微塑料进行检测，结果显示其中聚乙烯（PE）为主要类型（43%），其次是聚苯乙烯（PS），占 34%和聚丙烯（PP），占 16%。PE 和 PP 具有良好的耐热、耐稳定等机械性能，被广泛用于塑料农膜、方便袋、外包装等。PS 则为热塑性树脂，由于其成本低和方便处理等优点而被广泛应用于日常装饰和化妆品等（罗雅丹等，2019）。另外，在沉积物样品中亦检测到 PE 和 PP 的存在，对于低密度的微塑料能通过水体进入沉积物的原因，可能是温度、波浪、盐度或风等自然条件加剧了微塑料颗粒的沉降，也可能是生物力或其他外力改变了微塑料的比表面积，导致其沉降于沉积物中（Narmatha et al.，2019）。而王志超等（2020）对河套灌区的退水湖泊——乌梁素海中微塑料的赋存特征研究表明，乌梁素海水体中微塑料也以聚乙烯（63.7%）为主，说明聚乙烯经河套灌区各排水干沟进入乌梁素海后，经滞蓄作用，在乌梁素海进行了累积，导致其含量升高。但微塑料从农田土壤到退水湖泊的迁移机制仍不明，因而关于微塑料从河套灌区农田到各排水干沟，并最终汇入乌梁素海的迁移转化研究有待进一步开展。

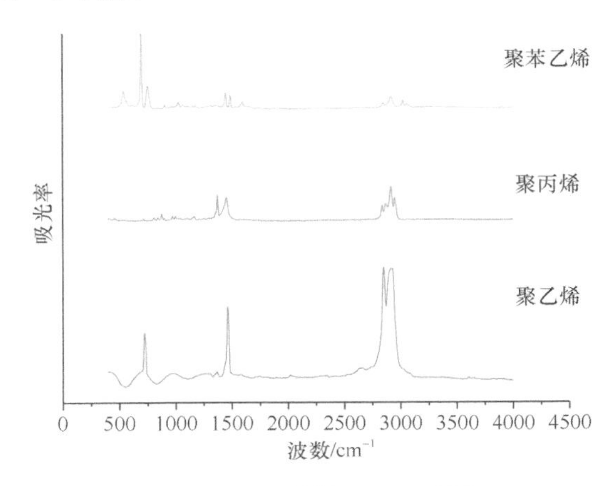

图 4.6 微塑料样品 FTIR 图像

4.5 总排干微塑料质量估算

由图 4.5（a）将微塑料按粒径分为<0.5mm、0.5～1.0mm、1.0～2.5mm 和 2.5～5.0mm 这 4 类进行质量估算。由表 4.2 可知，内蒙古河套灌区总排水干沟水体中每天输送的微塑料质量约为 116.06kg，即每年 42.36t。从粒径而言，<0.5mm 微塑料质量最小，占微塑料总质量的 0.35%，2.5～5.0mm 微塑料质量最大，占微塑料总质量的 76.03%。故微塑料的质量与其粒径分布呈显著的正相关关系，粒径越大微塑料质量越大。从形态而言，碎片状、薄膜状、纤维状微塑料的质量依次减小，分别占微塑料总质量的 71.27%、28.55%、0.17%。而纤维状微塑料的平均数量却是最多的，因而微塑料的质量受其数量影响较小，主要还是受其粒径影响较大。故内蒙古河套灌区赋存的微塑料随地表和地下径流经各级排水干沟汇入总排水干沟，每年通过总排水干沟约向乌梁素海排放 42.36t 微塑料，并在乌梁素海积蓄后产生严重的微塑料污染效应。本章的研究成果也与王志超等（2020）对乌梁素海中微塑料的空间分布特征研究相一致，在该研究中，乌梁素海表层水体中微塑料丰度最大值为（10120±4090）n/m^3，位置即为总排水干沟入乌梁素海的湖口附近，并呈现微塑料丰度由总排干入湖口向乌梁素海南部湖区逐渐递减的态势。

表 4.2　河套灌区总排干微塑料日输送质量估算数

粒径/mm	形态	N/个	L/cm	R/cm	M/g	$M_{总}$/g
<0.5	碎片状	1133.33	—	1.25×10^{-2}	253.86	410.66
	薄膜状	500.00	—	1.25×10^{-2}	112.00	
	纤维状	2083.33	2.50×10^{-2}	1.00×10^{-3}	44.80	
0.5～1.0	碎片状	466.67	—	3.75×10^{-2}	1411.18	4293.75
	薄膜状	233.33	—	3.75×10^{-2}	2822.36	
	纤维状	933.33	7.50×10^{-2}	1.00×10^{-3}	60.21	
1.0～2.5	碎片状	216.67	—	8.75×10^{-2}	16646.67	23109.44
	薄膜状	83.33	—	8.75×10^{-2}	6402.56	
	纤维状	400.00	0.18	1.00×10^{-3}	60.21	
2.5～5.0	碎片状	83.33	—	0.19	62998.99	88241.60
	薄膜状	33.33	—	0.19	25199.60	
	纤维状	133.33	0.38	1.00×10^{-3}	43.01	

注：“—”表示文章中没有相关数据；单位体积内微塑料的平均个数（N）通过试验观测获得；纤维类微塑料的长度（L）取微塑料粒径分类范围的平均值，半径（R）统一取平均半径 0.001cm；非纤维类微塑料的半径（R）取长度（L）的 0.5 倍。

而目前国内外对地表径流微塑料的质量估算研究较少，尚无法综合评判河套灌区总排干输送微塑料的污染程度，与韩国第一长河流洛东江相比，内蒙古河套灌区总排水干沟的微塑料输送情况基本与其处于同等水平；洛东江全长 523km，年输送微塑料 85.65t，其长度约为河套灌区总排干的 2 倍，年微塑料输送量也基本为 2 倍关系。另外，本章采用比例流量法对河套灌区总排干微塑料输送质量进行估算，由于地表径流的微塑料输送受其长度、流量、流态及微塑料的密度、形态和粒径等多因素耦合影响，故对地表径流进行微塑料输送能力的准确计算难度较大，有待进一步综合考虑各影响因素对微塑料的输送量研究，以提高微塑料质量计算的准确性。

4.6　讨　　论

第二届联合国环境大会将微塑料污染列为环境与生态科学研究领域的第二大科学问题，成为与全球气候变化、臭氧耗竭等并列的重大全球环境问题（Horton et al.，2017）。在微塑料的分布特征研究中，水生生态系统是最早的关注对象，也是多种污染物调查研究的主要目标。按地理特征可粗分为海洋、淡水及河口系统（Liao and Huang，2014）。典型水生生态系统可以简化为由水体、沉积物和水生生物构成，且污染物会在其中传递（苏磊，2020）。在海洋系统中，Collignon 等（2012）在对地中海区域进行调查时发现，该海域微塑料丰度值达到 0.116n/L。

在淡水系统中，微塑料同样分布广泛。黄河作为中国淡水体系中最为重要的河流之一，黄河表层水微塑料丰度为582n/L（Han et al.，2020）。与河流相同，湖泊的微塑料污染状况同样不容乐观，洞庭湖湖水微塑料丰度达到660n/L（冯志桥等，2019）。入海河流干流中下游与河口及滨海区域是淡水与咸淡水界面环境中微塑料研究的热点区域（Lebreton et al.，2017）。现今在世界范围内已经开展广泛的调查研究，如湄公河、多瑙河、密西西比河中下游等（Lahens et al，2018；Vermaire et al.，2017）。而在我国的长江流域，包括水库、河湖与河口环境也有类似的工作开展（Zhang et al.，2018）。这表明微塑料已经广泛存在于多种水环境中，影响水环境质量，更可能通过水环境进入人体，研究微塑料的迁移转化途径和去除方法将成为今后研究的重点。

试验中水体的微塑料丰度范围为 2880～11200n/m^3，沉积物中微塑料丰度范围为 100～292n/kg，这与 Teng 等（2020）对莱州湾的水体和沉积物中微塑料的丰度研究结果近似，与地表水相比，沉积物中微塑料分布的空间模式不同，但也受地质学、水文地质学和人为活动的影响，此外，该研究表明地表水微塑料浓度与同一站的沉积物浓度无关。这一结果可能反映了每个站漂浮和下沉塑料的差异，而更稠密的聚合物在沉积物样本中更为丰富，微生物硫化还可能导致低密度塑料的浮动和下沉变化。本章结果中最常见的微塑料形状是纤维状，分别占据水体微塑料的 34.98%～70.39%和沉积物微塑料的 42.24%～58.56%，沉积物中纤维状比例较高可能是由于纤维状有较高的表面积体积比，使微塑料具有更高的聚集和淤积率，从而在短时间内比较大的塑料碎片下沉速度快（Peter，2015）。微塑料颜色以透明为主，在水体和沉积物微塑料中分别占 46.43%～61.51%和 40.41%～57.44%；微塑料粒径以<1mm 居多，这与之前的研究结果微塑料丰度与其粒径大小呈负相关，即粒径越小、丰度越高的结论相一致（Zhang et al.，2017）。聚乙烯（43%）则是最常见的聚合物类型，由于 PE 常被用作塑料薄膜，并广泛应用于农业（Zhang and Liu，2018；Zhang et al.，2018；Wang et al.，2019），这也表明与该地区农田退水带来的残留农膜及其周围高强度的人类活动密不可分。Zhao 等（2015）的研究中指出密度、生物污物、附着的生物量、温度和风暴等都是影响水生生态系统中微塑料分布的重要因素。因此，尽管 PE 的密度低于淡水，但可以淹没在沉积物中（Ballent et al.，2016；Zhang et al.，2017）。总之，由于地表水和沉积物中微塑料的存留时间不同，沉积物中微塑料的分布更为规律，低密度塑料的含量也较少。

4.7 结　论

河套灌区排水干沟和总排水干沟水体与沉积物均有微塑料赋存，从三排干上游到总排干下游，丰度分布有明显空间差异。水体中微塑料丰度范围为 2880～11200n/m^3，沉积物中微塑料丰度范围为 100～292n/kg。

排水干沟各采样点水体和沉积物中最常见的微塑性形状是纤维状，分别占据水体微塑料的 34.98%～70.39%和沉积物微塑料的 42.24%～58.56%；微塑料颜色以透明为主，在水体和沉积物微塑料中分别占据 46.43%～61.51%和 40.41%～57.44%。

排水干沟和总排水干沟水体与沉积物中微塑料粒径以<1mm 居多，其占比与粒径呈负相关，聚乙烯（43%）则是最常见的聚合物类型，这与该地区农田退水带来的残留农膜及其周围高强度的人类活动密不可分。

本章通过比例流量法估算河套灌区总排水干沟每年向乌梁素海输送微塑料质量可达 42.36t，对乌梁素海的生态安全产生一定影响。

第5章　农膜残留对土壤结构的影响及基于CT断层扫描分析

5.1　引　　言

目前农用残膜对土壤结构的影响研究主要集中在不同耕作方式（Bianco and Lal，2007）、灌溉施肥模式（Muhammad et al.，2014）等方面，而随着核磁共振成像、电镜扫描（周虎等，2009）、CT断层扫描（程亚南等，2012）等技术的发展，为从更微观尺度深入研究土壤结构提供了技术支撑。随着残膜在土壤中累积，原有土壤孔隙被破坏，将导致土壤结构发生变化，从而影响土壤水力参数。CT断层扫描就是利用X射线对物体进行断层扫描后，由探测器收得的模拟信号再变成数字信号，经电子计算机计算出每一个像素的衰减系数，再重建图像，从而显示出物体内各部位的断层结构的装置。它以断层的图像形式，较清晰地显示物体内的细微差别，彻底解决了内部重叠显示问题。1982年CT断层扫描技术第一次被用于对土壤结构的研究后，由于其不仅简单、方便、试验周期短，而且不会破坏原状土壤等优点，近年来被广泛应用于对土壤孔隙的相关研究，特别是随着科技的发展，CT断层扫描技术的价格逐渐降低且图像分辨率逐渐升高，更为CT断层扫描技术的广泛发展提供了重要支撑（杨永辉等，2013；周虎等，2011）。简而言之，CT断层扫描就相当于一把刀，把需要扫描的地方按需要分成相等的层次，然后通过这些层次的平面图片，通过空间想象力恢复成完整的结构。

5.2　研究方法

供试土壤样本取自内蒙古呼和浩特市郊区农田表层土壤，质地为粉砂壤土，土壤机械组成及基本理化性质见表5.1。去除大粒径杂质后，将土样风干、碾细，最后过2mm筛，确保土壤均质。供试验塑料农膜选用青州市佳和塑料厂生产的佳和牌农用地膜，膜厚为0.008mm。在已有研究农田残膜的存在范围区间的基础上，设置1个无膜对照处理及4个残膜处理，分别为0kg/hm^2、50kg/hm^2、100kg/hm^2、200kg/hm^2、400kg/hm^2，每个处理重复3次，具体见表5.2。由于多年覆膜耕作后，农膜残留会逐渐碎片化，尽管残膜形态各异，但大部分面积集中在3～5cm^2。同时，由于室内试验仪器面积均较小，以及不同尺寸大小的残膜对土壤水力性能的影响存在差异，为了各处理的均匀性及一致性并减少残膜尺寸大小对土壤水力性质的影响，故统一将农膜制作成 2cm×2cm 的方形薄片。然后将农膜与土壤均匀混掺，按 1.5g/cm^3 容重将土-膜混合物装到面积为 90cm^2、高为 20cm 的方形容器内，反复灌水待土样稳定后，利用环刀在方形容器中取土，用于 CT 断层扫描。

表 5.1　土壤基本理化性质

质地	颗粒质量分数/%			pH	全盐量/（g/kg）	田间持水量/%
	黏粒（粒径小于 0.002mm）	粉砂粒（粒径 0.002～0.05mm）	砂粒（粒径 0.05～2mm）			
粉砂壤土	11.96	15.83	72.21	7.51	0.65	20.31

表 5.2　不同处理试验设计

处理	残膜量/（kg/hm^2）
T1	0
T2	50
T3	100
T4	200
T5	400

CT 断层扫描是通过向被测物体发射 X 射线，在另一侧测定透过的 X 射线量，然后经过一系列转换和计算生成 CT 图像。不同的材料吸收系数 μ 不同。由于试验中样品存在土壤、空气、薄膜，而 CT 成像中难以同时识别 3 种介质，经过多次试验进行扫描阈值调整，使农膜与土壤孔隙形成同一色度。仅将小于阈值的土壤划出其边界线，形成二维图像。本试验为了获得更清晰的扫描图像，土样水平放置在扫描仪内，以使 X 射线垂直照射于土柱圆形面内，采用 Micro-CT（中国科学院高能物理研究所研制）对直径 5cm、高 5cm 的圆柱样本以 150kV 的电压，100μA 电流进行扫描，最大分辨率 39.2μm，每 0.5°拍摄一张投影图，共扫描 360°，每个图像的像素为 2048 像素×2048 像素。

扫描结束后，每个样本获得上千张 CT 图像，为了减小误差，每个样本采用等距抽样的方式随机抽取 10 张 CT 图像进行分析，以距圆柱面 5mm 为起点，然后相隔 4mm 步长取样。对每张图片进行二值化处理，然后利用 ImageJ1.48u 的面积计算功能计算每个 CT 图像中黑色区域的面积（残膜与土壤孔隙）（图 5.1）。

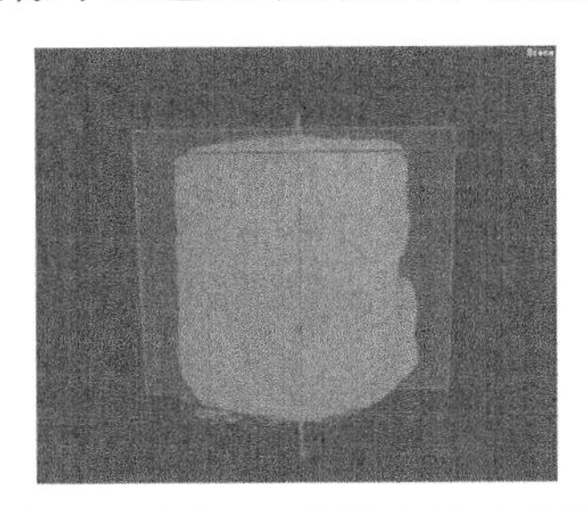

图 5.1　土柱 CT 图像扫描立体图

5.3 土壤中的形态特征对不同残膜量的响应

选取土柱中某一片残膜CT图像扫描的连续20张图像进行残膜在土壤中的形态特征分析（图5.2）。当土壤中含有残膜后，由于残膜厚度很薄，在土壤压力的作用下，残膜会在土壤中随机分布，其在土壤中的形态特征也由于残膜的随机分布在土层中呈现出片状、团状、棒状，以及圆筒形等不规则形状。由图5.2发现，对于该片残膜，尽管相邻两张图片在空间距离上相差很小（<1mm），但残膜的形态特征也有部分差异，表明即使在间距很小的土层间，残膜的形态特征也不尽相同。这是由于残膜本身对外力的抵抗作用较弱，在外力的作用下极易产生变形，从而使得残膜在土壤中有多种不规则形状。由于残膜随机分布在土壤中，其在

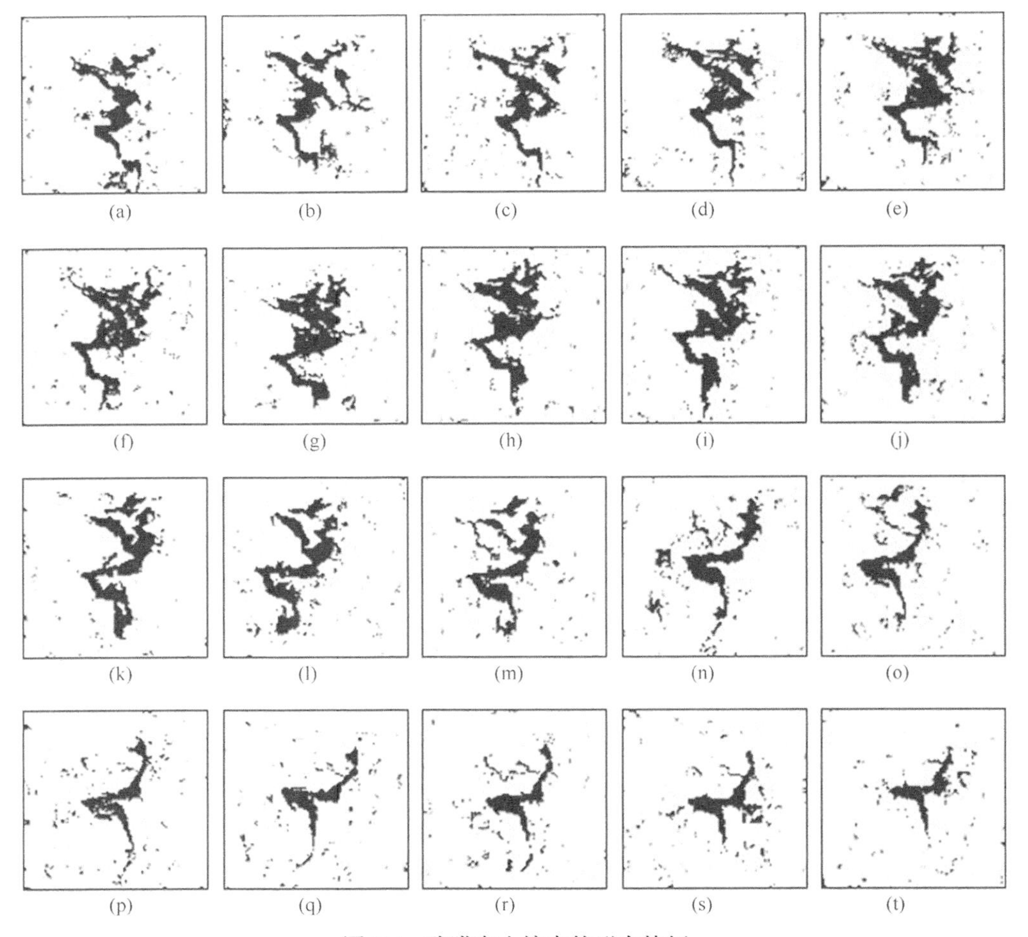

图5.2 残膜在土壤中的形态特征

土壤中主要会呈水平、竖直、倾斜状等 3 种形式分布，对于下渗水流，当残膜主要以平铺形式存在土壤中，易使土壤过水孔隙堵塞，造成土壤总孔隙度减少，同时残膜下层孔隙充水不充分，阻滞水分运动，并使土壤饱和含水率下降（Yan et al., 2014）。当残膜以竖直形式分布土壤中，则对土壤水分运动影响较小，当残膜达到一定程度易形成优势流现象（李元桥等，2015）。而残膜倾斜分布于土壤中，则两种水流现象均会发生。

5.4　土壤结构对不同残膜量的响应

选取每个处理的中位图像对不同残膜量对土壤结构的影响进行分析，从二值化处理后的 CT 图像中能明显看出不同处理图像之间的差异（图 5.3）。由于被测土样是经过 2mm 过筛的均质土壤形成的均匀分布的土柱，故对于没有残膜的 T1 处理，整个剖面内呈现均匀分布的零星黑色小点，这些小点是孔径大于 39.2μm 的土壤孔隙。而有残膜存在的土壤，由于残膜随机填充到土壤中，当塑料农膜被识别成孔隙相同的物质时，易于形成面积较大的黑色区域。从 T2～T5 处理看，随着残膜量的增加，成块黑色区域面积也随着增加，特别是 T3、T4、T5 处理形成了较明显的成块黑色区域，这些区域主要是随机出现的残膜卷曲和平铺于土壤中的

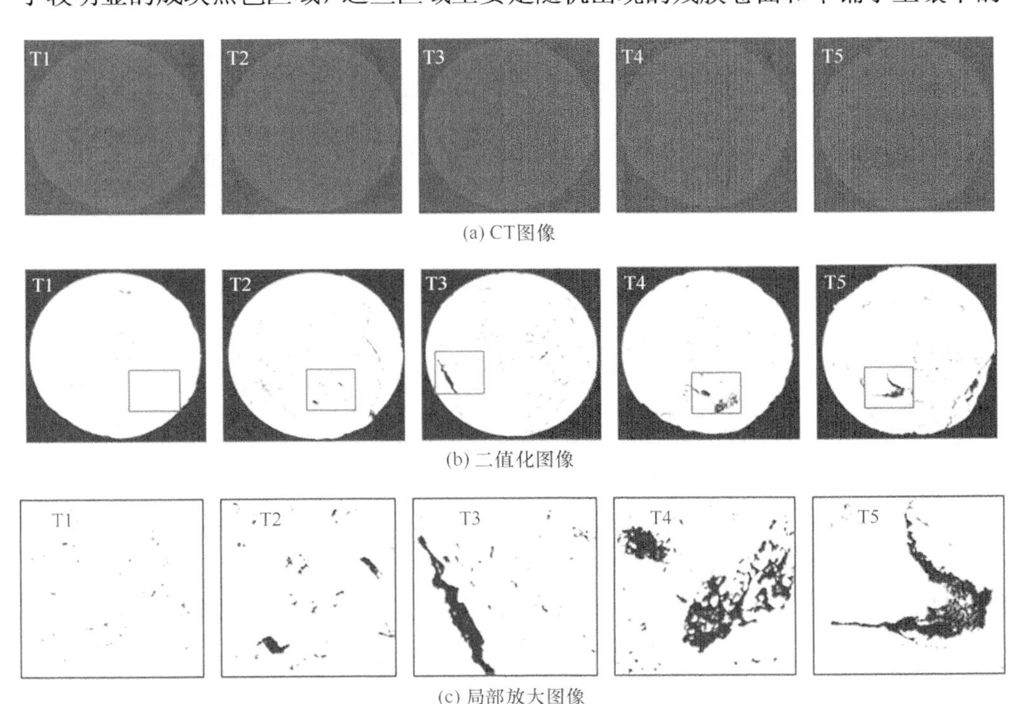

图 5.3　不同残膜量处理土柱典型剖面 CT 图像特征

残膜。随着残膜的增加，随机出现的概率也增加。在残膜尺寸大小统一的情况下，黑色区域越大说明残膜量越多。当残膜较多时，特别对于平铺于土壤中的残膜，由于其不透水性，会直接堵塞原来的土壤孔隙，相当于导致土壤中孔隙数量的急剧下降，从而造成土壤过水能力下降，影响水分入渗，而当在高压条件下土-膜界面易于过水，从而在高负压下持水能力下降。

5.5 土壤孔隙比重对不同残膜量的响应

对 10 个等距样本通过二值化后的 CT 图像由 Image J 软件分析计算得到孔隙和残膜的面积，并与整个剖面面积相除得到残膜及孔隙占剖面比例（表 5.3）。假定均匀土柱孔隙面积相近，那么黑色区域面积越大则表示在该剖面残膜所占面积越多。由于 T1 处理无残膜，黑色区域均为半径大于 39.2μm 的孔隙，通过软件能识别的孔隙比例最大只占 0.58%，平均仅为 0.34%。通过计算 T2～T5 处理可知，残膜面积在圆柱面中所占比例平均值随着残膜量的增大逐渐增大，并且呈现出残膜量每增大一倍，残膜阻塞土壤孔隙的面积平均约增大 1.2 倍的规律，其中残膜量最大的 T5 处理平均值为 6.49%，是无膜处理（0.34%）的 19.09 倍，是 T2 处理（3.88%）的 1.67 倍。

表 5.3 不同处理 CT 图像中孔隙及残膜比例

样本号	比例/%				
	T1	T2	T3	T4	T5
1	0.32	1.50	9.20	4.54	4.95
2	0.27	2.40	4.12	2.06	6.15
3	0.14	2.65	2.65	4.48	7.15
4	0.43	8.00	1.79	9.65	1.91
5	0.58	1.55	2.02	1.62	5.40
6	0.26	5.10	7.63	6.72	5.65
7	0.42	2.25	1.95	6.80	8.70
8	0.39	4.90	6.37	7.28	9.10
9	0.12	6.55	9.22	9.07	9.52
10	0.44	3.85	5.45	6.21	7.90
最大值	0.58	8.00	9.22	9.65	9.52
最小值	0.12	1.50	1.79	1.62	1.91
平均值	0.34	3.88	5.04	5.84	6.49
标准差	0.001	0.022	0.030	0.027	0.023

5.6 讨　　论

土壤作为典型的多孔介质，土壤结构可以定义为“单个土壤颗粒和颗粒簇（团聚体）的形状、大小和空间排列”，也可以定义为“不同类型的孔与固体颗粒（团聚体）的组合”（刘国峰，2020）。CT 断层扫描技术以断层的图像形式，较清晰地显示物体内的细微差别，彻底解决了内部重叠显示问题，近年来被广泛用于对土壤孔隙的相关研究中（Silin et al.，2011）。当前，石油工程和土壤科学的研究人员开始使用该技术解决各自领域的多相流问题。对于多孔介质的多相流系统研究领域，第一项研究的重点是对固结岩石的孔隙空间进行成像。许多学者都使用显微断层扫描技术提取有关孔隙网络形态和连通性的高分辨率三维信息，以便随后使用孔隙尺度数值模拟。Silin 等（2011）首次做了一些高压实验，虽获得了孔隙的主要特征，但完全错过了小毛孔和裂缝。然而，Silin 和 Patzek（2006）在之前的文章中也得出：获得孔隙主要特征后足以通过最大内切球的方法模拟非润湿液的分布。Culligan 等（2006，2004）提取的数据集被用于测量毛管压力（P_c）、饱和度（S_w）、界面面积（anw）数据，虽然不是专门用于研究流体分布，但这些数据集随后被 Schaap 等（2007）和 Porter 等（2009）用于比较 P_c-S_w 曲线和流体分布，这些数据分别用格子 Boltzmann 方法模拟获得。Porter 等（2009）发现实际流体分布与使用 LB 代码模拟的流体分布之间存在令人惊讶的一致性。Aurelie 等（2018）采用 X-CT 获取了不同耕作系统土壤的孔隙结构，分析了土壤孔隙结构对水分布及渗透率的影响。程亚南等（2012）基于 X-CT 图像获取的土壤孔隙结构特征参数建立了孔隙尺度的水分运动模型。Hu 等（2018）分析了土壤孔隙结构及水饱和度对土壤水分布及气体有效扩散系数的影响。Zhou 等（2019）利用 X-CT 获取的土样孔隙结构进行溶质运移模拟，发现土壤中生物炭会影响土壤的孔隙结构及水力特征。该试验利用农膜与土壤均匀混掺，按 $1.5g/cm^3$ 容重将土-膜混合物装到面积为 $90cm^2$、高为 20cm 的方形容器内，反复灌水待土样稳定后，利用环刀在方形容器中取土，进行 CT 断层扫描，发现随着土壤中残膜量的增加，片状黑斑面积明显增加，特别对于平铺于土壤中的残膜，由于其不透水性，会直接堵塞原来的土壤孔隙，相当于导致土壤中孔隙数量的急剧下降，从而造成土壤过水能力下降，影响水分入渗。

残膜作为一种外源物质不能与土壤胶体结合，对土壤结构产生影响，会成为分割土壤的“隔膜”，破坏土壤团粒结构，使土壤容重升高，孔隙度下降，透气性和透水性降低（解红娥等，2007）。当积累到一定量时，会造成土壤板结，给土壤带来严重污染（蒋金凤等，2014；黄占斌和山仑，2000）。本章选取土柱中某一片残膜 CT 图像扫描的连续 20 张图像进行残膜在土壤中的形态特征分析。当土壤中含有残膜后，由于残膜厚度很薄，在土壤压力的作用下，残膜会在土壤中随机分布，其在土壤中的形态特征也由于残膜的随机分布在土层中呈现出片状、团状、棒状，以及圆筒形等不规则形状（图 5.2）。由于残膜随机分布在土壤中，其在土壤中主要会呈水平、竖直、倾斜状 3 种分布形式，对于下渗水流，当残膜主要以平铺形式存在于土壤中时，易使土壤过水孔隙堵塞，造成土壤总孔隙度减少，同时残膜下层孔隙充水不充分，阻滞水分运动，并使土壤饱和含水率下降（Yan et al.，2014）。当残膜以竖直形式分布土壤中，则对土壤水分运动影响较小，当残膜达到一定程度易形成优势流现象，这与李元桥等（2015）的研究结果一致，而残膜倾斜分布于土壤中，则 2 种水流现象均会发生。

5.7 结　　论

残膜会在土壤中随机分布，其在土壤中的形态特征也由于残膜的随机分布在土层中呈现出片状、团状、棒状及圆筒形等不规则形状。由于残膜随机分布在土壤中，其在土壤中主要会呈水平、竖直、倾斜状等 3 种形式分布。对于下渗水流，当残膜主要以平铺形式存在于土壤中时，易使土壤过水孔隙堵塞，造成土壤总孔隙度减少，同时残膜下层孔隙充水不充分，阻滞水分运动，并使土壤饱和含水率下降。当残膜竖直的存在于土壤环境中时，对土壤水分运动有较小影响，但当残膜富含到一定程度时会形成优势流。而残膜倾斜分布于土壤中，则 2 种水流现象均会发生。

二值化后的 CT 扫描图像显示随着土壤中残膜量的增加，片状黑斑面积明显增加。当残膜较多时，特别对于平铺于土壤中的残膜，由于其不透水性，会直接堵塞原来的土壤孔隙，相当于导致土壤中孔隙数量的急剧下降，从而造成土壤过水能力下降，影响水分入渗。

当残膜量增加 1 倍时，黑斑面积增加 1.2 倍，残膜量最大处理情况下 T5 的平均值为 6.49%，是无膜处理 0.34%的 19.09 倍，是 T2 处理 3.88%的 1.67 倍。

第6章　农膜残留对土壤物理和水力参数的影响

6.1　引　　言

本章主要针对土壤中不同的农膜残留量，分析不同农膜残留量对土壤水分特征曲线及土壤孔隙的影响，并构建和评价农膜残留条件下土壤水分特征曲线模型（soil-water characteristic curve with residual plastic film，RPF-SWCC），为农膜残留条件下土壤水分运移研究提供理论基础。

6.2　研 究 方 法

选取沿黄盐渍化灌区分布最广、有较大差异的2种土壤（砂壤土、砂土）进行试验。试用土取自巴彦淖尔市磴口县（砂土）和杭锦后旗（砂壤土）农田。土壤均采自耕层（0～20cm）。土样取回室内后经过风干、碾压、过2mm筛后备用，利用纳米激光粒度仪（NANOPHOXTM，Symaptec公司，德国）进行颗粒分析。根据美国农业部土质分类标准确定土壤质地，土壤颗粒分析见表6.1。供试农膜为在沿黄盐渍化灌区市场占有率较高的“双08膜”（厚度为0.008mm），由青州市佳和塑料厂生产，处理后用于室内试验。试验在内蒙古自治区水资源保护与利用重点实验室进行。

表6.1　土壤颗粒分析

质地	颗粒质量分数/%		
	黏粒（粒径小于0.002mm）	粉粒（粒径0.002～0.05mm）	砂粒（粒径0.05～2mm）
砂壤土	12.25	15.23	72.52
砂土	1.11	10.68	88.21

残留农膜在土壤中会逐渐呈现碎片化，随着覆膜耕作年限的增加，碎片面积集中在3～5cm^2。在以上研究的基础上，设置5个残膜量处理，具体见表6.2。为保持试验的统一性及降低残膜尺寸大小对土壤水分入渗及蒸发的影响，将农膜制作成面积为4cm^2（2cm×2cm）的正方形备用。

表 6.2　不同残膜量对水力特性的影响试验处理

残膜量/（kg/hm^2）			
处理编号	砂壤土	处理编号	砂土
SL1	0	SS1	0
SL2	50	SS2	50
SL3	100	SS3	100
SL4	200	SS4	200
SL5	400	SS5	400

6.2.1　测定及计算项目

1. 土壤水分常数的测定

采用环刀法测定土壤水分常数（勾芒芒，2015）。选用体积为 100cm^3 的环刀装土。装土前，在环刀内壁均匀涂抹凡士林以消除壁面优势流的影响。装土容重为 1.5g/cm^3，装土过程中各处理的击实次数和击实压力均相等。装土完毕后将各处理环刀浸泡于蒸馏水中直至饱和。称重并记录各土样饱和后的重量（用于计算土样饱和含水率），然后将各处理土样放置在铺有干砂的平底盘中，2h 后称重并记录土样重量（用于计算土样毛管持水率）。3 天后称重并记录土样重量（用于计算土样田间持水率），之后将土样放置在 105℃恒温下烘干至恒重，用天平测得各土样的干土重量，并通过以下公式计算各处理水分常数：

饱和含水率 =（饱和重量–干土重量）/干土重量　　（6.1）

毛管持水率 =（置砂 2h 重量–干土重量）/干土重量　　（6.2）

田间持水率 =（置砂 3 天重量–干土重量）/干土重量　　（6.3）

土壤毛管孔隙率 = 毛管含水率×土壤干容重　　（6.4）

土壤非毛管孔隙率 = （饱和含水率–毛管含水率）×土壤干容重　　（6.5）

土壤总孔隙率 = 土壤毛管孔隙率+土壤非毛管孔隙率　　（6.6）

2. 饱和导水率的测定

采用定水头法测定土壤饱和导水率（单秀枝等，1998）。试验前将直径为 10cm、高 10cm 土柱浸泡于水位略低于土柱表面的蒸馏水中（图 6.1）。经 24h 饱和后开始试验，控制 25cm 水头，通过定期测量下渗流量及时间，确定入渗速度，直到稳定出流，并利用达西公式计算饱和导水率（雷志栋等，1988）：

$$K_s = \frac{QL}{AtH} \tag{6.7}$$

式中，K_s 为饱和导水率，cm/h；Q 为渗透量，mL；L 为土样高度，cm；A 为渗透横截面积，cm^2；t 为渗透时间，h；H 为水头高度，cm。

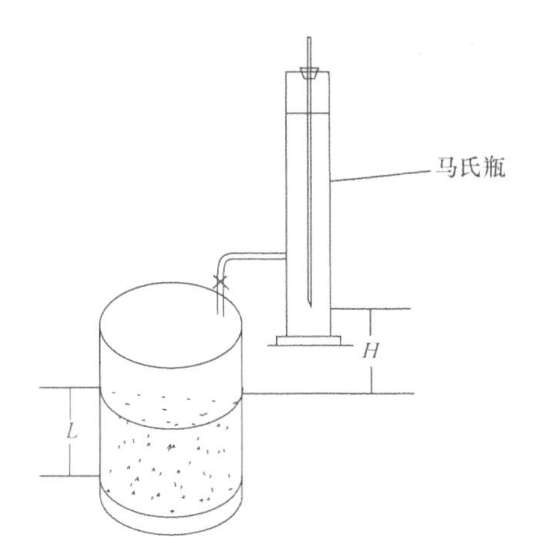

图 6.1 土壤饱和导水率测定仪示意图

3. 非饱和土壤 Boltzmann 参数的测定

土壤 Boltzmann 参数的测定采用水平土柱法（吴凤平等，2009）。试验所用土柱为有机玻璃制作，直径为 5cm，长为 35cm（图 6.2）。试验时将处理好的土样按照不同的残膜量与残膜均匀混合后按照 $1.5g/cm^3$ 的容重分层装入试验土柱中。由马氏瓶控制供水水位，记录试验起始和终止时间。试验结束时，从湿润锋开始每隔一定距离迅速取土，测出土柱的含水率分布（图 6.3）。

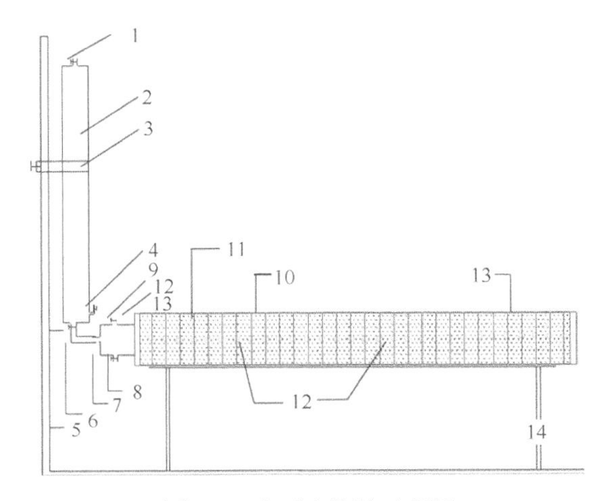

图 6.2 水平土柱法示意图

1. 马氏瓶进水口及阀门 A；2. 马氏瓶（带刻度）；3. 马氏瓶高度控制夹；4. 马氏瓶进气口及阀门 B；5. 马氏瓶出水口及阀门 C；6. 连接软管；7. 土桶水室；8. 土桶水室排水口及阀门 D；9. 土桶水室排气口及阀门 E；10. 土桶（有机玻璃制作）；11. 水平土样；12. 取土口；13. 底座及法兰；14. 土桶与马氏瓶的支架

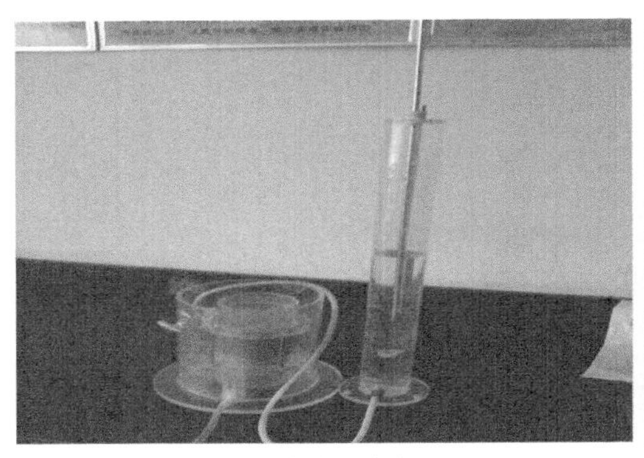

(a) 饱和导水率

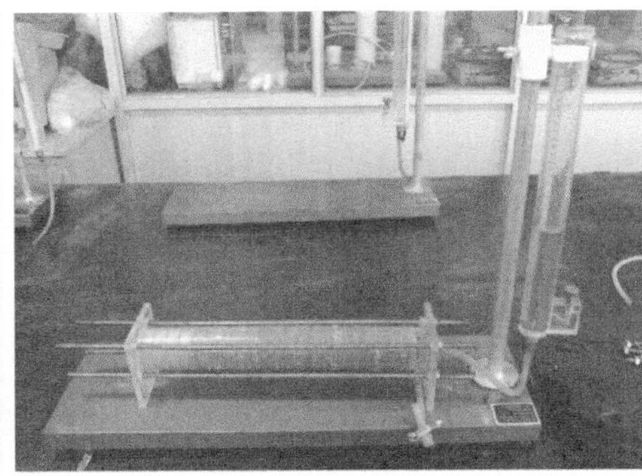

(b) Boltzmann参数

图 6.3 饱和导水率及 Boltzmann 参数测定装置

Boltzmann 参数数量 $\lambda=x\,t^{-1/2}$ 表明水分在土壤入渗时湿润峰移动的快慢程度即水分渗入土壤的范围大小。

4. 土壤水分特征曲线测定

采用压力薄膜仪法测定土壤水分特征曲线。先将土样在蒸馏水中浸泡 24h 至饱和，取出控水 5min，称初始质量后放入 1500F1 型压力薄膜仪（美国 SEC 公司）中，分别测定 0、2kPa、4kPa、6kPa、8kPa、10kPa、30kPa、50kPa、70kPa、90kPa、100kPa、300kPa、500kPa、700kPa 压力下的含水率。

5. 土壤当量孔径

根据土壤毛管理论（Fredlund and Xing，1994），在非饱和的土-水系统中，土壤水吸力 S 主要是土壤中某一范围孔径的圆形毛管的毛管力作用的结果。如果用 σ 表示水的表面张力系数（常温下为 7.5×10^{-4}N/cm）（邵明安等，2006），r_0 表示毛管半径，则土壤水吸力 $S=2\sigma/r_0$。为了与土壤的真实孔径加以区别，此时把毛管直径 D 称为当量孔径（即 $D=2r_0$），进而可得土壤水吸力 $S=4\sigma/D$（hPa），则当量孔径与土壤水吸力的关系为 $D=4\sigma/S$（mm）。

6.2.2 模型描述和构建

1. 常用土壤水分特征曲线模型

1）Van Genuchten 模型（简称 VG 模型）

VG 模型是 Van Genuchten 于 1980 年在 Mualem（1976）的模型基础上提出的描述土壤水分特征曲线的新模型（Van Genuchten，1980），其表达形式为

$$\theta = \theta_r + \frac{\theta_s - \theta_r}{\left[1 + (\alpha h)^n\right]^m} (h < 0) \tag{6.8}$$

式中，θ 为土壤含水率，cm^3/cm^3；h 为土壤负压，cm；θ_r 为土壤残余含水率，cm^3/cm^3；θ_s 为土壤饱和含水率，cm^3/cm^3；α、n 为土壤水分特征曲线拟合形状参数；m=1–/n。

2）Brooks-Corey 模型（简称 BC 模型）

BC 模型是 Brooks 和 Corey 于 1964 年提出的，其表达式为

$$\frac{\theta - \theta_r}{\theta_s - \theta_r} = (\alpha h)^{-\lambda} (\alpha h > 1) \tag{6.9}$$

式中，λ 为土壤孔隙尺寸分布参数，与土壤水分特征曲线的斜率有关。

3）Log normal distribution 模型（简称 LND 模型）

LND 模型由 Kosugi 于 1996 年提出（Brooks and Corey，1964），其表达形式为

$$\frac{\theta - \theta_r}{\theta_s - \theta_r} = \frac{1}{2} \mathrm{erfc} \left\{ \frac{\ln\left(h / h_0 \right)}{\sqrt{2}\sigma} \right\} (h < 0) \tag{6.10}$$

式中，h_0、σ 等同于前述公式中的 $1/\alpha$ 和 n。

2. 农膜残留条件下土壤水分特征曲线模型构建

当土壤中含有残膜后，会改变或堵塞原有土壤孔隙度，从而阻滞水分运动，并使土壤水分特征曲线发生变化。残膜在土层中主要呈片状、团状、棒状以及圆筒形等不规则形状（Kosugi，1996），并随机分布在土壤中，呈水平、竖直或倾斜状（图 6.4）3 种形式分布。

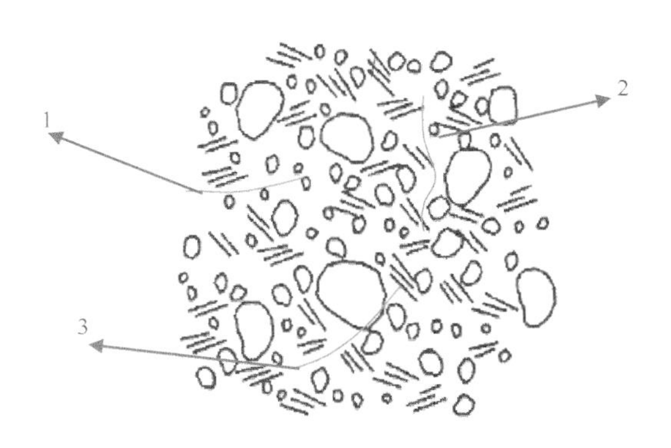

图 6.4　土壤剖面残留农膜的示意图

1. 代表水平分布残膜；2. 代表竖直分布残膜；3. 代表倾斜分布残膜

对于下渗水流，当残膜主要以平铺形式存在土壤中，易使土壤过水孔隙堵塞，造成土壤总孔隙度减少，同时残膜下层孔隙充水不充分，阻滞水分运动，并使土壤饱和含水率下降（Yan et al.，2014）。当残膜以竖直形式分布于土壤中，则对土壤水分运动影响较小，当残膜达到一定程度易形成优势流现象（李元桥等，2015；Shi et al.，2008；何凡等，2005）。而残膜倾斜分布于土壤中，则 2 种水流现象均会发生。

本书中残膜存在条件下土壤水分特征曲线的数学描述是建立在 Fredlund 和 Xing（1994）相关研究基础上的，通过理论分析与相关试验建立了不同质地土壤的土壤水分特征曲线模型。本章在前期试验的基础上，结合农膜残留特有的对土壤孔隙的影响，构建农膜残留条件下土壤水分特征曲线模型。

假设土壤是理想的不变形各向同性介质，土壤孔隙在土壤中随机分布且相互连接，基于土壤毛管理论（Fredlund and Xing，1994），将土壤孔隙看作半径不同的圆管，当土壤孔隙中全部充满水分时表示土壤达到水分饱和状态，此时如果 r 为土壤孔隙半径，$f(r)$ 为土壤孔隙密度函数，则土壤饱和体积含水率 θ_s 则可被表述为

$$\theta_s = \int_{r_{min}}^{r_{max}} f(r)\mathrm{d}r \tag{6.11}$$

式中，r_{min} 为土壤孔隙的最小半径；r_{max} 为土壤孔隙的最小半径；r 为土壤孔隙半径；$f(r)$ 为土壤孔隙密度函数。

由毛管理论可知，土壤水在土壤中先进入小孔隙再进入大孔隙，则当土壤处于非饱和状态时，土壤孔隙中的水充满土壤孔隙的半径小于等于 r 时的土壤体积含水率 $\theta(r)$ 可以用土壤孔隙密度函数 $f(r)$ 的积分形式表述为

$$\theta(r) = \int_{r_{min}}^{r} f(r)\,\mathrm{d}r \tag{6.12}$$

另由 Fredlund 和 Xing（1994）的研究可知，假设土壤孔隙的最大吸力为无穷大，$g(s)$ 为土壤吸力密度函数，土壤水在土壤中由小孔隙进入大孔隙的过程中，土壤水吸力由无穷大变为 h，则可将土壤含水率为 θ 时对应的土壤水吸力 h 以如下形式表示：

$$\theta(h) = \theta_s \int_{h}^{\infty} g(s)\,\mathrm{d}s \tag{6.13}$$

式中，s 为土壤吸力变量；$g(s)$ 为土壤吸力密度函数。

设无残膜情况时土壤孔隙度为 p，当土壤中农膜残留后由于残膜作用土壤孔隙度减少了 q，则 $f_p(r)$、$f_q(r)$ 分别为原有土壤孔隙的密度函数和由于残膜作用减少的土壤孔隙的密度函数。因为土壤中实际孔隙度应为土壤原有孔隙度与由于残膜作用减少的土壤孔隙度之差，则土壤中含残膜后实际土壤孔隙密度函数 $f(r)$ 为

$$f(r)=f_p(r)-f_q(r) \tag{6.14}$$

由式（6.14），可将土壤含水率以土壤孔隙半径的形式表示为

$$\theta(r)=\int_{r_{\min}}^{r} f_p(r)\,\mathrm{d}r-\int_{r_{\min}}^{r} f_q(r)\,\mathrm{d}r \tag{6.15}$$

另根据式（6.15），可以将土壤含水率进一步写成土壤水吸力的形式：

$$\theta(h)=\theta_{sp}\int_h^{\infty} g_p(s)\,\mathrm{d}s-\theta_{sq}\int_h^{\infty} g_q(s)\,\mathrm{d}s \tag{6.16}$$

式中，θ_{sp} 为原有土壤的饱和含水率；θ_{sq} 为由于残膜作用减少的土壤饱和含水率；g_p（s）为原有土壤的吸力密度函数；g_q（s）为由于残膜作用减少的土壤吸力密度函数。

另由 Van Genuchten（1980）的研究可知：

$$\vartheta=\left[\frac{1}{1+(\alpha h)^n}\right]^m \tag{6.17}$$

式中，ϑ 为标准化后的含水率，其与有效含水率 θ 之间的关系可简化为（Yechezkel，1976）：

$$\theta=\vartheta-\theta_r \tag{6.18}$$

结合式（6.16）、式（6.17），可将式（6.15）转化为

$$\theta=\theta_{sp}\left[\frac{1}{1+(\alpha h)^{n_p}}\right]^{m_p}-\theta_{sq}\left[\frac{1}{1+(\alpha h)^{n_q}}\right]^{m_q}+\theta_r \tag{6.19}$$

6.2.3　模型评价指标计算

采用 Excel 2007 进行数据处理与分析制图，SPSS 17.0 进行方差分析和非线性拟合。通过比较各处理的实测值与模型的预测值来评估其模拟效果，各项评价分析指标包括均方根误差（root mean square error，RMSE）、基于误差比 ε 的几何平均数（geometric mean，GMER）及决定系数 R^2：

$$\mathrm{RMSE}=\sqrt{\frac{1}{N}\sum_{t=1}^{N}\left(y_i^p-y_i^m\right)^2} \tag{6.20}$$

$$\varepsilon=\frac{y_i^p}{y_i^m} \tag{6.21}$$

$$\mathrm{GMER}=\exp\left(\frac{1}{N}\sum_{t=1}^{N}\ln\varepsilon_i\right) \tag{6.22}$$

式中，y_i^p 为含水率实测值；y_i^m 为含水率的预测值；N 为数据点个数。

6.3 土壤物理参数对不同残膜量的响应

6.3.1 农膜残留对不同质地土壤饱和含水率的影响

土壤饱和含水率是指土壤孔隙全部充满水时的土壤含水率。但一般饱和含水率因孔隙内有密闭气泡存在而小于理论上的土壤饱和含水率（王增丽，2012）。从不同残膜量对不同质地土壤饱和含水率（图 6.5）的影响看，无论是砂壤土还是砂土，随着残膜量的逐渐增多，两种质地土壤饱和含水率均呈逐渐减小趋势。但砂壤土 SL1～SL4 各处理饱和含水率差异均不显著（$P>0.05$）。直到 SL5 处理（残膜量 400kg/hm^2）才表现出显著性差异（$P<0.05$）。砂土各处理饱和含水率虽然也呈下降趋势，但各处理间均未表现出显著性差异（$P>0.05$）。这表明尽管残膜的增多会逐渐减小土壤的饱和含水率，但在残膜量较小（小于 400kg/hm^2）时这种减小的程度可以忽略。

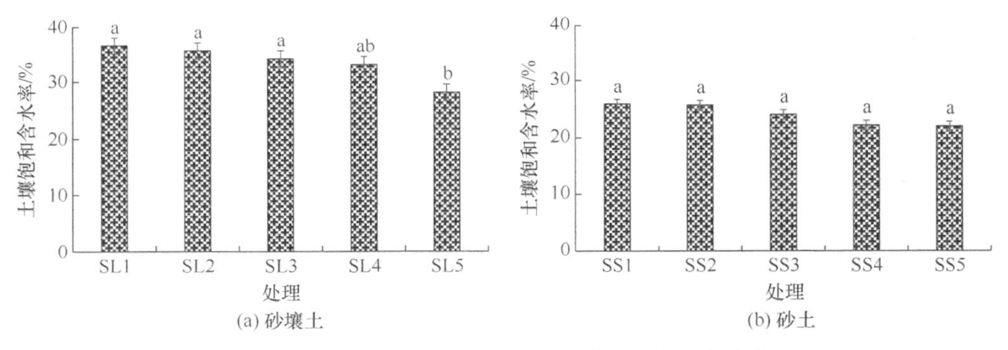

图 6.5 不同残膜量对不同质地土壤饱和含水率变化

只在高残膜量下才会产生显著差异。这是由于在饱和状态下，残膜的存在会占据土壤孔隙原有的“空间”，使得土壤孔隙在一定程度上减少，从而使得饱和含水率逐渐下降。但由于此时土壤大孔隙和小孔隙间均充满土壤水，故此时残膜对饱和含水率的影响较小。尽管呈逐渐减小趋势，但只有高残膜量的砂壤土才出现显著差异。另外，由于砂土较砂壤土含有更多的大孔隙，持水能力较差，致使砂土各处理饱和含水率较相同残膜量的砂壤土小，且由于其大孔隙较多，对残膜造成的土壤孔隙的减小程度也较小。

如果按照覆膜 20 年比覆膜 2 年农膜残留强度增加 273.64%的规律，农膜残留强度达到 400kg/hm^2 需要覆膜约 100 年，故按照现有的覆膜量及农艺耕作措施，覆膜 100 年内农膜残留不会对土壤饱和含水率产生显著影响，覆膜 100 年后会逐渐产生影响。

6.3.2　农膜残留对不同质地土壤毛管持水率的影响

毛管持水率是上升毛管水达到最大量时该土层内的平均含水率，此时土壤水吸力为 0.08 大气压，包括全部吸湿水、膜状水和上升毛管水，表征紧靠地下水位以上相应厚度土层内的特征含水率值（尹勤瑞，2011）。随着残膜量的增多，无论是砂壤土还是砂土，两种质地土壤毛管持水率均呈逐渐减小趋势（图 6.6）。其中 SL5 处理较 SL1 处理减小 31.21%，SS5 处理较 SS1 处理减小 26.62%，且残膜量 400kg/hm^2 处理与对应的无残膜处理均表现出显著性差异（P<0.05）。但并不是所有处理间均表现出显著性差异，方差分析显示，处理 SL1～SL3 及处理 SS1～SS3 间尽管毛管持水率随残膜量增大逐渐减小，但并未表现出显著性差异，且随着残膜量增多，这种减小趋势呈现出趋于稳定的态势。其中 SL5 处理仅比 SL4 处理减少了 8.43%，SS5 处理仅比 SS4 处理较少了 6.09%，减小幅度均较小，基本趋于稳定。这表明尽管残膜的增多会逐渐减小土壤的毛管持水率，但在此种土壤水吸力下（土壤水吸力约为 8kPa）降幅有限，并未随残膜量增多表现出阶梯式的下降趋势。这是由于残膜的存在一方面占据了土壤孔隙空间，使土壤孔隙变少，另一方面在土壤与残膜间形成了特有的土-膜界面，随着土壤水吸力逐渐增大，土壤水分易于从土-膜界面中排出，从而造成在 400kg/hm^2 残膜量范围内残膜越多，土-膜界面越多，越易于失水，持水能力反而越差，造成毛管持水力逐渐下降。但由于此时土壤水吸力并不是很大，故这种减小效应也较小。与此同时，经过比较可知，砂土的减小程度要小于砂壤土，这也是由砂土的大孔隙较多造成的。

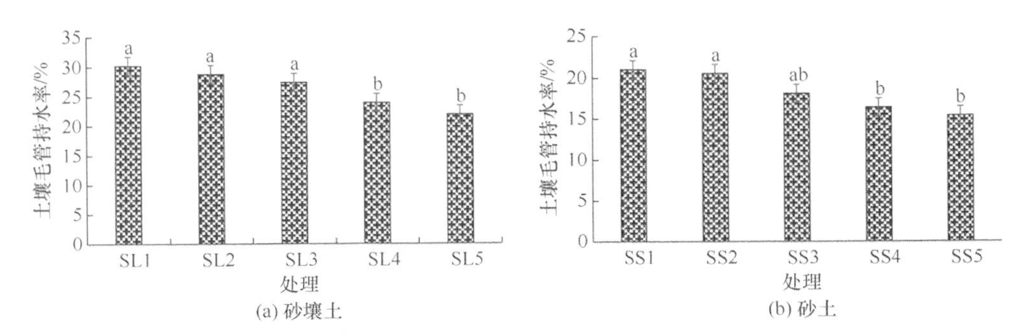

图 6.6　不同残膜量对不同质地土壤毛管持水率变化

6.3.3　农膜残留对不同质地土壤田间持水率的影响

田间持水率是悬着毛管水达到最大量时的土壤含水率，此时土壤水吸力为 0.1～0.3 大气压，包括全部吸湿水、膜状水和悬着毛管水。通常降水或灌溉后重力水会较快地入渗，在较短时间内能较稳定地保持土壤水分的最大数量，通常作为灌溉时土壤含水率的最大值（桑以琳，2005）。同饱和含水率和毛管持水率相比，田间持水率随残膜量的升高下降趋势更加明显。其中 SL5 处理较 SL1 处理减小 52.75%，SS5 处理较 SS1 处理减小 56.83%。对于砂壤土当残膜量达到 200kg/hm^2 时即与无残膜处理产生显著差异（$P<0.05$），对于砂土当残膜量达到 100kg/hm^2 时与无残膜处理产生显著差异（$P<0.05$）。可见由于残膜量增多造成的田间持水率的减小几近呈阶梯式下降（图 6.7）。这是因为此时土壤水吸力（10～30kPa）较大，由于该试验的土壤经过 2mm 筛后主要以中小孔隙的形式存在，土壤本身持水能力较强，而室内高容重装土导致土壤压实度较高，残膜与土壤接触紧密。在低负压情况下，残膜阻断部分水分孔隙，而土-膜界面接触紧密，从而导致明显的阻水效应，当土壤中存在残膜时，在高负压阶段，吸力达到某一值时，土壤水分易从土-膜界面中排出，即形成优势流作用（薛少平等，2002），从而造成残膜越多，优势流作用越明显，越易于失水。另外，与砂壤土相比，随残膜量增大砂土的田间持水率减少程度并未减小，这可能也与砂土优势流的作用明显有关。

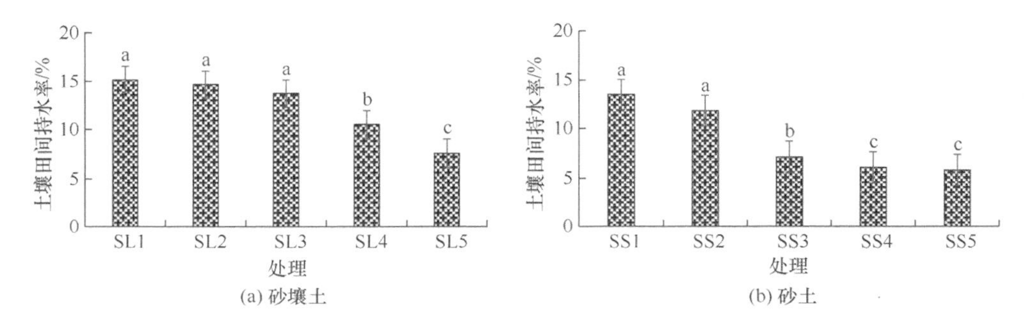

图 6.7 不同残膜量对不同质地土壤田间持水率变化

6.3.4 农膜残留对不同质地土壤毛管孔隙率的影响

土壤毛管孔隙占土壤体积的比例，称为土壤毛管孔隙率。土壤毛管孔隙越小，毛管力越大，吸水力也越强。土壤毛管孔隙是土壤水分储存和水分运动相当强烈的地方，故常称为“土壤持水孔隙”。土壤毛管孔隙的数量取决于土壤质地、结构等条件。农膜残留对不同质地土壤毛管孔隙率的影响类似于其对土壤毛管持水率的影响。砂壤土无残膜的 SL1 处理毛管孔隙率为 48%，残膜量 400kg/hm^2 的 SL5 处理毛管孔隙率为 33%，达到显著性差异（$P<0.05$）。同样砂土的无残膜处理与最大残膜量处理间也出现显著差异。该现象的原因一方面是残膜占据了土壤孔隙的空间，造成其孔隙率减小。另一方面是残膜堵塞了部分孔隙，使本来连通在一起的毛管孔隙出现间断，从而使得土壤毛管孔隙率减小（图 6.8）。

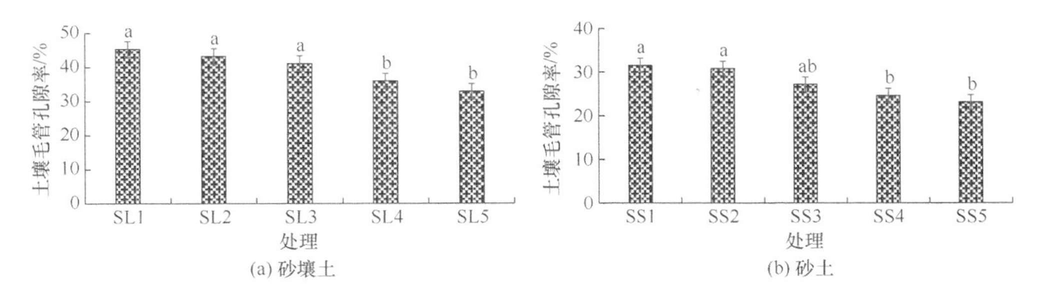

图 6.8　不同残膜量对不同质地土壤毛管孔隙率变化

6.3.5　农膜残留对不同质地土壤总孔隙率的影响

土壤总孔隙率是土壤颗粒之间的总孔隙体积占土壤总体积的比例，土壤的孔隙主要由土壤毛管孔隙和非毛管孔隙组成。由图 6.9 可知，土壤的总孔隙率随残膜量的增多变化趋势与对毛管孔隙率的影响基本相同，表明残膜的存在不仅对土壤的毛管孔隙率造成影响，也进一步使得土壤总孔隙率降低，使得土壤的持水能力随着残膜的增多逐渐降低。

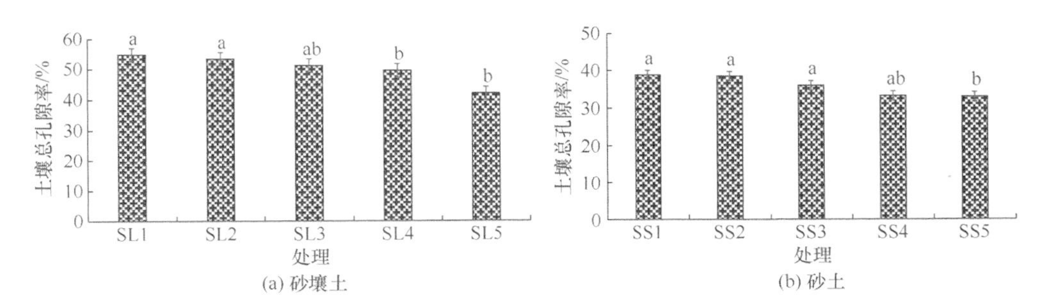

图 6.9　不同残膜量对不同质地土壤总孔隙率变化

由本书第 5 章通过 CT 断层扫描技术观察的农膜残留在土壤内部的形态特征及堵塞土壤孔隙的影响可知，残膜在土壤中呈现出多种不规则形状，分布形式也不尽相同。当残膜量达到 400kg/hm^2 时，残膜堵塞土壤孔隙面积平均是无残膜处理的 19.09 倍。可见残膜对土壤孔隙的堵塞是不容忽视的，必将造成较多毛细孔隙的断裂并降低土壤的总孔隙率。由图 6.9 可知，当残膜量小于 100kg/hm^2 时，各处理间土壤总孔隙率并未表现出显著差异。可见较低残膜量对土壤总孔隙率的影响还是比较微弱的，但由于土壤总孔隙率的改变会显著改变土壤的理化及水力特性，故应该对其进行高度关注。

6.4 土壤水力参数对不同残膜量的响应

6.4.1 农膜残留对不同质地土壤饱和导水率的影响

土壤饱和导水率是指在土壤水处于饱和状态时，单位水势梯度、单位时间内通过单位面积的水量，反映了土壤的饱和渗透性能，是土壤重要的物理性质之一，主要受土壤质地、容重、孔隙分布及有机质含量等因素的影响（傅子洹等，2015；Young et al.，2009；刘春利和邵明安，2009）。由图 6.10 可知，对于砂壤土，随着土壤中残膜量的逐渐增多，土壤饱和导水率呈现明显的阶梯式下降趋势。这是由于随着土壤中残膜的增加，残膜的堵塞面积显著提高，从而使更多孔隙通道被阻断，导致水流入渗难度增加（Liu et al.，2009）。试验结果表明，随着残膜量增加，土壤饱和导水率呈显著降低（$P<0.05$），这与严昌荣等（2006）、杨彦明等（2010）的研究一致。当残膜量达到 100kg/hm^2 时，土壤饱和导水率比无膜处理降低了 41.37%，而当残膜量达到 200kg/hm^2 时，则出现突降现象，土壤饱和导水率仅为无膜处理的 15.23%。可见当残膜达到 200kg/hm^2 时将会明显改变土壤结构，降低水分入渗速率，而随着土壤中残膜量继续增加到 400kg/hm^2 时，尽管土壤饱和导水率仍然呈明显的下降趋势，但并没有出现像 200kg/hm^2 处理的突降现象，下降速度趋缓。可见土壤饱和导水率并不是随残膜量增加呈线性减小，当土壤中残膜量达到一定量后，继续增加残膜对土壤饱和导水率的影响将会逐渐减少。通过数据拟合，土壤饱和导水率（y）与残膜量（x）之间具有指数函数关系，且具有较高的决定系数（$R^2=0.9144$）。对于砂土，土壤饱和导水率随残膜量增加的下降趋势没有砂壤土那么明显，整体呈缓慢减小态势。当残膜量增大到 100kg/hm^2 时，

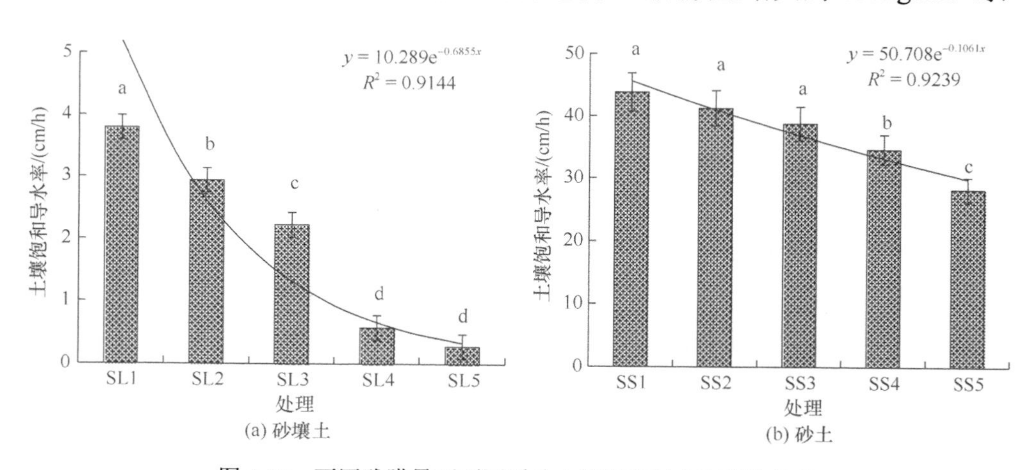

图 6.10 不同残膜量下不同质地土壤饱和导水率变化趋势

与无残膜处理相比虽然有所减小但未表现出显著性差异（P>0.05），当残膜量分别增大到 200kg/hm^2、400kg/hm^2 时，其土壤饱和导水率分别比无残膜处理减小 21.03% 和 35.76%。尽管减小程度没有砂壤土那么剧烈，但均表现出显著性差异（P<0.05）。通过数据拟合，饱和导水率（y）与残膜量（x）之间具有指数函数关系，且具有较高的决定系数，$R^2 = 0.9239$。这是由砂土孔隙较大及残膜的阻水作用较弱导致的。

6.4.2　农膜残留对不同质地土壤 Boltzmann 参数的影响

Boltzmann 参数 $\lambda=x\,t^{-1/2}$ 表明水分在土壤入渗时湿润锋移动的快慢程度即水分渗入土壤的范围大小，也表征水分在土壤中的渗透速率，可通过比较不同处理的 λ 值来探求各处理渗透速率的差异程度（刘新平等，2008；孙志高等，2008；潘英华等，2003）。图 6.11 为不同残膜量对不同质地 Boltzmann 参数 λ 与含水率关系曲线。由图 6.11 可知，不同处理的 λ 值均随土壤含水率的升高呈减小的变化趋势。对砂壤土，当土壤含水率较小时（约小于 20%），λ 值随含水率增大逐渐减小，但此时各处理间 λ 值差别明显。在同一含水率条件下，残膜量越大，λ 值越小，表明随着残膜量的增大，由于残膜的阻水作用，土壤的渗透速率逐渐变小。当土壤含水率较大时（约大于 20%），随着含水率的逐渐增大，各处理渗透速率均急剧减小，此时各条曲线基本重合。可知此时残膜量对渗透速率的影响作用较小。砂土的 Boltzmann 参数变化规律同砂壤土类似，均表现出随含水率增大先缓慢下降后急剧减小的趋势，但不同的是在低含水率情况下，随残膜量的增大，λ 值逐渐减小。但其减小的程度没有砂壤土大，这是由砂土的大孔隙特征所造成的。另外，由图 6.11 可知，两种质地土壤各处理从缓慢下降到急剧降低的转折点也不尽相同，随残膜量的增加转折点处含水率值逐渐减小。因为此转折点可体现土壤持水能力的大小，故随着土壤中残膜量的增大，土壤的持水能力逐渐减小，这也与本书中残膜对毛管持水率、田间持水率等的影响中随残膜量的增大土壤的持水能力降低结果一致。

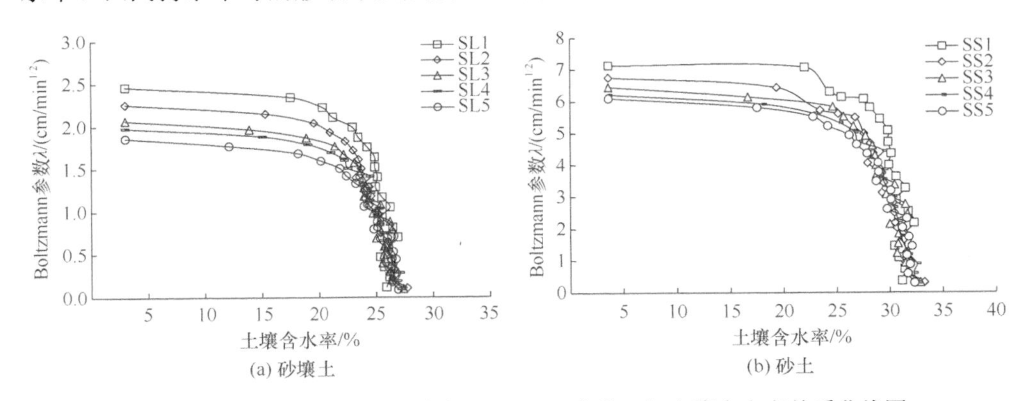

(a) 砂壤土　　(b) 砂土

图 6.11　不同残膜量对不同质地 Boltzmann 参数 λ 与土壤含水率关系曲线图

经过数据分析，可以模拟 Boltzmann 参数 λ（因变量）与土壤含水率（自变量）之间的方程式，发现其符合二次方程并且相关系数较高，故可以用二次方程的形式对其进行拟合，拟合方程式见表 6.3。

表 6.3　不同残膜量 Boltzmann 参数 λ 与土壤含水率之间的拟合方程式

处理	模拟方程式	相关系数 R^2
SL1	$y=-116.37x^2+26.748x+1.7038$	R^2=0.7685
SL2	$y=-82.294x^2+17.549x+1.7591$	R^2=0.9033
SL3	$y=-79.653x^2+17.462x+1.5122$	R^2=0.8469
SL4	$y=-52.724x^2+10.296x+1.7145$	R^2=0.8998
SL5	$y=-71.337x^2+15.865x+1.2997$	R^2=0.8922
SS1	$y=-235.23x^2+65.67x+4.9558$	R^2= 0.7186
SS2	$y=-199.94x^2+52.921x+4.8889$	R^2=0.9261
SS3	$y=-194.83x^2+53.102x+4.3894$	R^2=0.8311
SS4	$y=-194.83x^2+53.102x+4.3894$	R^2=0.8311
SS5	$y=-166.73x^2+44.066x+4.4328$	R^2=0.8902

6.4.3　不同残膜量对同种质地土壤水分特征曲线的影响

随着土壤水吸力的增大，两种质地土壤含水率均表现出先急剧减小后缓慢降低的趋势（图 6.12）。在低吸力段（<100kPa）土壤主要排大孔隙中的水分，由于土壤大孔隙充水较多，故此时大量水分被排出，导致土壤含水率急剧减小。该时期无论是砂壤土还是砂土，各处理间土壤水分特征曲线随残膜量增加差异均较小，特别是在 25kPa 以下不同处理间并无显著差异（$P>0.05$）。随着水吸力继续增加，达到高吸力段（>100kPa）后各处理差异开始显现，此时在同一吸力条件下，土壤中含残膜越多，则土壤含水率越小，表明在高负压条件下随着残膜量增加土壤持水能力逐渐降低，更易于脱水。

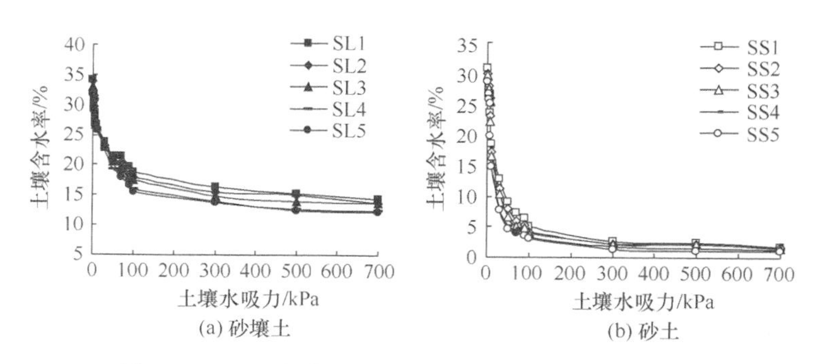

图 6.12　不同残膜量对同种质地土壤含水率特征曲线

当吸力为 100kPa 时，SL5、SS5（残膜量 400kg/hm^2）处理的含水率是 SL1、SS1（无残膜）处理的 83.08%和 90.01%。当吸力达到最大的 700kPa 时，SL5、SS5（残膜量 400kg/hm^2）处理的含水率仅是 SL1、SS1（无残膜）处理的 80.56%和 88.20%。这可能是残膜表面光滑度大于土壤表面，随着外界吸力增大导致了垂直分布的残膜与土壤界面形成优势流现象（何凡等，2005；Shi et al.，2008；Anand et al.，2006），从而形成土壤中残膜越多，土壤持水能力越差的现象，这也与李元桥等（2015）等在残膜对土壤水分运移研究中的结果一致。

然而，通过数据分析可知，这种差异在砂土处理中表现不显著（$P>0.05$），在砂壤土中则呈显著差异（$P<0.05$），这是由于砂土大孔隙明显多于砂壤土，持水特性本来就较差，当砂土中残留农膜后，其对砂土持水特性造成的影响较小，而与之相反残膜则会对大孔隙含量较少的砂壤土产生较大的影响。

6.4.4　相同残膜量对不同质地土壤水分特征曲线的影响

图 6.13 体现了相同残膜量不同质地土壤水分特征曲线变化规律。由图 6.13 可知，相同残膜量下不同质地土壤间的持水特性相差较大，无论是无残膜处理还是 400kg/hm^2 残膜量处理，砂壤土、砂土的持水特性均呈显著减小（$P<0.05$），即在同种水吸力条件下，砂壤土、砂土的含水率依次减小，如 700kPa 条件时，0kg/hm^2、50kg/hm^2、100kg/hm^2、200kg/hm^2、400kg/hm^2 残膜量处理砂土的含水率依次比砂壤土减小 87.78%、87.02%、87.92%、89.04%和 91.58%。另外，随着残膜量的增加，2 种质地土壤间持水特性的差异变化有所减小，具体表现为砂壤土持水特性逐渐变差，特征曲线有逐渐向砂土靠拢的趋势，但是这种趋势却不显著（$P>0.05$）。这一方面是因为土壤质地对水分特征曲线产生的影响要远大于残膜作用造成的影响，另一方面可能是因为本章的最大残膜量为 400kg/hm^2，还没有达到残膜对水分特征曲线产生较大影响的残膜量，故在更大残膜量下残膜与土壤质地对水分特征曲线影响程度的高低有待进一步研究。

6.4.5　农膜残留对土壤当量孔径的影响

土壤孔隙大小对土壤水分的保持及运动具有重要意义（郑健等，2014；刘继龙等，2012）。为进一步研究不同残膜量对土壤持水性能的影响，基于土壤水分特征曲线，对不同处理下的土壤当量孔径进行了分析。当土壤进气值达到某一数值后饱和土体开始排水，在低吸力段主要排出大孔隙中的水，在高吸力段主要排出中小孔隙中的水。因本章测定了 0kPa、2kPa、4kPa、6kPa、8kPa、10kPa、30kPa、50kPa、70kPa、90kPa、100kPa、300kPa、500kPa、700kPa 压力下的含水率，根据公式土壤水吸力 $S=4\sigma/D$（hPa），经计算，本试验上述土壤水吸力对应的当量孔径分别为 0.15mm、0.075mm、0.05mm、0.0375mm、0.03mm、0.01mm、0.006mm、

0.00429mm、0.00333mm、0.003mm、0.001mm、0.0006mm、0.00043mm，为了详细研究土壤水分特征曲线随残膜量的变化，将 100kPa 作为低吸力段和中高吸力段的分界点（付强等，2015），即低吸力段的大孔隙当量孔径为 0.003～0.150mm，高吸力段的中小孔隙当量孔径为 0.00043～0.003mm。

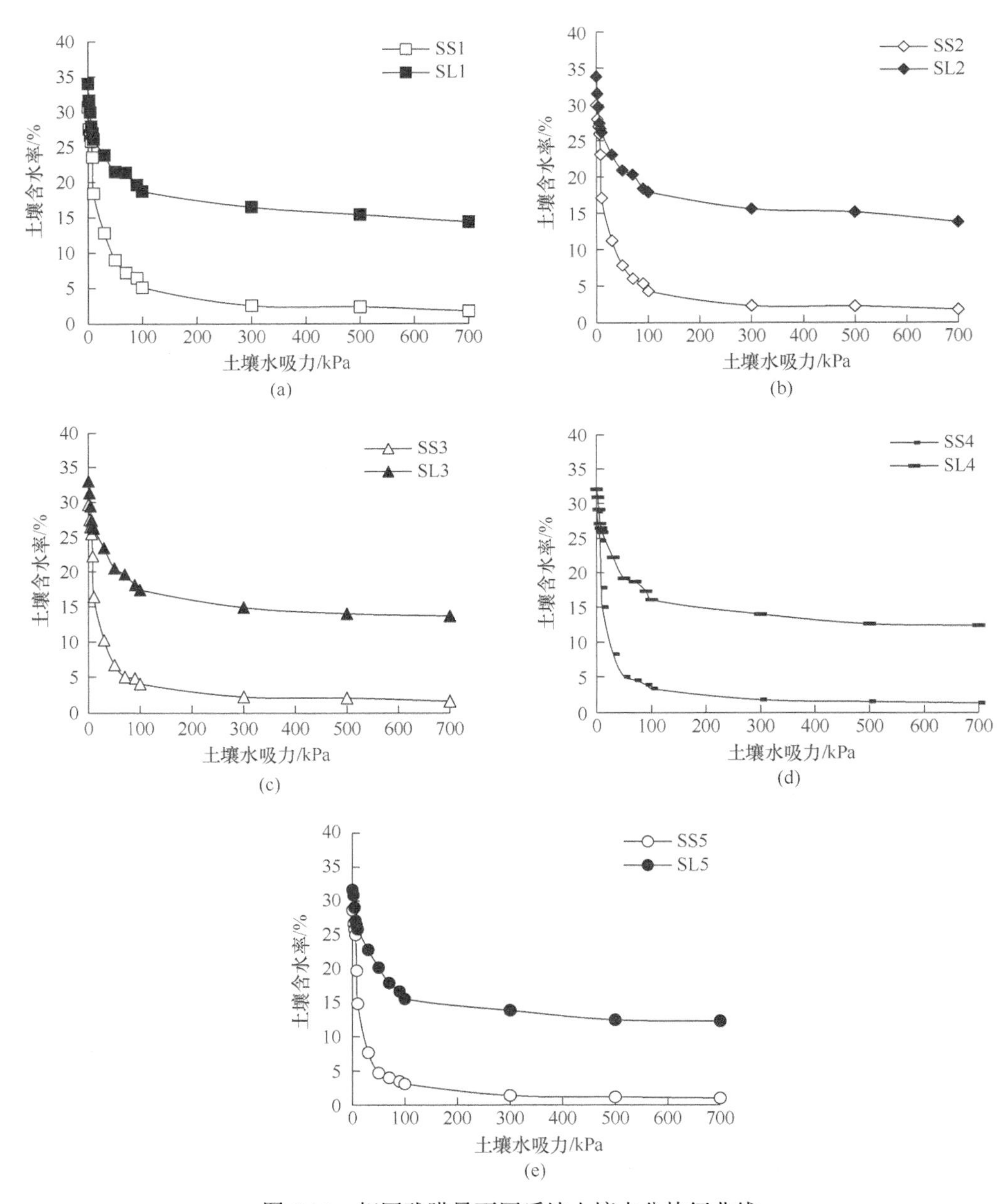

图 6.13　相同残膜量不同质地土壤水分特征曲线

假设土壤含水率为 θ_1、θ_2（$\theta_1>\theta_2$）所对应的土壤当量孔径分别为 D_1、D_2，土壤中当量孔径为 D_2～D_1 之间土壤孔隙所占的体积与孔隙总体积之比为 θ_1～θ_2（雷志栋等，1988），称当量孔隙体积占比（e）。由表 6.4 可知，在低吸力段，对于同种质地土壤，随着残膜量的增多，e 逐渐增大，其中 SL5 处理比 SL1 处理 e 增大 10.60%，SS5 处理比 SS1 处理低吸力阶段 e 增大 4.79%。高吸力段则正相反，土壤中随残膜量的增多，e 呈下降趋势。可见，土壤中残膜存在会增大土壤中大孔隙比例，同时中小孔隙比例略微下降，当饱和土体受到吸力后，由于土体中大孔隙比例增加，优势流作用明显，土体在同一吸力条件下排出的水更多，即土体更易于排水，从而使得土壤持水能力减弱。同时，从不同土壤质地间 e 低吸力段增大，高吸力段减小的比例可以看出，砂土的孔隙改变均是最小的，可见由于砂土大孔隙较多的特点，残膜对其孔隙的影响程度较小。

表 6.4　不同处理不同吸力段当量孔径体积占比　　（单位：%）

处理	低吸力段（0.003～0.15mm）	高吸力段（0.00043～0.003mm）
SL1	15.58	4.37
SL2	15.99	4.12
SL3	16.53	3.72
SL4	16.90	3.69
SL5	17.24	3.23
SS1	22.46	3.35
SS2	23.40	2.49
SS3	23.46	2.38
SS4	23.48	2.18
SS5	23.53	2.09

6.5　不同残膜量条件下土壤水力参数模拟及评价

6.5.1　不同模型比较

应用 RETC 软件对 VG 模型、BC 模型和 LND 模型进行求参，不同残膜量处理各模型拟合误差比较分析如表 6.5～表 6.7 所示。总体上，VG、BC、LND 模型针对不同残膜量土壤拟合的土壤水分特征曲线的拟合度都较好，各处理的 RMSE 最大值为 0.0085cm^3/cm^3，GMER 最小值为 0.9815，决定系数 R^2 最小值为 0.9856。可见上述的土壤水分特征曲线模型均能较好地用于含残膜土壤，其中 VG、LND 模型拟合精度总体上高于 BC 模型。这可能是由于该模型更适合于均一土质，从而对含残膜土壤的水分特征曲线拟合易产生误差。对于不同土壤质地间拟合效果，3 种模型均表现出在砂壤土中的拟合效果要优于砂土。这可能是因为本试验所用的

表 6.5 不同残膜量处理各模型拟合误差比较（RMSE）（单位：cm^3/cm^3）

处理	VG	BC	LND	RPF-SWCC
SL1	0.0046	0.0052	0.0050	0.0035
SL2	0.0043	0.0051	0.0045	0.0033
SL3	0.0048	0.0069	0.0047	0.0040
SL4	0.0032	0.0049	0.0033	0.0029
SL5	0.0070	0.0077	0.0062	0.0060
SS1	0.0055	0.0075	0.0070	0.0056
SS2	0.0058	0.0067	0.0058	0.0049
SS3	0.0069	0.0071	0.0050	0.0045
SS4	0.0081	0.0085	0.0063	0.0057
SS5	0.0075	0.0077	0.0054	0.0048

表 6.6 不同残膜量处理各模型拟合误差比较（GMER）

处理	VG	BC	LND	RPF-SWCC
SL1	0.9940	0.9921	0.9933	0.9957
SL2	0.9941	0.9922	0.9938	1.0032
SL3	0.9938	0.9899	0.9920	0.9948
SL4	0.9950	0.9931	0.9956	0.9966
SL5	0.9900	0.9848	0.9895	0.9902
SS1	0.9937	0.9838	0.9815	0.9919
SS2	0.9922	0.9901	0.9927	0.9939
SS3	0.9899	0.9895	0.9920	0.9934
SS4	0.9856	0.9861	0.9902	0.9914
SS5	0.9902	0.9874	0.9930	0.9941

表 6.7 不同残膜量处理各模型拟合误差比较（R^2）

处理	VG	BC	LND	RPF-SWCC
SL1	0.9941	0.9912	0.9931	0.9955
SL2	0.9948	0.9927	0.9943	0.9958
SL3	0.9935	0.9892	0.9933	0.9939
SL4	0.9957	0.9926	0.9960	0.9964
SL5	0.9898	0.9856	0.9890	0.9899
SS1	0.9920	0.9886	0.9888	0.9929
SS2	0.9901	0.9892	0.9904	0.9916
SS3	0.9897	0.9891	0.9910	0.9915
SS4	0.9879	0.9862	0.9900	0.9902
SS5	0.9890	0.9870	0.9913	0.9918

砂土所含砂粒百分比较大，土壤持水特性较差引起的。通过数据对比还可发现，VG 模型总体上更适合低残膜量土壤，如 SL1～SL3 处理 VG 模型在 3 种模型中拟合精度最高，LND 模型则适合含较高残膜土壤，如 SS4～SS5 处理拟合效果最好。

但是 VG、BC、LND 模型未考虑残膜的阻水效应，物理意义不强，而 RPF-SWCC 模型是基于 VG 模型进行的改进。从物理意义上更接近实际情况，充分考虑到残膜存在对土壤孔隙的影响。且除无残膜处理 RPF-SWCC 拟合精度与其他模型相近外，对于含残膜处理则 RPF-SWCC 模型拟合精度明显高于其他模型，特别是高含残膜量处理，RPF-SWCC 模型更有优势，如 SS4、SS5 处理 RPF-SWCC 模型的 RMSE 分别为 0.0057cm^3/cm^3、0.0048cm^3/cm^3，远优于 VG 模型的 0.0081cm^3/cm^3 和 0.0075cm^3/cm^3，分别降低了 29.63%和 36.00%。同样，含残膜量处理中，GMER 和 R^2 值也均优于其他模型。可见 RPF-SWCC 模型用于拟合含残膜土壤特征曲线精度更高，可靠性更强。

6.5.2 RPF-SWCC 模型参数估计

根据 Van Genuchten（1980）对不同土质土壤水分特征曲线的研究（Martínez et al.，2014；Ghanbarian-Alavijeh et al.，2010）进行参数初值和范围的确定，并基于最小二乘法对 RPF-SWCC 非线性模型进行参数估计。RPF-SWCC 模型拟合结果表明（图 6.14、图 6.15），构建的含残膜土壤水分特征曲线对于 2 种质地土壤无论

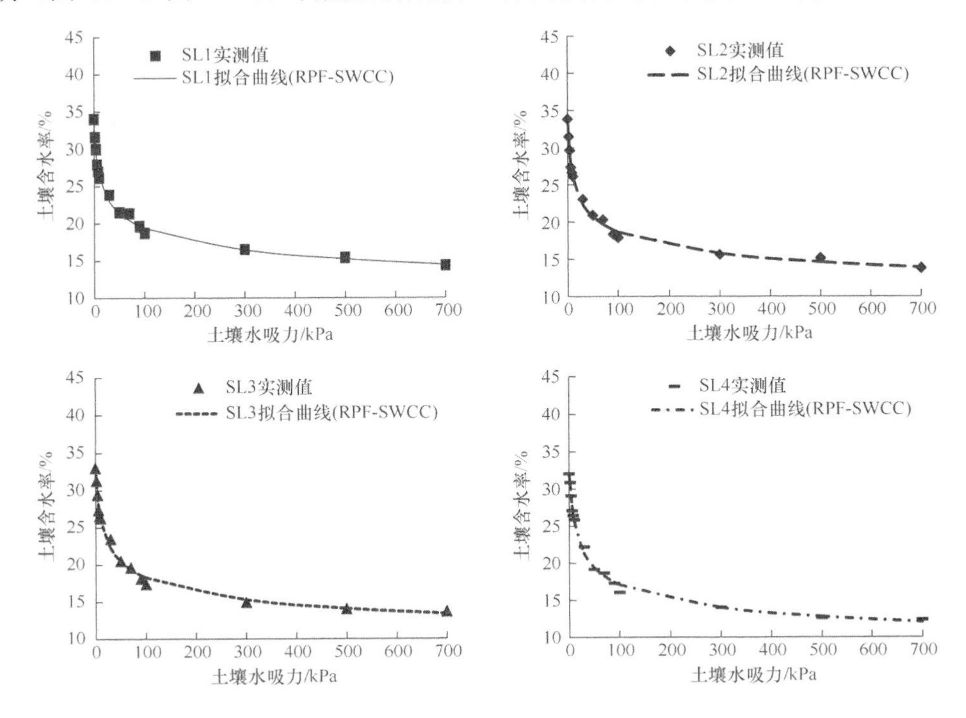

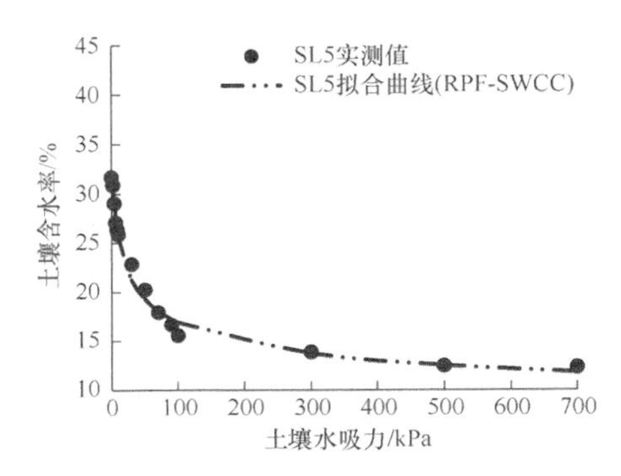

图 6.14 砂壤土不同处理 RPF-SWCC 模型拟合曲线与实测值比较

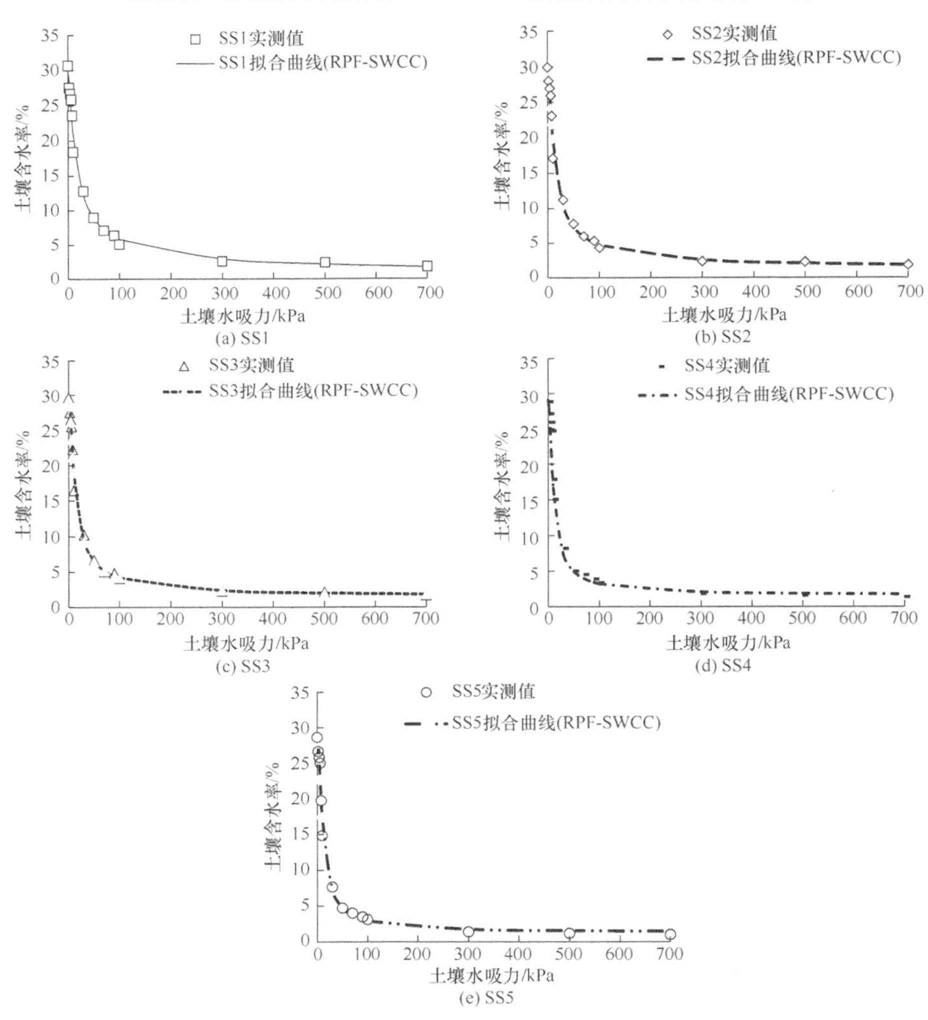

图 6.15 砂土不同处理 RPF-SWCC 模型拟合曲线与实测值比较

在低吸力段还是高吸力段均能较好地反映含残膜土壤含水率在不同吸力下的变化特征。拟合的 RPF-SWCC 土壤水分特征曲线与实测曲线基本重合，无论是无残膜土壤还是随着土壤中残膜量增加，拟合效果均较好。

由模型拟合参数估计可知（表 6.8），总体上随着残膜量的增加，土壤中饱和含水率（$\theta_{sp}-\theta_{sq}$）呈显著减少趋势（$P<0.05$），其中砂壤土 SL5 处理比 SL1 处理减少了 14.71%，砂土 SS5 处理比 SS1 处理减少了 9.00%，这是由于土壤中残膜减少了土壤总孔隙，从而导致饱和含水率也随之减小，且随着土壤大孔隙比例的减少，这种变化趋势越加明显。与之相反，随着土壤中残膜量增加残余含水率 θ_r 则呈增大趋势，除无膜处理 θ_r 明显较小外，其他处理总体上土壤残膜量越多则 θ_r 越大，这可能是由于残膜堵塞部分土壤孔隙，导致土壤中残余水分排出难度增加。而形状参数 a 随残膜量增加砂土无显著差异，砂壤土和壤土呈减小趋势，n_p 在各质地土壤中呈增加趋势，n_q 则在各处理中变化趋势不明显。

表 6.8　RPF-SWCC 模型参数估计

处理	土壤中饱和含水率（$\theta_{sp}-\theta_{sq}$）	残余含水率 θ_r	曲线形状参数 a	原有土壤的曲线形状参数 n_p	残膜作用减少的曲线形状参数 n_q
SL1	0.340a	0.000c	0.379a	1.157c	1.615bc
SL2	0.333ab	0.006c	0.370a	1.162c	1.750b
SL3	0.306b	0.025b	0.165b	1.198b	1.186c
SL4	0.292bc	0.029b	0.133c	1.230a	1.908a
SL5	0.290c	0.037a	0.124c	1.262a	1.797b
SS1	0.300a	0.000b	0.013a	1.650c	1.761c
SS2	0.288ab	0.010ab	0.013a	1.799bc	1.799c
SS3	0.281b	0.013a	0.013a	1.894b	1.894b
SS4	0.275c	0.015a	0.015a	2.029a	2.029a
SS5	0.273c	0.013a	0.013a	2.108a	2.137a

注：不同小写字母代表不同处理间的差异显著性（$P<0.05$）。

6.6　讨　　论

地膜具有增温保墒、保水抑盐、改善土壤水肥气热条件，促进作物高产稳产等优点（赵永敢等，2013；Bezborodova et al.，2010；Wang et al.，2014）。在西北地区大面积推广应用，地膜使用量和覆盖面积呈增长趋势（严昌荣等，2006）。地膜在土壤中可残留 200～400 年，残膜随覆膜年限延长而逐渐增多（董合干等，2013a）。农膜残留会对土壤物理和水力参数产生影响，阻断土壤孔隙连续性，增加土壤孔隙弯曲度，破坏土壤团聚体结构，从而增大土壤入渗阻力（董合干等，2013b）。从图 6.5 中可以看出随着残膜量的逐渐增多，两种质地土壤饱和含水率均呈逐渐减小趋势，但砂壤土 SL1～SL4 各处理饱和含水率差异均不显著（P>0.05）。只在高残膜量下才会产生显著差异，这是由于在饱和状态下，残膜的存在会占据土壤孔隙原有的“空间”，土壤孔隙在一定程度上减少，从而使得饱和含水率逐渐下降，但由于此时土壤大孔隙和小孔隙间均充满土壤水。故此时残膜对饱和含水率的影响较小，尽管呈逐渐减小趋势，但只有高残膜量的砂壤土才出现显著差异。

土壤的物理和水力参数对不同残膜量的响应不同。刘建国等（2010）发现长期连作下残膜对土壤孔隙度和土壤持水量产生影响，但土壤孔隙度、田间持水量与残膜量呈正相关关系。这与本章结果田间持水率随残膜量的升高下降趋势更加明显，土壤毛管孔隙率和总孔隙率也随着残膜量的增大逐渐降低的研究结果相反。由于本章的土壤经过 2mm 筛后主要以中小孔隙的形式存在，土壤本身持水能力较强，而室内高容重装土导致土壤压实度较高，残膜与土壤接触紧密。在低负压情况下，残膜阻断部分水分孔隙，而土-膜界面接触紧密，从而导致明显的阻水效应，当土壤中存在残膜时，在高负压阶段，吸力达到某一值时，土壤水分易于从土-膜界面中排出，即形成优势流作用（薛少平等，2002），从而造成残膜越多，优势流作用越明显，越易于失水。另外，与砂壤土相比，随残膜量增大砂土的田间持水率减少程度并未减小，这可能也与砂土优势流的作用明显有关。

土壤水分特征曲线反映了土体中孔隙水随吸力状态变化的规律，是评价土体持水性能的重要指标之一，也是进行土壤水分与溶质迁移模拟的重要参数之一。关于土壤水分特征曲线，国内外学者就砂砾（Wang et al.，2017）、生物炭（王幼奇等，2020；王忠江等，2019）以及不同级配土壤存在条件下（刘星志等，2018）的土壤水分特征曲线进行了大量研究。通常，土壤水分特征曲线主要与土壤类型、土壤孔隙等有关。描述土壤水分特征曲线模型的普适度和精确性也依赖于土壤类型。蒋文君等（2021）在西南片区残膜对紫色土水、盐运移的影响研究中发现随着残膜量增多，低吸力段（主要排大孔隙土壤水）的当量孔径体积占比增大，而高吸力段（主要排中小孔隙土壤水）的当量孔径体积占比则减小，处理 LS5 的大孔隙占比较处理 LS1 增大了近 16%，这与本章结果一致。其模型适应度分析表明，含残膜紫色土的最优拟合模型为 VGM，最优模型的非饱和导水率模式为 Mualem 模式。而在本章中为对残膜条件下土壤水分特征曲线模型（RPF-SWCC）进行参数估计，随着残膜量的增加，土体内的饱和含水率呈减小趋势，RPF-SWCC 模型拟合的土壤水分特征曲线精度较高，能用于模拟残膜存在下的土壤水分特征曲线。RPF-SWCC 模型拟合精度总体上高于 VG、BC、LND 等土壤水分特征曲线模型，且 RPF-SWCC 模型在高含残膜量处理精度更高，SS4、SS5 处理 RPF-SWCC 模型的均方根误差 RMSE 比 VG 模型分别降低了 29.63%和 36.00%。

6.7 结 论

随着残膜量的逐渐增多，两种质地土壤饱和含水率均呈逐渐减小趋势，但砂壤土 SL1～SL4 各处理饱和含水率差异均不显著（$P>0.05$），直到 SL5 处理（残膜量 400kg/hm^2）才表现出显著性差异（$P<0.05$），砂土各处理饱和含水率虽然也呈下降趋势，但各处理间均未表现出显著性差异（$P>0.05$）。

随着残膜量的增多，无论是砂壤土还是砂土，两种质地土壤毛管含水率均呈逐渐减小趋势，其中 SL5 处理较 SL1 处理减小 31.21%，SS5 处理较 SS1 处理减小 26.62%，且残膜量 400kg/hm^2 处理与对应的无残膜处理均表现出显著性差异（$P<0.05$）。与此同时，砂土的减小程度要小于砂壤土，这也是由砂土的大孔隙较多造成的。

田间持水率随残膜量的升高下降趋势更加明显，其中 SL5 处理较 SL1 处理减小 52.75%，SS5 处理较 SS1 处理减小 56.83%，对于砂壤土，当残膜量达到 200kg/hm^2 时即与无残膜处理产生显著差异（$P<0.05$），对于砂土，当残膜量达到 100kg/hm^2 时即与无残膜处理产生显著差异（$P<0.05$），可见由于残膜量增多造成的田间持水率的减小几近呈阶梯式下降。土壤毛管孔隙率和总孔隙率也随着残膜量的增大逐渐降低。

对于砂壤土，随着土壤中残膜量的逐渐增多，土壤饱和导水率呈现明显的阶梯式下降趋势，当残膜量达到 100kg/hm^2 时，饱和导水率比无膜处理降低了 41.37%，而当残膜量达到 200kg/hm^2 时，则出现突降现象，饱和导水率仅为无膜处理的 15.23%。可见当残膜达到 200kg/hm^2 时将会明显改变土壤结构，降低水分入渗速率，而随着土壤中残膜量继续增加到 400kg/hm^2 时，尽管饱和导水率仍然呈明显的下降趋势，但并没有出现像 200kg/hm^2 处理的突降现象，下降速度趋缓。对于砂土，饱和导水率随残膜量增加的下降趋势没有砂壤土那么明显，整体呈缓慢减小态势，当残膜量增大到 100kg/hm^2 时与无残膜处理相比虽然有所减小但未表现出显著性差异（$P>0.05$），当残膜量增大到 200kg/hm^2、400kg/hm^2 时其饱和导水率分别比无残膜处理减小 21.03%和 35.76%。

不同处理的 Boltzmann 参数 λ 值均随土壤含水率的升高呈减小的变化趋势。对砂壤土及砂土，当土壤含水率较小时，λ 值随含水率增大缓慢减小，但此时各处理间 λ 值差别明显，在同一含水率条件下，残膜量越大，λ 值越小，表明此时随着残膜量的增大，土壤的渗透速率逐渐变小；当土壤含水率较大时，随着含水率的逐渐增大，各处理渗透速率均急剧减小，此时各条曲线基本重合，可知此时残膜量对渗透速率的影响作用较小。另外，随着土壤中残膜量的增大，土壤的持水能力逐渐减小。

农膜残留影响土壤水分特征曲线形状，随着残膜量增大，土壤保水能力降低。相同吸力条件下土壤中残膜量越多，对应的土壤含水率越小，在高吸力段不同处理间差异更明显，且这种差异在砂壤土中呈显著性（$P<0.05$）。

相同残膜量下砂壤土、砂土的持水特性均呈显著减小（$P<0.05$），且随着残膜量的增加，2 种质地土壤间持水特性的差异变化有所减小，具体变现为砂壤土持水特性逐渐变差，特征曲线有逐渐向砂土靠拢的趋势。

随着残膜量增加，低吸力段（主要排大孔隙土壤水）的当量孔径体积占比增大，而高吸力段（主要排中小孔隙土壤水）当量孔径体积占比减小，其中 SL5 处理比 SL1 处理增大 10.60%。同时，砂土的孔隙改变均是最小的，可见由于砂土大孔隙较多的特点，残膜对其孔隙的影响程度较小。

对残膜条件下土壤水分特征曲线模型（RPF-SWCC）进行参数估计，随着残膜量的增加，土体内的饱和含水率呈减小趋势，RPF-SWCC 模型拟合的土壤水分特征曲线精度较高，能用于模拟残膜存在下的土壤水分特征曲线。RPF-SWCC 模型拟合精度总体上高于 VG、BC、LND 等土壤水分特征曲线模型，且 RPF-SWCC 模型在高含残膜量处理精度更高，SS4、SS5 处理 RPF-SWCC 模型的均方根误差 RMSE 比 VG 模型分别降低了 29.63%和 36.00%。

第 7 章　土壤水分入渗和蒸发对农膜残留的响应及模拟

7.1 引　　言

本章选取在内蒙古沿黄盐渍化灌区分布较广的砂壤土及砂土，通过室内模拟试验研究砂壤土和砂土中农膜残留对土壤水分入渗和蒸发特性的影响，并对主要入渗和蒸发模型进行评价；通过研究残膜在土壤中不同位置对滴灌入渗的影响规律，定量分析土壤中残膜不同埋深滴灌湿润锋运移以及灌溉结束后土壤水分分布规律，为农膜残留条件下土壤水分运移研究及残膜存在条件下的滴灌灌溉制度制定提供理论基础。

7.2 研 究 方 法

7.2.1　供试材料

为研究土壤水分入渗与蒸发对土质和残膜量的响应，选取沿黄盐渍化灌区分布最广，并有较大差异的 2 种土壤（砂壤土、砂土）进行试验，备试用土取自巴彦淖尔市磴口县（砂土）和杭锦后旗（砂壤土）农田。土壤质地见表 6.1，备试土壤及农用地膜处理方法同前文，试验在内蒙古自治区水资源保护与利用重点实验室进行。

7.2.2　试验设计与方法

1. 土壤水分入渗与蒸发对土质和残膜量的响应

本章共设置 5 个残膜量处理，残膜埋设在土壤表层 0～20cm 范围内，其中 0～10cm 占残膜总量的 70%，10～20cm 占残膜总量的 30%，每个处理重复 3 次，具体见表 6.2。为保持试验的统一性及降低残膜尺寸大小对土壤水分入渗及蒸发的影响，将农膜制作成面积为 $4cm^2$（2cm×2cm）的正方形备用。

土壤入渗试验装置由马氏瓶、有机玻璃、支架等组成［图 7.1（a）］，其中马氏瓶高 50cm，直径 6cm；土柱高 45cm、直径 9cm，底部 5cm 为反滤层，并设有排气孔，装土高度 35cm。按照不同的残膜量将农膜与土壤混合均匀，并按 1.5g/cm^3 的容重把混合均匀的土样装入土柱内。每 5cm 分层装入土槽中，层间打毛，装土前在土柱内壁均匀涂抹凡士林以消除壁面优势流的影响。入渗时保持水头高度 5cm，入渗开始后根据入渗速率变化每隔一定时间读取并记录马氏瓶及湿润锋读数。当湿润锋运移 30cm 时停止供水，并用防水塑料膜封住土柱管口，同时在入渗结束后采用微型土钻从距表土 5cm、10cm、15cm、20cm、25cm、30cm 处取土，烘干法测定土壤含水率。土壤蒸发试验装置由红外线灯、土柱、蒸发皿和电子秤组成［图 7.1（b）］，红外线灯功率为 275W，蒸发皿直径 9cm，电子秤量程 10kg，精度 0.1g。当入渗结束后 24h，待土壤气体排放稳定，打开红外线灯作为光源进行蒸发试验，灯底部与土柱表土距离均为 20cm，昼夜照射，采用称重法测定土柱

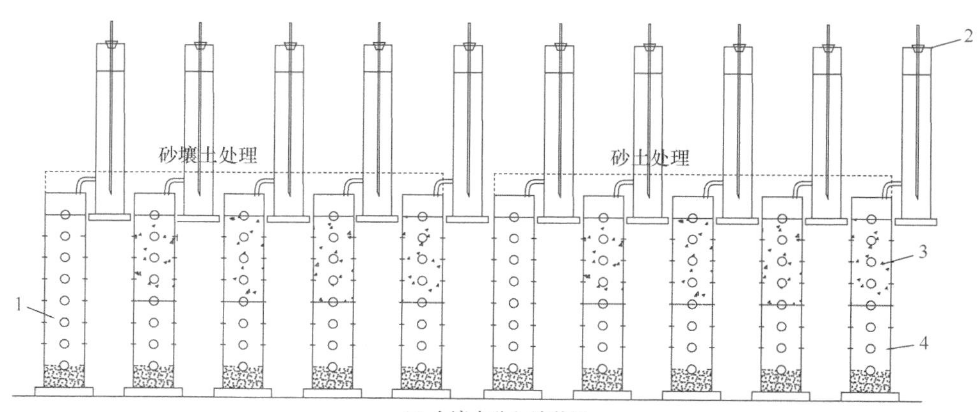

(a) 土壤水分入渗装置

砂壤土处理

砂土处理

5

(b) 土壤水分蒸发装置

图 7.1　试验装置示意图

1. 土壤；2. 马氏瓶；3. 残膜；4. 反滤层；5. 红外线灯

蒸发量，测定时间为蒸发开始后的第 1h、6h、12h、24h、36h、…、96h、108h，同步测量蒸发皿的水面蒸发，蒸发试验期间室温在 18～23℃，日平均湿度约为 35%，平均水面蒸发量为 1.75mm/h。

2. 土壤中不同残膜埋深对滴灌水分入渗的影响

试验在内蒙古农业大学水资源保护与利用重点实验室进行，供试土壤为粉砂壤土，土壤基本理化性质见表 7.1。试验前，先对土壤进行预处理，先过 5cm 筛，去掉大石子和杂物，再过 2cm 筛子，最后过 2mm 筛。筛分以后，在阴凉处风干。

表 7.1　土壤基本理化性质

质地	颗粒组成/（g/kg）			有机质含量/（g/kg）	pH	田间持水率/%
	黏粒（粒径<0.002mm）	粉粒（粒径 0.002～0.05mm）	砂粒（粒径 0.05～2mm）			
粉砂壤土	119.6	558.3	322.1	48	7.51	20

为了模拟大田滴灌，本试验采用有机玻璃制作了长×宽×高分别为 30cm×30cm×40cm 的长方体试验土槽（图 7.2），用医用针头代替滴灌器用于模拟滴灌，用横截面积 30cm^2，高 70cm 的 2 个串联的马氏瓶作为稳压灌溉水源。地膜残片无害化面积研究表明，残膜多年后，残片面积逐渐趋小，且土壤中小块残膜（<4cm^2）最多。由于室内试验土槽较小，为了使残膜在土壤中分布更加均匀，本次残膜统一取 4cm^2 进行试验。试验主要考虑残膜埋深对滴灌入渗的影响，选择多年连续覆

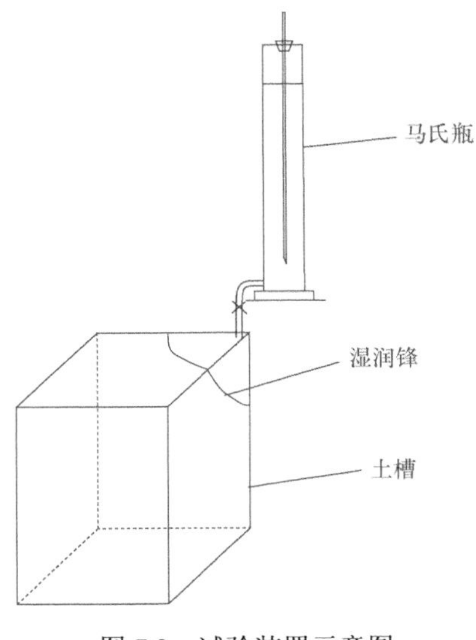

图 7.2　试验装置示意图

膜的典型农田残膜量（100kg/hm^2）（Li et al.，2010），设置高、低 2 种滴头流量（0.5L/h、2L/h），残膜位置为上、中、下（残膜埋置土壤深度分别为从表层土往下 0～6cm、6～12cm、12～18cm）3 种情况，包括无膜试验共 8 个处理，3 次重复，具体处理见表 7.2。

表 7.2　不同残膜埋深处理试验设计

处理编号	残膜埋深/cm	滴头流量/（L/h）	处理编号	残膜埋深/cm	滴头流量/（L/h）
T1	0～6	0.5	T4	0～6	2
T2	6～12	0.5	T5	6～12	2
T3	12～18	0.5	T6	12～18	2
CK1	无	0.5	CK2	无	2

田间采集的土样经风干、碾细、过筛（筛孔径为 2mm），将土样分成两部分，其中一部分将残膜与土壤混合均匀，然后按容重 1.5g/cm^3，每 3cm 厚分层装土（图 7.3）。滴灌开始后按照先密后疏的时间间隔用彩笔在土箱的有机玻璃上画出湿润锋运移曲线，并记录相应的入渗时间（表 7.3），然后将曲线扫描导入 AutoCAD 软件中进行统一处理；在灌水结束后 2h、10h 采用微型土钻沿径向距滴头 2cm、6cm、10cm、15cm，从上向下距表土 0～3cm、3～6cm、6～9cm、9～12cm、12～15cm、15～18cm 取土，烘干法测含水率。试验过程中保持入渗稳定，其中流量 0.5L/h 处理各入渗 2L 水，流量 2L/h 处理各入渗 2.4L 水。

(a) 入渗

(b) 入渗过程

图 7.3　试验过程

表 7.3　不同记录次数时的入渗时间

流量/（L/h）	入渗时间/min							
	第 1 次	第 2 次	第 3 次	第 4 次	第 5 次	第 6 次	第 7 次	第 8 次
0.5	3	9	16	30	50	80	130	240
2	2	5	10	18	30	50	80	140

3. 土壤水分入渗的不确定性分析

本试验主要考虑不同滴头流量以及长期连续覆膜灌溉残膜的残留对滴灌入渗的影响，设置高、低 2 种滴头流量（0.5L/h、2L/h），根据已有研究的农田残膜量存在的范围区间，设置 3 种残膜量处理，分别为 0kg/hm^2、50kg/hm^2、200kg/hm^2，每个处理重复 3 次，取其平均值作为试验结果，具体处理见表 7.4。

表 7.4　不同残膜量处理试验设计

处理编号	残膜量/（kg/hm^2）	滴头流量/（L/h）	处理编号	残膜量/（kg/hm^2）	滴头流量/（L/h）
T1	0	0.5	T4	0	2
T2	50	0.5	T5	50	2
T3	200	0.5	T6	200	2

初始土壤含水率为 2.1%，按 1.5g/cm^3 容重装土，由于残膜经多年后，残片面积逐渐趋小，同时室内试验土槽较小。为了更加均匀，故本次残膜统一取 4cm^2 进行试验。根据土槽面积计算相应处理残膜量，然后将残膜与土壤混合均匀，每 5cm 厚分层填装，根据已有调查显示农田中残膜主要在 0～30cm 土层，通常 0～10cm 土层由于翻耕等农艺措施，残膜多年累积量较少，20cm 土层以后残膜所占比例较少，调查显示内蒙古地区经多年耕作残膜主要集中在 10～20cm 土层中，故本次试验以残膜分布在 10～20cm 土层为典型进行试验。按照先密后疏的时间间隔用彩笔在滴头两侧的土槽有机玻璃上画出湿润锋运移曲线，并读取马氏瓶中的累计入渗量，确保相同滴头流量处理入渗量相同，其中 0.5L/h 处理累积入渗量为 2992mL，2L/h 处理累积入渗量为 3167mL。

7.2.3　入渗、蒸发和不确定性分析模型及方法

1. Philip 入渗模型

Philip 入渗模型具有参数容易确定、物理意义强等特点，较适用于均质土壤一维垂直入渗的情况，其表达式为

$$i(t) = 0.5S\,t^{-1/2} + A \tag{7.1}$$

式中，$i(t)$为土壤入渗速率，cm/min；t 为入渗历时，min；S 为吸渗率，cm/min$^{1/2}$；A 为稳定入渗率，cm/min。

2. Kostiakov 入渗模型

Kostiakov 入渗模型（刘春成等，2011）具有形式简单、计算方便等特点，且没有太多的条件要求，应用较广泛，其表达式为

$$i(t) = K t^{-\alpha} \tag{7.2}$$

式中，K、α 为经验系数。

3. Black 蒸发模型

Black 蒸发模型（刘旭，2010）广泛应用于蒸发下边界没有水分持续补给时土壤累积蒸发量随时间的变化情况，其表达式为

$$E = F + B t_0^{1/2} \tag{7.3}$$

式中，E 为累积蒸发量，g；t_0 为蒸发历时，h；F、B 为蒸发参数。

4. Rose 蒸发模型

Rose 蒸发模型（1996）也具有形式简单的特点，蒸发下边界没有水分持续补给时应用广泛 Rose（1996），其表达式为

$$E = Ct_0 + D t_0^{1/2} \tag{7.4}$$

式中，C 为稳定蒸发参数；D 为水分扩散参数。

5. Kostiakov 入渗模型

为了研究不同残膜量对滴灌条件下入渗速度的影响，根据入渗速度随时间变化的趋势，采用 Kostiakov 入渗模型对入渗速率的变化过程进行研究（雷志栋等，2011），公式如下：

$$I = Kt^{-a} \tag{7.5}$$

式中，I 为入渗速率，cm/min；t 为入渗历时，min；K 和 a 为经验系数。

贝叶斯概率预测系统能将先验信息与样本信息相结合，引入先验分布与后验分布函数，并充分利用已有的入渗速率数据进行参数估计，从而能得到更接近实际状态、更准确的后验分布。本章将贝叶斯理论与 Kostiakov 入渗模型进行耦合，分析滴灌入渗的不确定性。假设实际的入渗速率与预测的入渗速率之间存在的误差呈正态分布，而且误差项的均值为 0，方差为 σ^2，则可以将实测的入渗速率表示为预测值与误差之和（Li et al.，2010），以 6 个处理垂直方向入渗速率随时间变化进行参数的不确定性分析：

$$I_i = I(x_i, \theta)_i + \varepsilon_i \quad \varepsilon_i \sim N(0, \sigma^2) \tag{7.6}$$

贝叶斯的理论基础为

$$p(\theta \mid I) = \frac{p(\theta) p(I \mid \theta)}{p(I)} \tag{7.7}$$

式中，θ 为模型参数（K、a、σ）；I_i 为实测入渗速率；$I(x_i, \theta)_i$ 为预测的入渗速率；$p(\theta)$ 为参数的先验概率密度函数；$p(I \mid \theta)$ 为似然函数；$p(\theta \mid I)$ 为后验概率密度分布。

此时 n 个测量数据的似然函数（满条件分布）可以表示为

$$\pi(I \mid \theta, \sigma^2) \propto \sigma^{-n} \prod_{i=1}^{n} \exp\left\{ -\frac{1}{2\sigma^2} \left[I_i - I(x_i, \theta) \right]^2 \right\} \tag{7.8}$$

如果只知道参数 θ_j 的分布区间[a_i，b_i]，先验概率密度函数可表示为

$$p(\theta_j, \sigma^2) = \begin{cases} 1/(b_j - a_j), \theta_j \in [a_j, b_j] \\ 0, 其他 \end{cases} \tag{7.9}$$

将先验分布与似然函数代入式（7.7），算出后验分布，然而由于 $I(x_i, \theta)$ 非常复杂，同时模型参数空间维数较大，故后验概率密度函数较复杂，难以推导解析解，但可以通过抽样方法求解。本章采用马尔可夫蒙特卡罗法（MCMC）计算参数的分布区间，其中 Gibbs 算法和 Metropolis-Hastings 算法是最主要的两种算法。本章采用 Gibbs 算法（张弛等，2008）对后验的入渗速率概率密度进行抽样，具体算法如下。

（1）在给出起始点 $\theta^0 = (\theta_1^0, \cdots, \theta_n^0)$ 后，设 i=0；

（2）由满条件分布 $\pi(\theta_1 \mid \theta_1^i, \cdots, \theta_n^i)$ 抽取 θ_1^{i+1}；由满条件分布 $\pi(\theta_2 \mid \theta_1^i, \cdots, \theta_n^i)$ 抽取 θ_i^{i+1}；……；由满条件分布 $\pi(\theta_n \mid \theta_1^{i+1}, \cdots, \theta_{n-1}^{i+1})$ 抽取 θ_n^{i+1}。

（3）设 i=i+1，转到第（2）步，直到 i=n。

得到 $\theta^t = (\theta_1^t, \cdots, \theta_n^t)$，则 θ^1，θ^2，θ^t，…是 Markov 链的实现值，其由 θ 至 θ' 的转移概率函数为 $p(\theta, \theta') = \pi(\theta_1 \mid \theta_2, \cdots, \theta_n), \pi(\theta_2 \mid \theta_1', \theta_3, \cdots, \theta_n), \cdots, \pi(\theta_n \mid \theta_1', \cdots, \theta_{n-1}')$，然后让 Gibbs 抽样同时产生多个 Markov 链，经过一段时间后这几条链稳定下来，则 Gibbs 抽样收敛。

7.2.4　数据处理与分析

采用 Excel 2007 进行数据处理，SPSS 17.0 进行方差分析和模型参数拟合。利用 RMSE、GMER 及 R^2 作为模型的评价指标：

$$\mathrm{RMSE}=\sqrt{\frac{1}{N}\cdot\sum_{t=1}^{N}\left(y_i^p-y_i^m\right)^2} \tag{7.10}$$

$$\varepsilon=\frac{y_i{}^p}{y_i{}^m} \tag{7.11}$$

$$\mathrm{GMER}=\exp\left(\frac{1}{N}\cdot\sum_{t=1}^{N}\ln\varepsilon_i\right) \tag{7.12}$$

式中，y_i^p 为实测值；y_i^m 为模型预测值；ε_i 为误差比；N 为数据点个数。

7.3 土壤水分入渗与蒸发对土质和残膜量的响应

7.3.1 农膜残留对不同质地土壤水分入渗湿润锋的影响

在相同时间内随着残膜量的增加砂壤土和砂土湿润锋运移距离变小，同时土壤水分入渗速率变慢（图 7.4）。在入渗初期（渗润期），土壤表面干燥，湿润锋锋面的水势梯度和非饱和度大，入渗速率快。由于湿润距离较小，该时期无论是砂壤土还是砂土，不同残膜量处理对湿润锋的影响较小［图 7.4（a）、（b）］，并无显著差异（$P>0.05$）。随着入渗进程推进，当土壤含水率达到最大分子持水率时，入渗达到渗漏期（芮孝芳，2004）。其中砂壤土入渗约 100min 后，残膜的阻水效应显现，不同残膜量处理差异显著（$P=0.041$），不同处理入渗速率差异也逐渐变大［图 7.4（c）］。当不同残膜量处理湿润锋运移至 30cm 处时，SL1～SL5 处理平均运移时间分别为 381min、405min、416min、443min、486min［图 7.4（a）］，即土壤中残膜量越多，则湿润锋运移相同距离所需时间越长，其中 SL5 处理（残膜量 400kg/hm^2）比 SL1 处理（无残膜）运移时间增加了 27.56%（$P=0.038$），入渗速率随残膜量的增加而变小，在 10～360min，不同残膜量的入渗速率达到显著差异（$P<0.05$），而 360min 后，土壤趋于饱和（渗透期），不同处理入渗速率差异减少，最后逐渐趋于相近。

而砂土由于大孔隙明显多于砂壤土，入渗速率快，是砂壤土的 10 倍以上，入渗约 3min 后，不同残膜量处理出现显著差异（$P=0.047$），入渗速率差异性也非常大（$P<0.05$）［图 7.4（d）］，当湿润锋运移至 30cm 处时，运移时间约为砂壤土的 5%。SS1～SS5 处理平均运移时间分别为 15.6min、16.5min、17.3min、18.1min、19.7min［图 7.4（b）］，其中 SS5 处理（残膜量 400kg/hm^2）比 SS1 处理（无残膜）运移时间增加了 26.28%（$P=0.040$），当入渗 15min 后不同处理入渗速率趋于相近［图 7.4（d）］。可见，土壤中随着残膜的增加会显著减慢湿润锋的运移速率，另外砂土由于大孔隙多于砂壤土，导致不同残膜对其阻水的影响小于砂壤土。

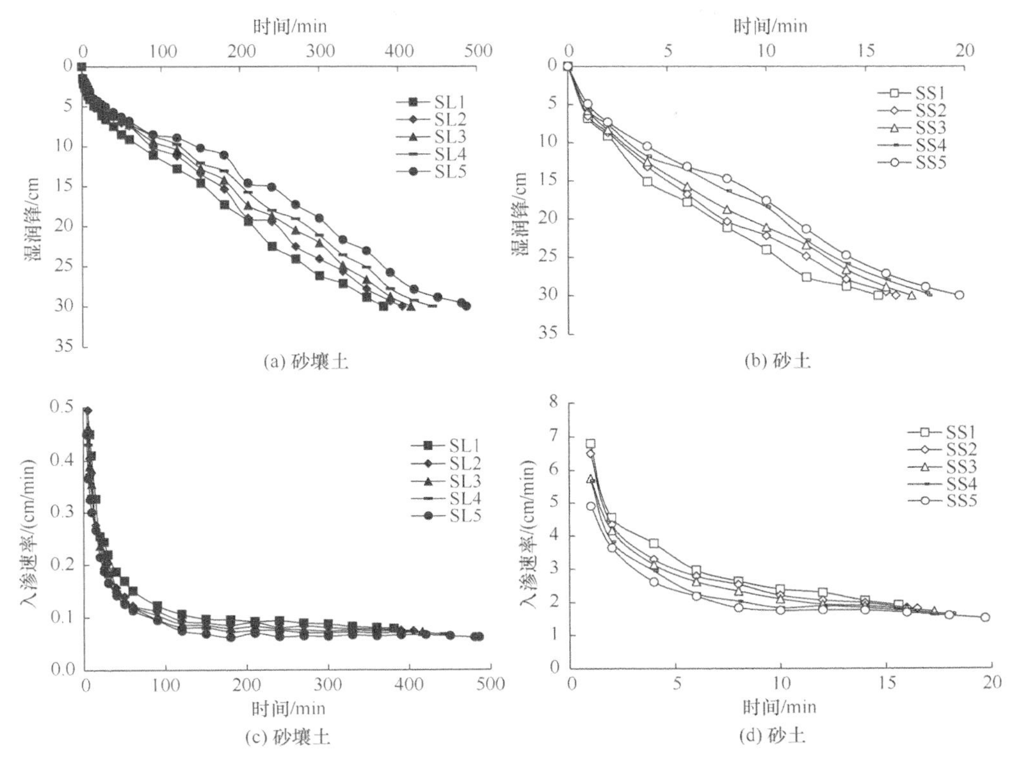

图 7.4　不同残膜量及不同质地土壤对湿润锋及入渗速率的影响

(a)、(b) 为不同残膜量对湿润锋的影响；(c)、(d) 为不同残膜量对入渗速率的影响

通过对各处理不同函数形式的拟合比较，发现湿润锋 L 与入渗时间 t 之间的关系可以用多项式函数 $L=at^2+bt+c$ 的形式较好地表示，拟合参数见表 7.5，由表 7.5 可以发现，各处理拟合结果的决定系数 R^2 普遍大于 0.99，说明该多项式函数能高度准确地反映湿润锋与入渗时间之间的关系。另外，砂土各处理拟合的参数 a、b、c 均明显大于砂壤土各处理拟合的对应参数，说明在含残膜土壤中砂土由于土壤孔隙大、入渗速率快，相同时间内湿润锋运移时间长，尽管有残膜的阻水作用存在，但其阻碍作用并不是特别明显。

表 7.5　各处理湿润锋拟合参数

处理	a	b	c	R^2
SL1	-6.00×10^{-5}a	0.094a	2.946a	0.995
SL2	-3.00×10^{-5}a	0.080b	2.686b	0.996
SL3	-1.00×10^{-5}a	0.070c	2.673b	0.996
SL4	-2.00×10^{-6}a	0.064c	2.567c	0.996
SL5	7.00×10^{-6}a	0.054d	2.565c	0.993

续表

处理	a	b	c	R^2
SS1	–0.066c	2.671a	4.358ab	0.996
SS2	–0.045b	2.280b	4.448a	0.998
SS3	–0.032b	2.039c	4.300b	0.998
SS4	–0.012a	1.632d	4.408a	0.995
SS5	–0.012a	1.602d	3.690c	0.994

注：不同小写字母代表不同处理间的差异显著性（$P<0.05$），下同，其中 a、b、c 表示拟合经验系数。

7.3.2 农膜残留对不同质地土壤累积入渗量的影响

累积入渗量的变化趋势与湿润锋相似，在入渗初期不同残膜量处理间的差异较小（图 7.5）。随着入渗时间的增加，进入渗漏期后，由于含残膜土壤总孔隙度减少以及非均匀堵塞现象，使下层孔隙充水不充分，则土壤中残膜量越多，在相同入渗时间内累积入渗量越少（图 7.5）。例如，砂壤土，在入渗 100min、200min、300min 及 381min（无膜处理入渗结束）时，SL5 处理（残膜量 400kg/hm^2）的入渗量比无 SL1 处理（无残膜）分别减少 67.26mL、88.46mL、97.52mL 和 128.05mL，即入渗量分别减少了 23.12%、17.99%、15.40%和 8.25%，且在该 4 个时刻不同处理间累积入渗量的显著性分析显示 P 依次为 0.035、0.027、0.022、0.018，均呈显著性差异，且差异越来越显著。在入渗结束后，砂壤土 SL2～SL5 处理较对照 SL1 处理累积入渗量分别减小了 14.99mL、31.44mL、43.35mL 和 52.01mL（$P<0.05$）。

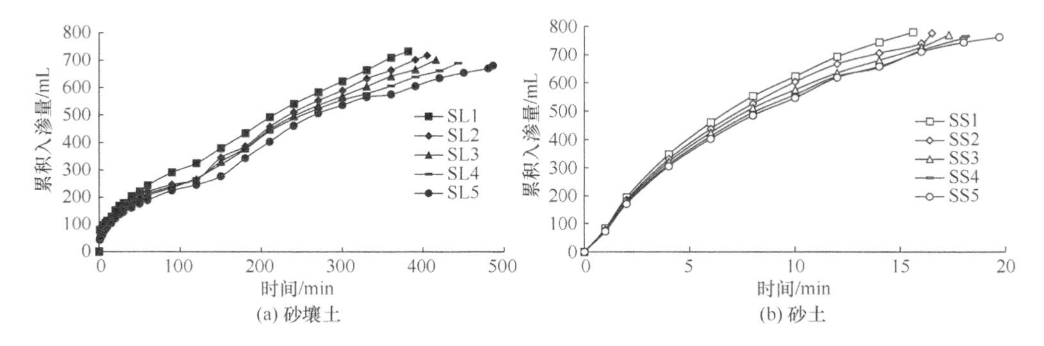

图 7.5 不同残膜量及不同质地土壤对累积入渗量的影响

随着残膜量的增加，砂土累积入渗量同样呈减少趋势［图 7.5（b）］，但是由于砂土中大孔隙明显多于砂壤土，所以当湿润锋同样到达 30cm 时，5 个处理的平均入渗时间比砂壤土不同处理平均入渗时间减少 95.91%，但是不同处理平均累积量却增多 9.39%。在入渗 5min、10min、15min、15.6min（无膜处理入渗结束）时，SS5 处理（残膜量 400kg/hm^2）比 SS1 处理（无残膜）入渗量分别减少 50.00mL、77.10mL、78.56mL 和 95.1mL，即入渗量减少了 12.41%、12.38%、10.25%和 2.65%，且这 4 个时刻的 5 个处理间累积入渗量的显著性分析显示 P 依次为 0.045、0.039、0.031、0.026，均呈显著性差异。从对应数据可知，残膜量对砂壤土的影响略大于砂土，这可能是由于砂土大孔隙多，从而残膜的阻水效应没有砂壤土显著。

通过对各处理不同函数形式的拟合比较，发现累积入渗量 I 与时间 t 之间的关系可以用幂函数 $I=a\,t^b$ 的形式较好地表示，拟合参数见表 7.6，由表 7.6 可以发现，各处理的决定系数 R^2 均在 0.953 以上，拟合效果较好。其中各处理中参数 a 均随着残膜量增大显著减小（$P<0.05$），表明随残膜量增大，残膜阻水作用的增强，累积入渗量逐渐减小；不同质地间参数 b 的增减规律则不同，砂壤土逐渐增大，砂土则逐渐减小，这应该是由于土壤质地的不同引起的。

表 7.6　各处理累积入渗量拟合参数

处理	a	b	R^2
SL1	48.490a	0.424b	0.953
SL2	38.445b	0.459ab	0.974
SL3	36.709b	0.461ab	0.976
SL4	35.176bc	0.466ab	0.979
SL5	30.668c	0.482a	0.978
SS1	100.550a	0.789a	0.975
SS2	97.392a	0.774ab	0.974
SS3	94.712ab	0.769ab	0.974
SS4	92.979b	0.759b	0.974
SS5	91.426b	0.757b	0.973

7.3.3　农膜残留对不同质地土壤入渗后含水率的影响

入渗结束后砂壤土各处理含水率均随土层深度的增加急剧减小（图 7.6），其中 SL1 处理 30cm 处含水率比 5cm 处减小了 56.52%，SL5 处理 30cm 处含水率比 5cm 处减小了 59.68%。这是因为砂壤土小孔隙较多且孔隙度较高，土壤持水性较好，入渗结束时更多的水分存在于上层土壤孔隙中而导致下层孔隙中水分较少，造成含水率较低。另外，含残膜处理各土层深度，特别是 0～20cm 范围内含水率显著高于对照处理（$P<0.05$），且基本呈现同一土层深度随着残膜量增大含水率越

大的规律，入渗结束时 SL1～SL5 处理在土层深度 5cm 处含水率分别为 39.21%、42.64%、44.86%、45.36%和 48.16%，这是由于残膜的阻水作用，残膜区土壤水分不易入渗，导致残膜区积水现象，使得含水率相对较高。砂土由于大孔隙较多，土壤持水性较差，各处理入渗结束时含水率随土层深度减小程度没有砂壤土明显，其中无残膜的 SS1 处理 30cm 处含水率比 5cm 处仅减小了 20.10%，显著小于砂壤土的 56.52%（$P<0.05$）。同时，各处理含水率随残膜量增大的减小程度也较小，这同样是由于砂土中大孔隙较多，较多的水分通过大孔隙入渗到深层土壤中，导致残膜对水分运移的阻碍程度减小。

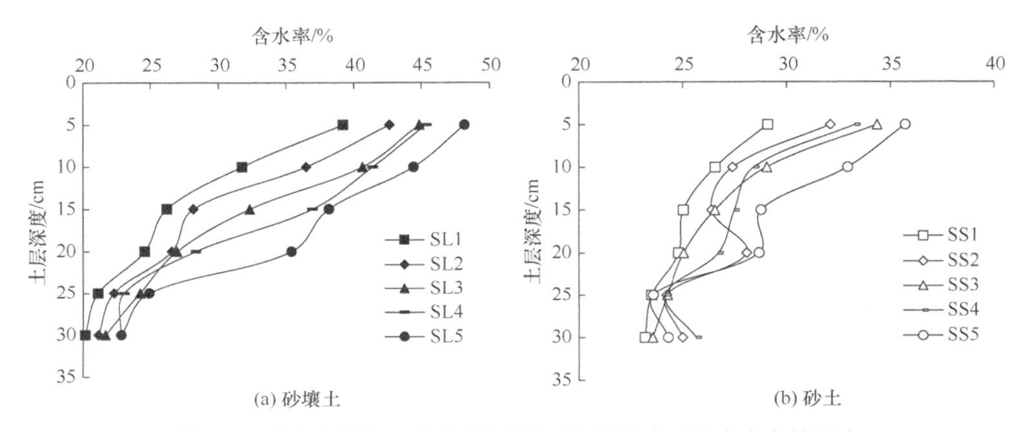

图 7.6 不同残膜量及不同质地土壤对入渗结束后的含水率的影响

7.3.4 农膜残留对不同质地土壤蒸发的影响

土壤蒸发主要受大气蒸发力和土壤输水能力的影响，当土壤中含有残膜后一方面阻碍了空气能量的向下传输，即阻碍了土壤“热通道”，另一方面阻断了土壤孔隙，导致蒸发水分向上传输的“水通道”阻断，所以土壤中残膜量越多则土壤累积蒸发量越小（图 7.7）。砂壤土试验中，当蒸发开始后 24h，不同残膜量处理的累积蒸发量呈现显著差异（P=0.045）[图 7.7（a)]，砂壤土 SL1 处理（无残膜）累积蒸发量比 SL5 处理（残膜量 400kg/hm^2）大 44.78%，且随时间的推进，差异性越来越显著，在蒸发开始后 108h，SL2～SL5 处理较 SL1 无残膜处理累积蒸发量分别减小了 7.24%、13.15%、17.15%和 30.63%（P=0.019）。尽管在砂土中，随残膜量的增加累积蒸发量也减少 [图 7.7（b)]，但是残膜对其累积蒸发量的影响程度明显没有砂壤土显著，同样在蒸发开始后 108h，砂土 SS2～SS5 处理较对照 SS1 处理累积蒸发量分别减小了 5.55%、13.17%、13.83%和 15.08%（P=0.033），这可能是由于砂土中大孔隙多，通透性好，导致残膜对“热通道”和“水通道”的阻碍作用没有砂壤土明显。而蒸发速率（累积蒸发量与累积时间之比）则随着时间的推移无论是砂壤土还是砂土都逐渐降低［图 7.7（c）、（d）］，在蒸发开始 1h 后，砂壤土 SL5 处理（残膜量 400kg/hm^2）的蒸发速率比 SL1 处理（无残膜）低 50.62%，砂土 SS5 处理（残膜量 400kg/hm^2）的蒸发速率比 SS1 处理（无残膜）低 31.05%，在蒸发 100h 后蒸发速率都趋于稳定，但是仍然含残膜处理蒸发速率较低，在蒸发后 108h，砂壤土 SL5 处理的蒸发速率比 SL1 处理低 30.65%，砂土 SS5 处理的蒸发速率比 SS1 处理低 15.08%，但是差异明显小于蒸发初始阶段。

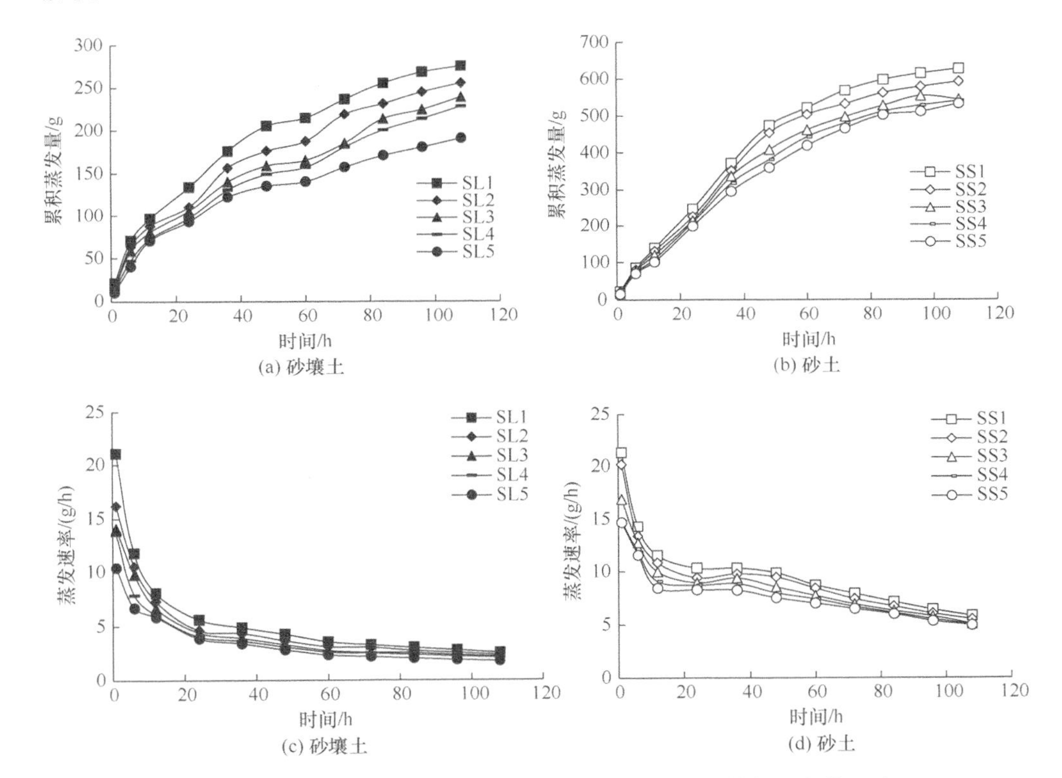

图 7.7　不同残膜量及不同质地土壤对累积蒸发量及蒸发速率的影响

（a）、（b）残膜及质地对累积土壤蒸发量的影响；（c）、（d）残膜及质地对土壤蒸发速率的影响

通过对各处理不同函数形式的拟合比较，发现累积蒸发量 E 与时间 t 之间的关系可以用多项式函数 $E=at^2+bt+c$ 的形式较好地表示，拟合参数见表 7.7，由表 7.7 可以发现，各处理拟合结果均较好，砂壤土拟合的决定系数 R^2 最小值为 0.961，砂土拟合的决定系数 R^2 最小值为 0.990，表明该多项式函数能够较真实地反映两种质地土壤的累积蒸发量随时间的变化关系，其中砂土的拟合效果要优于砂壤土。

表 7.7　各处理累积蒸发量拟合参数

处理	a	b	c	R^2
SL1	–0.019b	4.275a	40.549a	0.984
SL2	–0.016ab	3.764ab	32.007b	0.981
SL3	–0.011a	2.961bc	38.595a	0.968
SL4	–0.012a	3.134b	23.290c	0.983
SL5	–0.011a	2.615c	34.427b	0.961
SS1	–0.074c	13.619a	–0.112a	0.992
SS2	–0.068bc	12.632ab	–2.932ab	0.991
SS3	–0.060b	11.626b	–11.700b	0.990
SS4	–0.050b	10.697b	–30.938c	0.996
SS5	–0.034a	9.1209c	–39.768d	0.990

7.4　不同残膜量条件下土壤入渗与蒸发模型比较和筛选

由表 7.8、表 7.9 可知，随着土壤中残膜量增大，Kostiakov 入渗模型的两个经验系数 K、α 均呈显著减小趋势（P<0.05），表明残膜对水分入渗的阻碍作用明显；Philip 入渗模型中的吸渗率 S 也随残膜量增大显著减小（P<0.05），土壤吸渗率与水头、土壤质地和粗糙度等有关，残膜的存在使入渗阻力增加，导致土壤吸湿率减小，稳定入渗率 A 变化趋势则不明显，砂壤土中 A 没有显著性变化，砂土中 A 虽有显著性变化但没有明显规律。Kostiakov 入渗模型和 Philip 入渗模型均能较好模拟地不同残膜条件下土壤入渗规律（表 7.8、表 7.9），砂壤土各处理的 RMSE 最大值为 0.041，GMER 最小值为 0.961，R^2 最小为 0.962，而砂土 3 个参数分别为 0.025、0.968、0.970。另外随着残膜量的增加，两个模型

表 7.8　不同残膜量条件下 Kostiakov 入渗模型拟合效果分析

处理	K	α	RMSE	GMER	R^2
SL1	1.263a	0.489a	0.014	0.988	0.986
SL2	1.135ab	0.486a	0.017	0.971	0.976
SL3	1.078b	0.485a	0.032	0.980	0.974
SL4	1.003b	0.479b	0.029	0.965	0.969
SL5	0.935 c	0.475b	0.041	0.961	0.962
SS1	6.610a	0.440a	0.009	0.991	0.993
SS2	6.183b	0.438a	0.012	0.995	0.995
SS3	5.625c	0.418b	0.006	0.989	0.998
SS4	5.221c	0.413b	0.021	0.977	0.974
SS5	4.609d	0.383c	0.025	0.968	0.970

表 7.9　不同残膜量条件下 Philip 入渗模型拟合效果分析

处理	S	A	RMSE	GMER	R^2
SL1	2.812a	0.001a	0.010	0.990	0.988
SL2	2.629ab	0.002a	0.016	0.980	0.982
SL3	2.528b	0.001a	0.015	0.982	0.976
SL4	2.427bc	0.001a	0.022	0.965	0.970
SL5	2.352c	0.002a	0.035	0.964	0.962
SS1	12.568a	0.409b	0.008	0.991	0.994
SS2	12.026a	0.332c	0.008	0.996	0.995
SS3	10.559b	0.465ab	0.005	0.999	0.998
SS4	10.357b	0.345c	0.019	0.985	0.988
SS5	8.737c	0.493a	0.022	0.989	0.991

的拟合精度都呈降低趋势，当残膜量达到 200kg/hm^2 后，RMSE 明显变大，特别是砂土的 RMSE 增大了 2～3 倍。对同种质地土壤在残膜量相同的情况下，Philip 入渗模型拟合后的 RMSE 均小于 Kostiakov 入渗模型，GMER 和 R^2 均大于或等于 Kostiakov 入渗模型，表明在同种质地条件下，Philip 入渗模型的拟合精度要优于 Kostiakov 入渗模型。而相同残膜量情况下两种入渗模型对于砂土各处理拟合后的 R^2 均大于砂壤土，表明两种入渗模型对砂土的拟合效果要好于砂壤土，这可能是由于砂土大孔隙较多的特性导致残膜对水分入渗的影响较小造成的。

对于 Black 蒸发模型，两种质地土壤的 RMSE 随残膜量增大而增大，GMER 和 R^2 均随残膜量增加而减小，说明 Black 蒸发模型的拟合效果随着残膜量的增大精度呈明显的下降趋势（表 7.10、表 7.11），砂壤土 400kg/hm^2 处理（SL5）的 RMSE 比无膜处理（SL1）增大了 3.4 倍，而砂土则增大了 8 倍。而 Rose 蒸发模型的 GMER 和 R^2 随着残膜量的增加没有呈明显的降低趋势，尽管高残膜量处理 RMSE

表 7.10　不同残膜量条件下 Black 蒸发模型拟合效果分析

处理	A	B	RMSE	GMER	R^2
SL1	5.738ab	27.045a	0.010	0.992	0.992
SL2	0.000c	24.997b	0.009	0.991	0.992
SL3	2.158b	22.486c	0.021	0.984	0.988
SL4	0.000c	21.385c	0.014	0.981	0.990
SL5	9.172a	17.663d	0.034	0.980	0.985
SS1	0.000a	64.353a	0.048	0.945	0.950
SS2	0.000a	60.174b	0.079	0.943	0.948
SS3	0.000a	55.529c	0.092	0.928	0.939
SS4	0.000a	52.180d	0.114	0.920	0.920
SS5	0.000a	48.598d	0.390	0.878	0.881

表 7.11　不同残膜量条件下 Rose 蒸发模型拟合效果分析

处理	*A*	*B*	RMSE	GMER	R^2
SL1	0.000b	27.783a	0.008	0.989	0.991
SL2	0.009b	24.921b	0.009	0.990	0.992
SL3	0.000b	22.763c	0.017	0.987	0.988
SL4	0.338a	18.524d	0.010	0.991	0.994
SL5	0.000b	18.842d	0.021	0.982	0.980
SS1	0.561c	59.604a	0.044	0.950	0.951
SS2	0.833c	53.122b	0.038	0.952	0.950
SS3	1.429b	43.425c	0.075	0.944	0.948
SS4	2.937b	27.314d	0.061	0.946	0.956
SS5	4.484a	10.626e	0.036	0.961	0.965

大于低残膜量或无膜处理，但不同处理间无显著差异（P>0.05），特别是砂土400kg/hm^2 处理（SS5）的 RMSE 反而在砂土处理中最小，另外 Rose 蒸发模型的 R^2 总体上也高于 Black 蒸发模型。可见 Rose 蒸发模型对于残膜存在下土壤蒸发的适应性优于 Black 模型。Rose 蒸发模型更能较真实地反映农膜残留情况下土壤累积蒸发量随时间的变化情况。

7.5　不同残膜量对滴灌水分入渗的影响及不确定性分析

7.5.1　土壤中残膜含量对滴灌入渗湿润锋的影响

由于残膜在土壤中的位置与土壤的接触程度及铺展状况等存在的随机性，故残膜对入渗的影响具有一定的不确定性。但是绝大多数情况下残膜与土壤接触较密实，难以产生大孔隙流，而且会有部分残膜处于水平和垂直铺展状况，从而在一定程度上阻碍了土壤水分在水平和垂直方向的入渗。图 7.8 是滴灌条件下水平和垂直湿润锋的变化情况，从图中可以看出在滴灌初期对于相同滴头流量处理在相同时间内入渗距离基本一致，随着时间推进（约在 50min 后），垂直湿润锋进入10cm 的残膜区后，不同处理的滴灌湿润锋逐渐呈现出差别，直到湿润锋运移到15cm 后差异逐渐明显，特别是 20cm 后差异达到显著差异（F=27.97，P=0.000），在横向距离和垂向距离均为 10cm、15cm 和 20cm 的条件下，图 7.8 中 4 组数据最大值与最小值差值的平均值分别为 0.83cm、1.63cm 和 3.13cm。可以看出对于同一滴头流量下无残膜处理入渗速度无论在垂直方向还是水平方向都比有残膜处理入渗速度快，其中 T1、T3 处理水平和垂直平均相差 1.37cm、1.52cm，T4、T6 处理水平和垂直平均相差 1.46cm、3.10cm，高滴头流量 T4、T6 处理在垂直方向差异到达显著（F=4.542，P=0.036），可见在土壤中存在残膜将会明显阻碍水分的入渗，对于垂直方向影响更明显。由于在 10～20cm 土层中是否存在残膜影响了水分入渗速度，所以在灌溉结束后的水分重分布阶段，无残膜处理最终的入渗距离明显大于含残膜处理的最终入渗距离。可见不同残膜量对入渗的影响较大，本试验显示对于土壤中存在少量残膜情况下，如 T2 中残膜量为 50kg/hm^2 时，影响在多数情况下小于残膜量达到 200kg/hm^2 的情况。

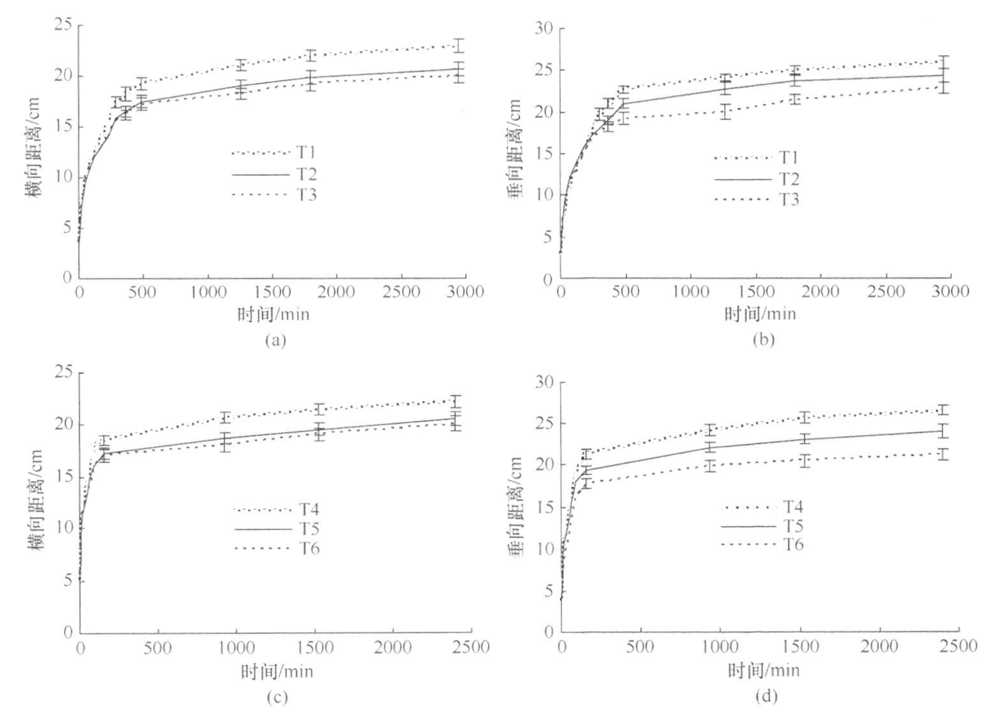

图 7.8　不同滴头流量及不同残膜量对滴灌湿润锋的影响

（a）、（b）滴头流量为 0.5L/h；（c）、（d）滴头流量为 2L/h

不同滴头流量入渗到相同距离所需的时间有较大差异，高滴头流量滴灌速度较快。而不同滴头流量下残膜对水分入渗有类似的影响，但局部仍有差异，如 2L/h 滴头流量处理由于滴灌速度较快，削弱了部分残膜的影响，所以不同残膜量对水分入渗的影响基本在湿润锋运移到 15cm 后才开始出现，而 0.5L/h 滴头流量处理湿润锋进入 10cm 后就出现差异。另外不同滴灌流量处理对垂直方向影响的差异较大，在累积灌水量相近的情况下，2L/h 滴灌流量处理水分入渗对垂直方向的湿润锋的影响要大于 0.5L/h 滴头流量的相应处理。

7.5.2　土壤中残膜量对滴灌湿润体分布的影响

土壤中存在残膜后不仅对入渗速度有明显的影响，对滴灌湿润体的形状也有明显的影响。无残膜处理湿润体无论在水平还是垂直方向都要大于含残膜处理，相同滴头流量条件下随着土壤中残膜量的增加湿润体在水平方向和垂直方向都呈减小趋势（图 7.9）。在垂向 10cm 内湿润体大小基本一致，随着垂直距离增加无残膜处理湿润体大小的增加值逐渐大于含残膜处理。图中粗黑线是滴灌结束时的湿润体，可以看出在滴灌结束时，无残膜处理的湿润体已明显大于含残膜处理的湿润体。而经过 12h 土壤水分再分布后无残膜处理湿润体与含残膜处理比较可以看出湿润体进一步增大，水平方向为 30%～40%，垂直方向为 10%～20%。低滴头流量处理 T1、T2、T3 湿润体积分别为 17046cm^3、13686cm^3、12278cm^3；高滴头流量处理 T4、T5、T6 湿润体积分别为 14462cm^3、12535cm^3、10560cm^3，同一滴头流量条件下无膜处理湿润体积明显大于含残膜处理。不同处理垂向变化幅度比水平变化幅度大，可能是由于重力作用下土壤水分从残膜边界等位置绕行的速度加快，从而减小了残膜对入渗速度的影响并增大了垂向水分运动的不确定性。

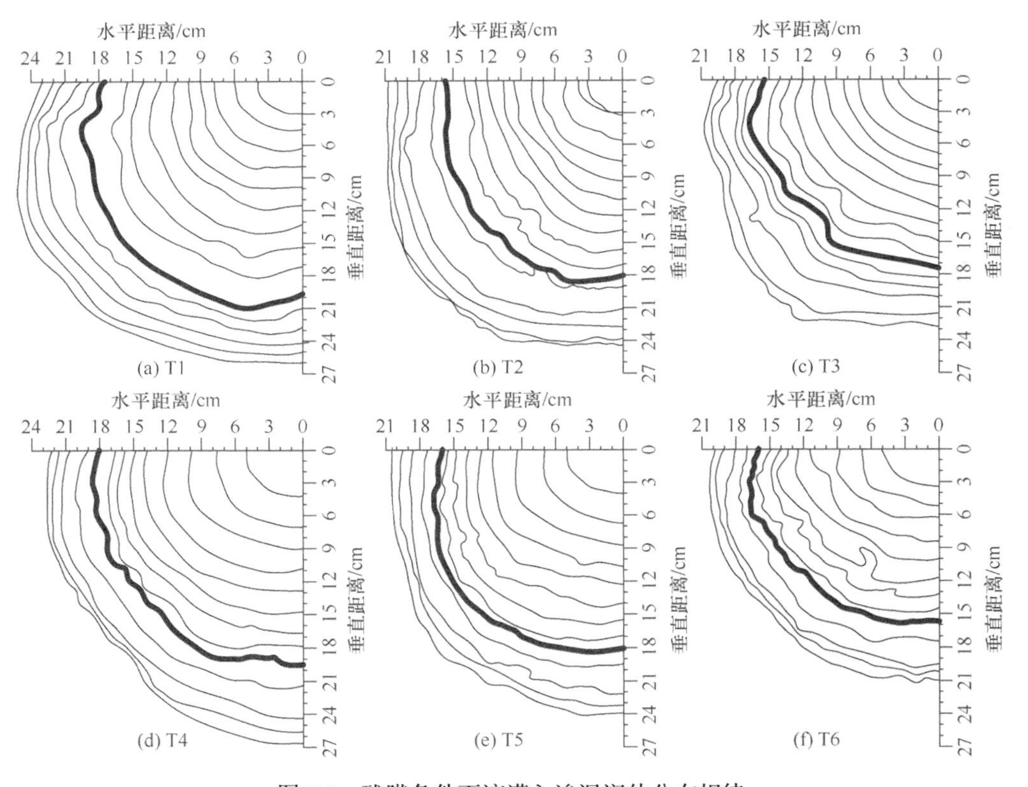

图 7.9　残膜条件下滴灌入渗湿润体分布规律

无残膜处理湿润体相对比较规则（图 7.9），线条比较平滑，在 10cm 以内的无残膜区各处理湿润体都较平滑，而随着垂直深度加大水分入渗到残膜区后，由于残膜阻水作用导致湿润体变小的同时，部分土壤水分从残膜边界等位置绕行导致湿润体的不规则，而湿润体不规则程度则随着残膜量的增加而增加。由于残膜在土壤中位置的随机性和铺展性的不确定性，从而造成湿润体不规则位置和形状的随机性。本试验不同滴头流量对应处理的湿润体有类似的变化规律，但低滴头流量处理湿润锋到达与对应的高滴头流量相同位置需要更多时间。

7.5.3　土壤水分入渗的不确定性分析

采用各处理的不同时间的入渗速率数据集反演 Kostiakov 入渗模型中的参数空间，设定参数 K、α 初始值为 1，每次生产 3 条马尔可夫链，每条迭代 10 万次，平行运行 3 次，摒弃初始化阶段的 10000 次迭代（调试时间），迭代过程稳定，说明收敛到了后验分布（王建平等，2006）。然后可得到模型后验平均值、95%后验区间及标准偏差（表 7.12），可以看出对于无残膜处理（T1 和 T4）标准偏差相对于同一滴头流量相对较小，区间的变化范围也相对较小，也就是说土壤中无残膜时滴灌入渗速率的不确定性小于土壤中含残膜时滴灌入渗速率的不确定性。

表 7.12　参数和误差的后验估计

处理	后验平均值			95%后验区间			标准偏差		
	K	α	σ	K	α	σ	K	α	σ
1	1.247	0.702	350.0	0.927～1.838	0.591～0.864	1140～6705	0.3346	0.07447	446.0
2	4.266	1.211	850.6	2.315～6.722	0.837～1.345	172.4～2036	240.6	0.7649	566.7
3	2.292	0.8709	2531.0	2.101～2.678	0.751～1.059	911.4～5388.0	0.7081	0.8728	1397
4	4.881	1.038	325.2	3.201～5.860	0.830～1.137	71.83～671.5	86.87	0.3987	227.8
5	5.166	1.066	520.5	3.701～9.868	0.901～1.437	141.9～1253.0	3.697	0.1617	350.1
6	5.371	1.217	358.2	3.105～231.1	0.9271～3.545	150.3～1423.0	155.8	0.5958	259.9

为了分析残膜存在下对滴灌入渗的不确定性的影响，本章选取滴灌开始至滴灌结束这段时间区域内分析滴灌入渗速率的变化过程。无论对于 0.5L/h 滴头流量处理还是 2L/h 滴头流量处理，都能明显看出无残膜处理入渗速率随时间的增加较平滑的下降，也就是与 Kostiakov 入渗模型模拟值的相关性较高，而含残膜处理入渗速率易于出现波动。利用贝叶斯分析后获得参数的 95%置信后验区间后，将 95%置信区间的上下限代入 Kostiakov 入渗模型获得的数据作为 Kostiakov 入渗模型模拟的 95%置信区间，可以看出对于无残膜处理其灰色区间相对较小。对于同一模型而言，模型结构相同，故模型的不确定性相同，从而导致不确定性区间不同的因素只有数据的不确定性，也就是说含残膜的土壤中，水分入渗的不确定性要大于无残膜处理。对于无残膜处理也存在不确定性的原因是模型本身可能存在的不确定性，以及数据的少量不确定性，如土壤的非完全均匀导致土壤结构不能

完全一致，在实际滴灌时，滴头流速可能不完全均匀，所以对于复杂的土壤系统，不确定性是必然的，只是对于含有残膜条件下，由于残膜位置的随机性、残膜与土壤接触紧密的不确定性等原因致使含残膜处理不确定性更加明显。在滴灌结束前实测入渗速率普遍大于置信区间上限，特别是残膜处理更为明显，这可能是由于残膜存在导致入渗速率减小，从而偏离了 Kostiakov 入渗模型模拟值。而不同滴头流量对残膜的影响有相似的结论，都是随残膜量的增加，滴灌入渗的不确定性增加，从图 7.10 中可以看出总体上高滴头流量对入渗不确定性的影响更明显。

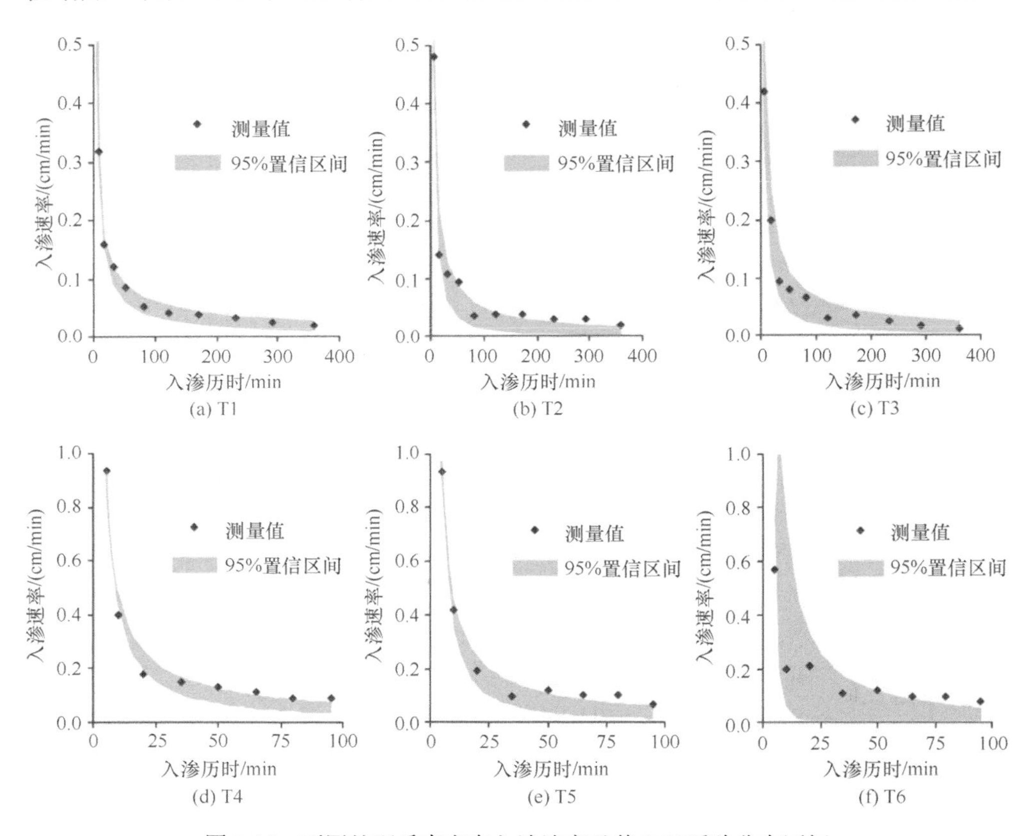

图 7.10　不同处理垂直方向入渗速率及其 95%后验分布区间

7.6　不同残膜埋深对滴灌水分入渗的影响

7.6.1　农膜残留对不同残膜埋深土壤湿润锋运移的影响

由于残膜的阻水作用，土壤中存在残膜则水分入渗速度减慢，然而残膜与土壤接触的随机性导致了残膜区水分入渗的非均匀性，可见残膜在土壤中的不同位置直接影响了水分入渗的过程。由图 7.11 可知，在相同滴灌流量条件下随着残膜在土壤中深度的增加，则在相同时间内湿润距离缩短，T1、T2、T3 处理在滴灌结束时垂直湿润距离依次是 18.5（18.6±0.3）cm、17.8（17.6±0.4）cm（括号

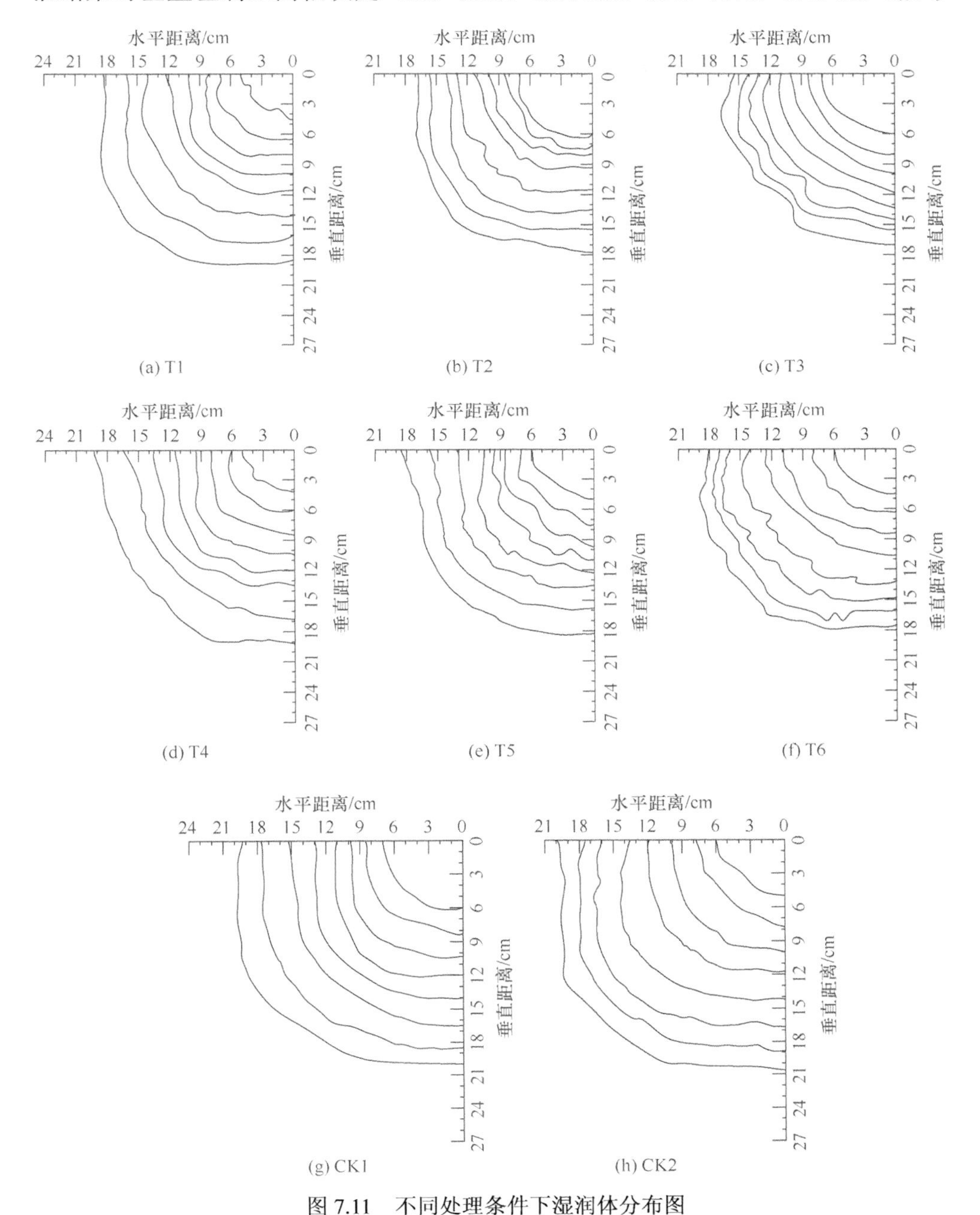

图 7.11　不同处理条件下湿润体分布图

内为本次试验与另外两组重复间以“均数±标准差”形式表示）、17（17±0.1）cm；T4、T5、T6 处理在滴灌结束时垂直湿润距离依次是 19.1（18.9±0.5）cm、18.2（18.0±0.2）cm、17.5（17.4±0.5）cm，基本呈线性减小，对于没有残膜的空白试验 CK1 和 CK2，其垂直湿润距离均明显大于有残膜的处理。

另外从图 7.11 可以看出，对照（CK）处理在不同深度的湿润曲线相对较光滑，而残膜处理湿润曲线存在较大的不规则性，特别是残膜在土壤下层（12～18cm）的时候，不规则性更加明显（T3、T6），同时随着滴头流量的加大，这种不规则现象也越强烈。这是由于残膜在土壤中的位置随机性，以及铺展的不确定性致使部分土壤水分从残膜边界等位置绕行而使湿润曲线呈现不规则性，故这种不规则性直接与残膜在土壤中位置相关，且流量越大这种现象越明显。可见残膜埋深越大，由于残膜的堵塞效应导致在相同时间内总的湿润距离越小，并且残膜存在区域的湿润曲线不规则性越强烈。

7.6.2 农膜残留对不同残膜埋深土壤入渗速度的影响

残膜降低了水分入渗速率，且对不同深度入渗速率影响不同。其中入渗速率是根据记录入渗距离及其所用时间计算而得。如图 7.12 所示，在流量相同的条件下，

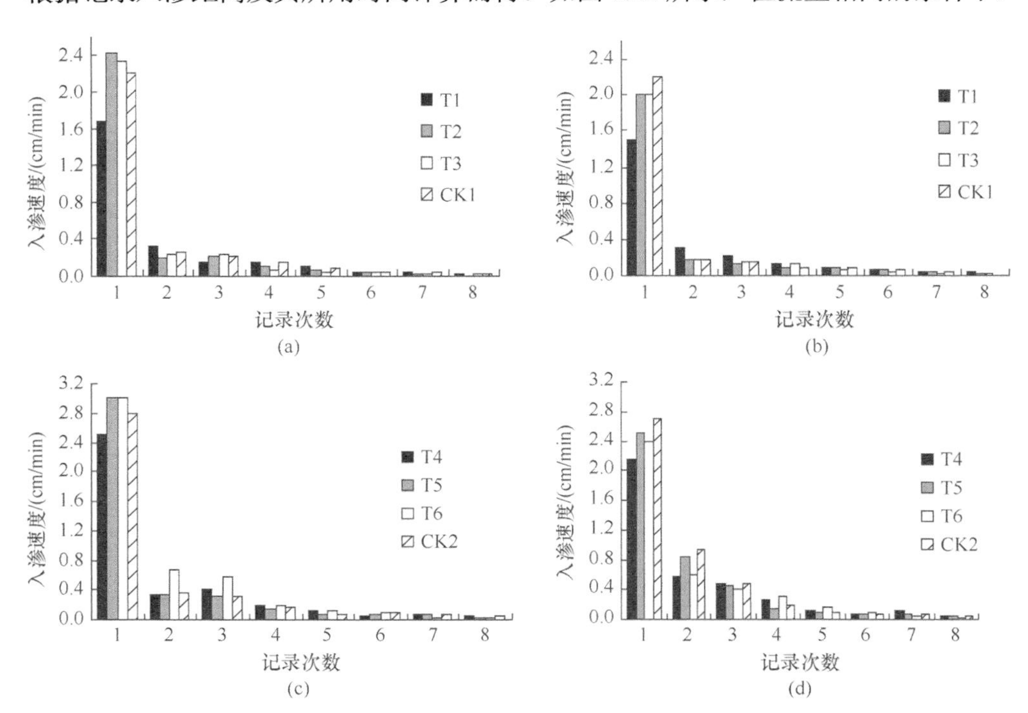

图 7.12 不同处理入渗速度在水平和垂直方向随时间变化过程

（a）、（b）水平和垂直方向，滴头流量为 0.5L/h；（c）、（d）水平和垂直方向，滴头流量为 2L/h

不同处理水分入渗速度皆为一开始较大，而后急剧下降，最后趋于平缓。但在入渗初期，T1 和 T4 处理由于土壤上层（0～6cm）存在残膜，故这两个处理水分入渗速率明显低于相应流量的其他两个处理。随着入渗的不断推进，在土壤中层和土壤下层的残膜区水分入渗速率均相应减小，但是不同处理间的入渗速度差异也减小，这是由于水分入渗到中下层的时候入渗速率本身就已经较小，残膜对入渗速率的影响难以达到显著差异。无残膜的对照处理基本与残膜在中下层的情况类似。由此可见，无论是在表层还是在深层，残膜对水分阻隔作用是一样的，但是表层水分流动速度更快，所以残膜在土壤表层时对土壤水分入渗速度阻碍作用更加明显。

滴灌条件下，不同残膜埋深对水分入渗速率平均变化率（速率平均变化率由记录速率变化及其所用时间计算而得）的影响不同，本章分别在水平和垂直方向上分析了不同残膜埋深对水分入渗速率平均变化率的影响。方差分析显示含残膜土层入渗速率平均变化率明显变慢（表 7.13），无论是高滴头流量处理还是低滴头流量处理，含残膜土层水流在水平方向与垂直方向入渗速率平均变化率都明显低于其他处理该层入渗速率平均变化率，基本都达到极显著差异（P<0.01）。以滴头流量为 0.5L/h 处理，残膜埋深为 6～12cm 土层为例，T2 处理的水分入渗速率平均变化率在水平方向上依次较 T1、T3 和 CK1 处理低 17.78%、11.11%和 22.22%，

表 7.13　不同处理条件下滴灌入渗速率的平均变化率　（单位：mm/min^2）

处理	残膜埋深					
	0～6cm		6～12cm		12～18cm	
	水平	垂直	水平	垂直	水平	垂直
T1	5.556 c C（0.093）	5.000 b B（0.095）	0.053 a AB（0.004）	0.056 a A（0.004）	0.009 a A（0.001）	0.005 a A（0.002）
T2	7.910 a A（0.118）	6.667 a A（0.094）	0.045 b B（0.005）	0.036 c B（0.008）	0.006 b B（0.002）	0.004 aAB（0.001）
T3	7.777 b B（0.082）	6.667 a A（0.103）	0.050 ab（0.002）	0.049 b A（0.005）	0.002 c C（0.001）	0.002 b B（0.001）
CK1	7.912 a A（0.158）	6.672 a A（0.115）	0.055 a A（0.001）	0.053 ab A（0.003）	0.008 a AB（0.005）	0.005 a A（0.002）
T4	12.500 b B（0.127）	10.750 c C（0.205）	0.085 a A（0.015）	0.099 a A（0.007）	0.010 a A（0.005）	0.008 a AB（0.002）
T5	15.000 a A（0.093）	12.500 a A（0.182）	0.056 c B（0.008）	0.066 b B（0.005）	0.006 b B（0.003）	0.006 b BC（0.001）
T6	15.000 a A（0.105）	12.250 b B（0.098）	0.079 b A（0.011）	0.101 a A（0.042）	0.003 c C（0.001）	0.005 b C（0.002）
CK2	15.032 a A（0.131）	12.545 a A（0.152）	0.080 ab A（0.006）	0.098 a A（0.009）	0.008 a AB（0.002）	0.009 a A（0.003）

注：大、小写字母为同列比较，凡标有不同大写字母为差异极显著（P<0.01），凡标有不同小写字母为差异显著（0.01<P<0.05），括号内为标准差。

在垂直方向上依次较 T1、T3 和 CK1 处理低 55.56%、36.11%和 47.22%，且与 T1、T3 和 CK1 处理存在极显著性差异（$P<0.01$）。另外无论残膜存在于表层还是底层，残膜层水分入渗速率与对应层相比均显著降低（$P<0.01$），然而随着埋深增加，水分入渗速率呈曲线下降，由于表层水分入渗速率远大于底层入渗速率，故随着残膜埋深增加，残膜对滴灌入渗速率平均变化率的影响逐渐降低，所以残膜阻水作用对整个土层滴灌水分入渗的影响更小。

7.6.3 农膜残留对滴灌结束土体含水率分布的影响

由于残膜在土壤中埋深不同影响了水分入渗过程，所以必将影响水分在土壤中的分布。入渗结束后土壤含水率等值线分布图（图 7.13）显示，不同处理都存在类似的现象，通过与无残膜处理对比，残膜存在区域含水率在整个土体内都相对较高，这是由于残膜的阻水作用，残膜区土壤水分不易入渗，导致残膜区出现积水现象。其中 T1、T4 处理在土壤上层（0～6cm）土壤含水率相对较高，T2、T5 处理在土壤中层（6～12cm）土壤含水率相对较高，而 T3、T6 处理则在土壤下层（12～18cm）土壤含水率较高；另外随着残膜埋深的增加，土体内的最高

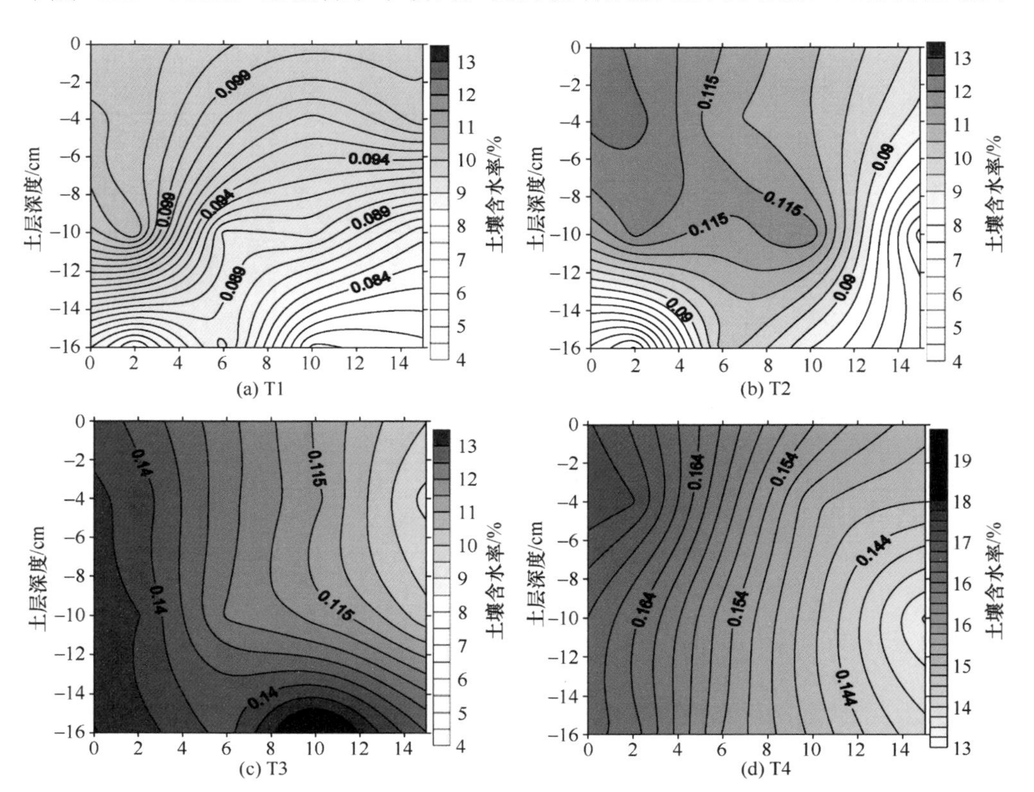

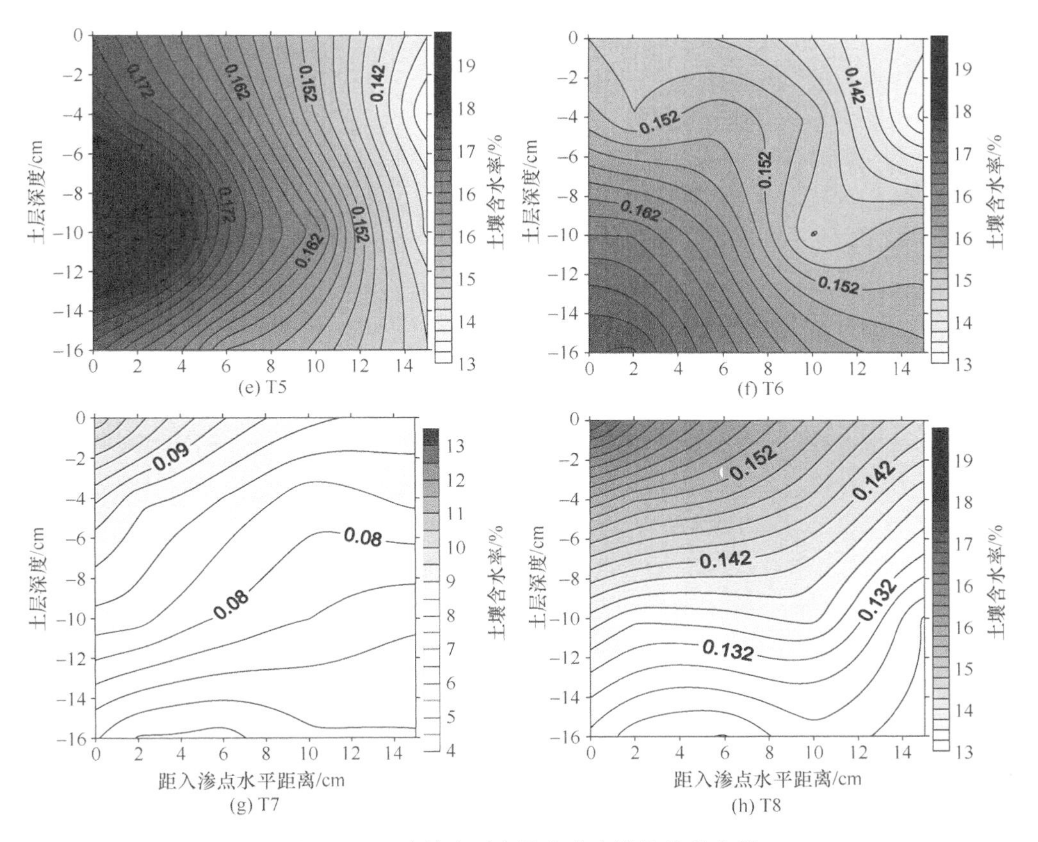

图 7.13　入渗结束后土壤含水率等值线分布图

含水率也随之增大，如 T1、T2、T3 处理土壤最大含水率依次为 10.1%、12.1%、14.7%，这是由于残膜埋深较浅时，阻水层水分入渗的时间越长，残膜埋深较深时，阻水层水分入渗时间越短所致。由以上可见，残膜埋深直接影响土体内的含水率的分布，残膜区在土体内含水率相对较高，随着残膜埋深的增加，土体内的最高含水率呈增加趋势，不同滴灌流量下都有类似结论。

7.7　讨　　论

农田中残留地膜对土壤的初始孔隙、土壤均匀性都有改变，故残膜对土壤水分入渗不确定性必然产生影响。本章结果表明在相同时间内随着残膜量的增加砂壤土和砂土湿润锋运移距离变小，同时土壤水分入渗速率变慢（图 7.4），与本章结果相一致的是贾浩等（2021）研究也发现随着残膜量的增加，湿润峰下移距离呈减小趋势，且各处理湿润峰距离变化存在差异，较 CK 减少 2.76%～8.66%

（P<0.05）。牛文全等（2016）在残膜都对土壤水分入渗和蒸发的不确定性分析研究中发现随残膜量增加，土壤含水率逐渐降低，且0～20cm土层与>20～45cm土层的平均含水率均随膜量增加而降低，残膜量≥320kg/hm^{2}处理会出现表土层“板结”现象。这是因为残膜会镶嵌填充在土壤较大孔隙中，降低团聚体之间的非毛管孔隙数量，引起土壤容重的增加，恶化土壤通透性，使土粒间距致密，土壤出现“板结”现象（李卓等，2009）。入渗结束后，各处理的表土层含水率接近饱和，使用275W大功率远红外灯加热，对表土层产生很大的膨胀压，降低孔径，在表土层形成致密的“板结”层。残膜是一种弱透水物质，切断了残膜覆盖区上部土壤水分和下部土壤的水分交换通道，入渗水分集中分布于含残膜较多的表土层，残膜增多，表土层含水率与底层土壤差异越大。对不同残膜含量下0～90cm土层剖面含水量变化的研究发现，不同土层含水量均随残膜量的增加而降低（杜利等，2018）；但当残膜量大于1000kg/hm^{2}时，集中分布在表层的残膜会阻碍水分下渗，使30～40cm土层含水量相对其他土层显著降低（董合干等，2013b）。也有研究表明，残膜面积在小于30cm^{2}情况下，反而对土壤水分下渗有一定的促进作用，此外，残膜会阻碍土壤水分向上移动，且其面积越大，阻碍作用越大（张富林等，2016）。由此可知，残膜会影响土壤水分分布的均衡性，增大土壤水分的垂直变异性（牛文全，2016；王频，1998）。李元桥等（2015）发现含残膜土壤的湿润锋在0～10cm和10～20cm土层之间存在明显差异；解红娥等（2017）研究表明残膜量与土壤容重呈对数递增关系，与土壤水分运移速率呈对数递减关系；张建军等（2014）研究发现田间残膜使土壤入渗率降低，田间蓄水量减少7.8～16.8mm。残膜具有分层性，超过2/3的残膜分布在0～10cm表土层，破坏了土壤质地均匀性，使不同土层的孔隙分布产生差异，增大了水分流通路径分布的随机性。且残膜受农事活动和地膜使用方式等因素影响，残膜形状、卷曲程度和分布形态的复杂性增强（邹小阳，2017）。贾浩等（2021）经过对重分布48 h土柱土壤含水率分析，发现各残膜处理在0～15cm土层的土壤平均含水率分别较CK增加0.39%～13.51%（P<0.05）。而15cm以下土层的土壤含水率受残膜的阻水作用的影响，随着残膜量增加含水率呈降低趋势，与CK相比差异逐渐增大，残膜各处理的土壤20～30cm土层平均含水率分别较CK降低5.80%～30.32%（P<0.05）。其中，当残膜量大于132kg/hm^{2}时，残膜阻水作用显著增强，这与本章得出的结论不一致，这主要是其试验残膜梯度大于其设置的100kg/hm^2。

本章就残膜量对累积蒸发量的影响进行分析，发现随残膜量增加，累积蒸发量逐渐减小，在蒸发结束后，各处理之间累积蒸发量差异显著，这与贾浩等（2021）和牛文全（2016）的研究结果一致。其各残膜处理累积蒸发量较CK减少5.04%～38.92%（P<0.05），利用Rose蒸发模型对累积蒸发量的模拟结果，也与本章结果一致：Rose蒸发模型对于残膜存在下土壤蒸发的适应性优于Black模型，更能较

真实地反映农膜残留情况下土壤累积蒸发量随时间的变化情况。贾浩等（2021）研究还发现同一蒸发阶段，随着残膜量增大，各处理的蒸发速率呈降低趋势，而随着蒸发时间增长，其速率呈幂函数降低趋势。当残膜量>160（A4）kg/hm^{2}时，各处理平均蒸发速率显著性降低。这主要是蒸发初始阶段，蒸发量大，水分散失严重，随残膜量增加，下层水分上移阻碍作用增强导致；同时对蒸发结束后的土柱含水率进行研究，发现表层土壤含水率随残膜量的增加而降低，同时随着土壤深度（0～10cm）加深而增大，各残膜处理的 0～10cm 土层土壤平均含水率比 10～20cm 土层土壤含水率降低 1.51%～3.08%（P<0.05），残膜存在抑制土壤水分扩散作用，因而下层土壤水分向上运移受阻。当残膜量>396（A6）kg/hm^{2}时，表层土壤含水率低于 9%，出现“板结”现象。

7.8　结　　论

随着土壤中残膜量增多，湿润锋运移相同距离所需时间也随之增加，入渗速率则随着残膜量的增加而变慢，其中砂土比砂壤土的入渗速率大超过 10 倍，但是不同残膜处理间的差异略小于砂壤土。湿润锋运移至 30cm 处时，砂壤土 SL5 处理（残膜量 400kg/hm^2）比 SL1 处理（无残膜）运移时间增加了 27.56%（P=0.038），砂土 SS5 处理（残膜量 400kg/hm^2）比 SS1 处理（无残膜）运移时间同样增加了 26.28%（P=0.040）。

随着土壤中残膜量增多，在相同入渗时间内，累积入渗量逐渐减少，且不同处理间差异显著（P<0.05）。在入渗 100min、200min、300min 及 381min（无膜处理入渗结束）时，砂壤土 SL5 处理比无 SL1 处理入渗量分别减少了 23.12%、17.99%、15.40%和 8.25%，且阻水效应略大于砂土。

随着土壤中残膜量增多，土壤累积蒸发量及蒸发速率都呈减少趋势，不同残膜量处理间差异显著（P<0.05），且砂壤土差异性大于砂土。在蒸发开始后 108h，砂壤土 SL2～SL5 处理较 SL1 无残膜处理累积入渗量分别减小了 7.24%、13.15%、17.15%和 30.63%（P=0.019），砂土 SS2～SS5 处理较对照 SS1 处理累积蒸发量分别减小了 5.55%、13.17%、13.83%和 15.08%（P=0.033），且砂壤土和砂土 400kg/hm^{2}残膜量处理的蒸发速率分别比各自的无膜处理低 30.65%和 15.08%。

Kostiakov 入渗模型和 Philip 入渗模型均能较好模拟不同残膜条件下土壤入渗规律，在同种质地土壤在残膜量相同的情况下，Philip 入渗模型的拟合精度要优于 Kostiakov 入渗模型，相同残膜量情况下两种入渗模型对砂土的拟合效果要好于砂壤土。Rose 蒸发模型对于残膜存在下土壤蒸发的适应性优于 Black 模型，更能较真实地反映农膜残留情况下土壤累积蒸发量随时间的变化情况。

残膜在土壤中的埋深对水分入渗湿润曲线的影响较大。残膜埋深越浅滴灌结束时湿润体越大，反之滴灌结束时湿润体越小，对于没有残膜的空白试验CK1和CK2，其垂直湿润距离均明显大于有残膜的处理；CK处理在不同深度的湿润曲线相对较光滑，而残膜处理湿润曲线存在较大的不规则性，特别是残膜在土壤下层（12～18cm）的时候，不规则性更加明显。

残膜区水分入渗速率明显低于对应其他处理该层的入渗速率。不同滴头流量、残膜及不同埋深，残膜区水分入渗速率在横向和垂向均显著低于对应处理该层入渗速率，随着残膜埋深增加，残膜对水分入渗速率的变化率的影响逐渐降低，即残膜在土壤表层时对土壤水分入渗速度阻碍作用更加明显，残膜埋设越深对整个土层的阻水效应越小。

残膜埋深不同，滴灌土体内土壤水分分布不同。残膜存在区域含水率在整个土体内都相对较高，这是由于残膜的阻水作用，残膜区土壤水分不易入渗，导致残膜区出现积水现象，随着残膜埋深增加，土体内的最高含水率呈增加趋势，不同滴灌流量下都有类似结论。

第8章　土壤剖面水分入渗对农膜残留的响应及染色示踪

8.1　引　　言

目前农膜残留对土壤物理特性及水流运动的影响，主要是基于室内试验研究，对于农膜残留农田和不同入渗情况下水流阻滞效应、优先流特性等方面的研究较少。本章主要基于染色示踪技术探究不同残膜量对农田优先流发育程度的影响，并对优先流进行评价，明确农膜残留对土壤水分分布和水分优先入渗的影响机制。

8.2　染色示踪田间试验

8.2.1　试验材料与设计

通过对该区域的调查，覆膜滴灌区农膜残留主要分布在0～30cm土层。本试验分别于2017年5月5日和2018年5月1日在玉米农田中设置0kg/hm^2、300kg/hm^2、600kg/hm^2 3个残膜量水平，为保证处理的一致性，选用新的聚乙烯塑料地膜，用长剪刀将地膜分割为长×宽为2cm×2cm的碎片，2019年5月1日进行残膜埋设工作时，设置0kg/hm^2、150kg/hm^2、300kg/hm^2、450kg/hm^{2}和600kg/hm^2 5个残膜量水平，为接近农膜残留真实状态，将地膜分割为4cm^2、25cm^{2}和64cm^{2}的3种大小的正方形，并根据小区面积计算残膜量，并按7∶2∶1的比例进行混合，根据小区面积计算残膜量，然后用天平（精度：0.01g）称重待用，在整地前先将碎膜均匀铺撒在小区表面，再利用动力驱动耙将碎膜与0～30cm土壤进行混匀，然后，通过人工检查将混合不均匀的地方进行充分混匀，并利用土壤紧实度仪（SC-900，USA）测0～30cm土壤的紧实度，保证与田间土壤性质基本一致。

于2017年9月15日和2018年9月10日进行染色示踪试验，每种残膜量处理农田中分别选取土质均一、面积1m^{2}的田块用于染色试验，且每种残膜量处理中均设置5L和20L两种入渗量，试验共有6个处理，每个处理均有3个重复对照，共计18个小区。于2019年10月1日进行染色示踪试验，每种残膜量处理农田分别选取土质均一、面积1m^{2}的田块用于染色试验，且每个残膜量处理中均设置5L、10L、15L和20L 4种入渗量，共20个处理，每个处理3个重复，共计60个小区。

8.2.2 染色试验

每个残膜处理小区中分别选择地面平整、无作物种植、无杂草等区域，每个处理同心安置两个尺寸分别为 0.5m×0.5m×0.4m 和 1.0m×1.0m×0.4m 矩形框（图 8.1），矩形框嵌入土壤 0.2m，露出地面 0.2m。试验前将矩形框的土壤表面刮平，尽量避免破坏土壤的原状结构，并且把矩形框周围的缝隙填上土，确保染色时溶液不会渗漏到试验区边缘，影响染色试验结果。配置亮蓝染色示踪剂（4g/L），染色剂采用易溶于水的食品添加剂亮蓝（FCF）（$C_{37}H_{34}N_2Na_2O_9S_3$），将亮蓝溶液均匀倒在内框的试验样地上（2017 年和 2018 年入渗量分别为 5L 和 20L；2019 年做了补充试验，增加了 10L 和 15L 的入渗量，入渗量分别为 5L、10L、15L 和 20L），在外框注入与内框相同水头高度的清水，以免出现水位差，导致染色剂下渗不均匀，不符合天然状况。为防止降雨影响，待样地溶液无积水状态后（约 10min）铺设防雨布，入渗 24h 后移走防雨布，对染色区域进行纵向开挖（剖面长×宽×高为 0.5m×0.5m×0.5m），用剖面刀将剖面刮平，用数码相机沿垂直方向拍摄土壤剖面染色图片。

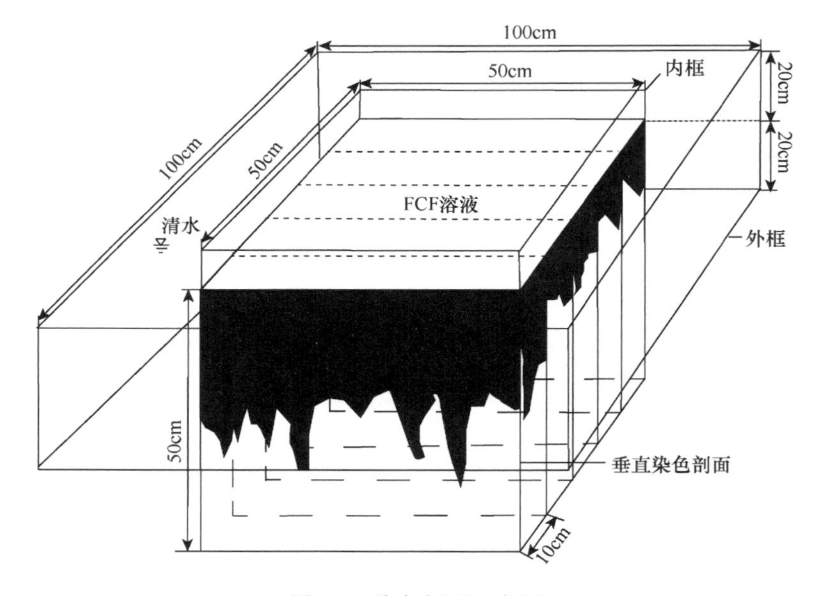

图 8.1 染色剖面示意图

8.2.3 染色图像处理

首先对待测图像进行几何校正：用 Adobe Photoshop 2018 对图片进行裁剪，每张图片大小均为 50cm，以便于对比；亮度与色彩校正：待测图片经过饱和度、明度、对比度调整，替换颜色，灰度、阈值调节将染色部分替换为黑色，未染色部分替换为白色；降噪处理：用 Imageproplus 6.0 软件将已通过 Photoshop 处理的图片颜色数值化，黑色用 0 表示（染色部分），白色用 255 表示（未染色部分），整个图片颜色数值为 0 或 255；数理统计：用 Imageproplus 6.0 中 count 命令将待测图像数值化，并转为 Excel 格式待分析。

其次，我们使用 Adobe Photoshop 2018 将 2019 年染色示踪试验的每个处理的 3 个二值图像的透明度调整到 50%，然后将得到 3 个图像叠加生成的一张图片，以呈现不同处理下垂直土壤剖面的整体水分入渗分布模式。在每张合成图片上，我们分别使用深蓝色、浅蓝色和绿色来代表被三张、两张或一张图片覆盖的染色区域。

8.2.4　优先流评价指数

优先流评价指数包括染色面积比（DC）、基质流深度（UniFr）、优先流比（PFF）、长度指数（LI）、土壤染色剖面变异系数（CV_d），具体计算方法如下。

DC 为一定土壤深度剖面染色面积占该深度剖面总面积的比例（陈晓冰等，2015），计算公式为

$$\mathrm{DC} = \frac{D}{D + N_{\mathrm{D}}} \times 100\% \tag{8.1}$$

式中，DC 为土壤剖面染色面积比，%；D 为土壤剖面染色总面积，cm^2；N_D 为土壤剖面未染色总面积，cm^2。

UniFr 指当染色面积比≥80%时，其染色区域作为基质流区域，其所能达到的最大深度为基质流深度，cm。

PFF 为剖面优先染色区域占总染色区域的比例（Schaik，2009），计算公式为

$$\mathrm{PFF} = \left(1 - \frac{\mathrm{UniFr}W}{T_{\mathrm{otStAr}}}\right) \times 100\% \tag{8.2}$$

式中，PFF 为土壤剖面优先流比，%；UniFr 为土壤剖面基质流深度，cm；W 为土壤剖面水平宽度，cm；T_{otStAr} 为土壤剖面染色区总面积，cm^2。

LI 指土壤染色剖面单位土壤深度的上下染色面积的绝对差值（Bargués et al.，2014），计算公式为

$$\mathrm{LI} = \sum_{i=1}^{n} \left| \mathrm{DC}_{i+1} - \mathrm{DC}_{i} \right| \tag{8.3}$$

式中，LI 为土壤剖面第 i+1 层与第 i 层染色面积比之差绝对值的和；DC_{i+1} 为第 i+1 层染色面积比，%，；DC_i 为第 i 层染色面积比，%；n 为土壤剖面垂直土层数。

CV_d 表示土壤剖面染色差异程度（张东旭等，2017），计算公式为

$$\mathrm{CV_d} = \frac{\sqrt{\frac{1}{n-1}\sum_{i=1}^{n}\left(\mathrm{DC}_i - \overline{\mathrm{DC}}\right)^2}}{\frac{1}{n}\sum_{i=1}^{n}\mathrm{DC}_i} \tag{8.4}$$

式中，$\overline{\mathrm{DC}}$ 为染色面积比的平均值。

8.3 不同残膜量对土壤水非均匀流动的影响

2017 年和 2018 年中选择一组具有代表性的染色图像进行二值化处理，分析不同残膜量处理在不同入渗量条件下的土壤水流动特征。从图 8.2 可以直观地看出不同处理的土壤水流动特征，黑色区域是染色区，代表该区域已被染色剂湿润。随着残膜量的增加最大染色深度（maximum dyeing depth，MDD）呈增大趋势，优先流分布深度增加。300kg/hm^2 和 600kg/hm^2 残膜量处理的 MDD 分别是 0kg/hm^2 处理的 1.10 倍和 1.19 倍。当入渗量为 5L 时，300kg/hm^2 和 600kg/hm^2 残膜量处理的 MDD 较 0kg/hm^2 处理分别增加 17.59%和 31.46%，而当入渗量为 20L 时，300kg/hm^2 和 600kg/hm^2 残膜量处理的 MDD 比 0kg/hm^2 处理分别增加 5.61%和 12.19%。可见，随着土壤中残膜量增加，除了产生阻水效应外，土壤-残膜界面所形成的优先流路径也增加，从而导致土壤中优先流产生的概率增加，这个结果与李元桥等（2015）的结论相似。另外，随着入渗量的增加，MDD 也呈增大趋势，与 5L 入渗量相比，20L 入渗量条件下 3 个残膜量处理的平均 MDD 增加 47.23%。这也说明入渗量越大，土壤水向下的流动势能越高，优先流越易形成。

同时从图 8.2 中也能直观看出，随着残膜量的增加染色均匀度呈降低趋势，在 5L 入渗量条件下无残膜处理在 0～15cm 土层基本全染色［图 8.2（a)］，20L 入渗量时，无残膜处理在 0～30cm 土层基本全染色［图 8.2（d)］，而对应的 600kg/hm^2 残膜量处理则出现较明显的非均匀性［图 8.2（f)］。$\mathrm{CV_d}$ 可以定量地表征土壤剖面染色的均匀程度，与 0kg/hm^2 处理相比，300kg/hm^2 和 600kg/hm^2 残膜量处理的 $\mathrm{CV_d}$ 两年平均分别增加 104.05%和 122.97%。当入渗量为 5L 时，300kg/hm^2 和 600kg/hm^2 残膜量处理的 $\mathrm{CV_d}$ 分别是 0kg/hm^2 处理的 1.56 倍和 1.67 倍。入渗量为 20L 时，300kg/hm^2 和 600kg/hm^2 残膜量处理的 $\mathrm{CV_d}$ 分别是 0kg/hm^2 处理的 2.71 倍和 3.00 倍。另外，随着入渗量的增加，无残膜处理的 $\mathrm{CV_d}$ 降低，而含残膜处理的 $\mathrm{CV_d}$ 增大，20L 入渗量下含残膜处理的 $\mathrm{CV_d}$ 较 5L 入渗量条件下平均增加 27.34%。可见，增大入渗量使得无残膜处理染色均匀的区域增加，而含残膜处理的土壤剖面中优先流发育程度较高，导致其染色均匀度有所下降。

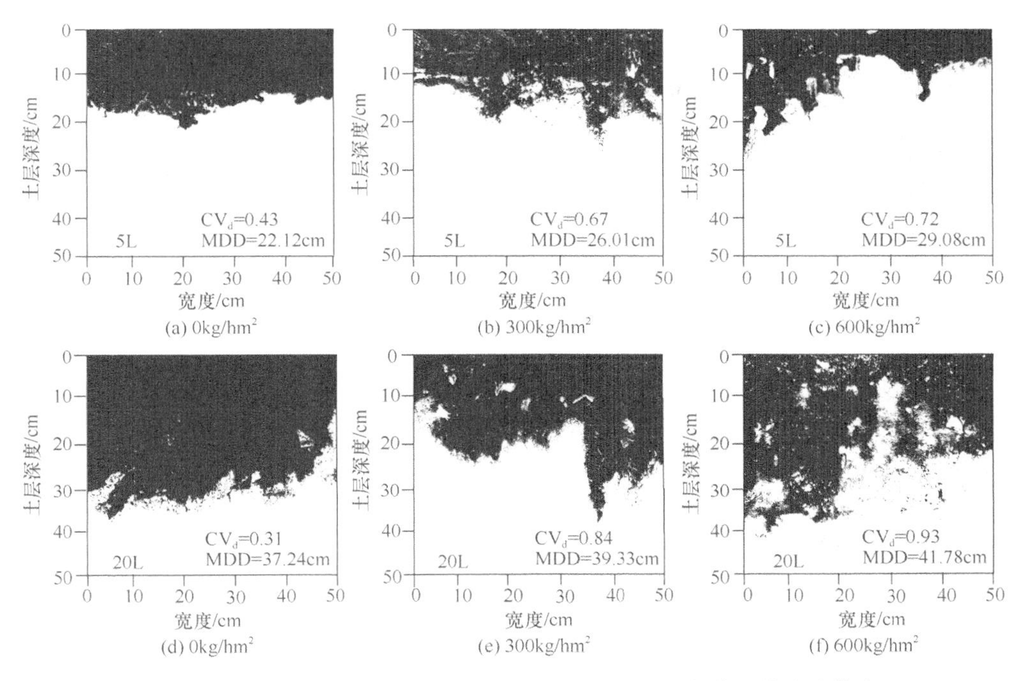

图 8.2　土壤中不同残膜量处理在 5L 和 20L 入渗量条件下的流动模式

2019 年不同入渗量和残膜量下垂直土壤染色剖面直观地反映了水的流动路径和分布（图 8.3）。相同残膜量在不同入渗量下染色分布的模式有所不同，残膜量为 0kg/hm^2，入渗量从 5L 增加至 20L，土壤剖面的整体水流分布一直保持较高的均匀度，深蓝色区域显著增加，未出现明显的优先流现象；残膜量为 150kg/hm^2，入渗量从 5L 增加至 20L，提高了水流分布的均匀度，而入渗量从 10L 增加至 20L，可以看到水流分布的均匀度显著降低，浅蓝色区域和绿色区域有所增加，并且开始出现优先流现象，说明当土壤中存在的残膜较少时，对土壤中水流运动主要是阻碍作用，会阻碍水流的初始流向。但过多的增加入渗水量会增加水的重力势能，平铺的残膜在土体中充当倾斜的水流限制层，则会出现侧向流动的现象，降低了均匀度。残膜量为 300kg/hm^2，入渗量 5L 就开始出现优先流现象，随着入渗量增加，深蓝色区域虽然增加，但是均匀度依然很低，20L 时均匀度最低，优先流现象最明显；残膜量增加到 450kg/hm^2 和 600kg/hm^2，深蓝色区域较其他处理显著降低，随着入渗量的增加，水流分布的均匀度显著下降，表明当残膜量增加到一定程度，土壤中的残膜在外力的作用下极易产生变形，增加了残膜倾斜和垂直分布的概率，这种随机特性导致水要么通过残膜-土壤产生的优先路径流动，要么跟随倾斜的水流限制层侧向流动，导致土壤中优先流大幅增加，降低了根层的水分，不利于作物生长。无残膜处理的水流运动主要以基质流为主，而残膜处理的水流运动大多为优先流。

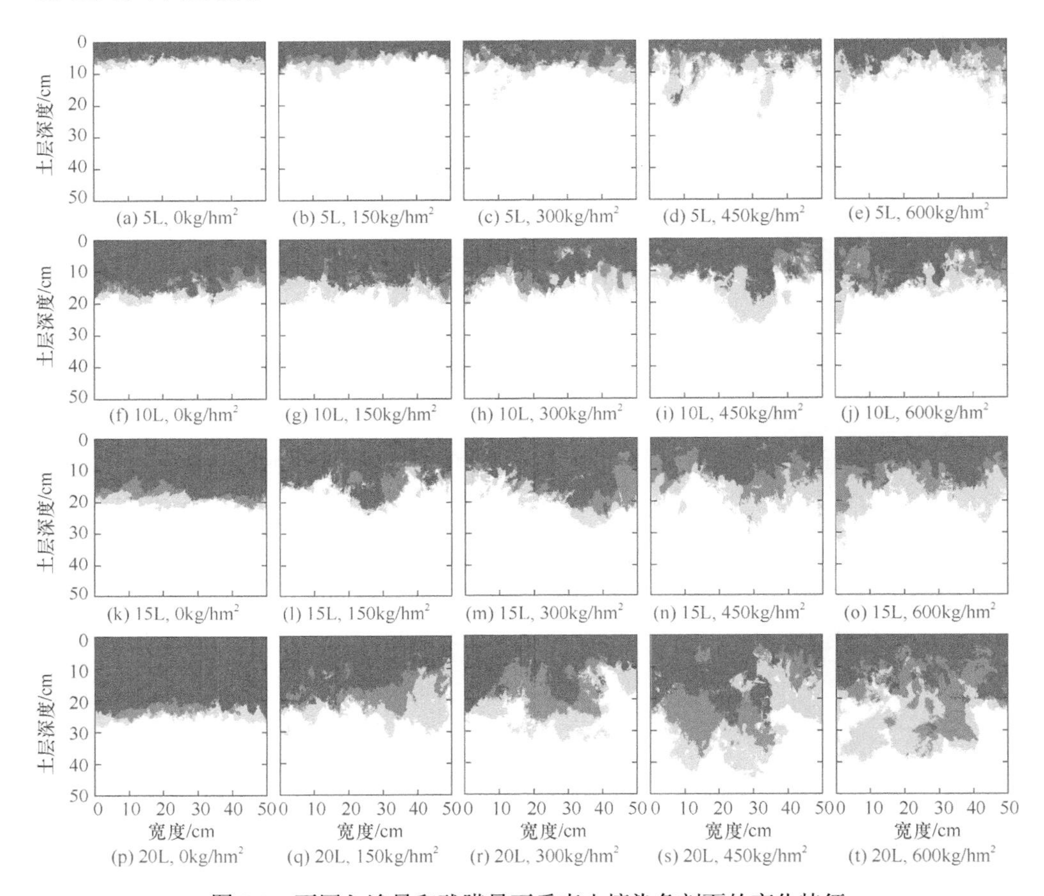

图 8.3 不同入渗量和残膜量下垂直土壤染色剖面的变化特征

8.4 不同残膜量对土壤剖面优先流特征指数的影响

由于上层土壤先接触入渗水，接触面比下层土壤大，所以总体上不同处理的 DC 均随着土层加深而降低。残膜在土壤中的随机分布阻滞水流入渗，从而出现不同入渗量条件下残膜处理的 DC 在相同土层均小于无残膜处理（图 8.4），不同入渗量下 300kg/hm^2 和 600kg/hm^2 残膜量处理的 DC 平均值与无残膜处理（0kg/hm^2）相比，2017 年和 2018 年平均分别下降 15.81%和 28.51%。入渗量为 5L 时，0～10cm 土层，300kg/hm^2 和 600kg/hm^2 残膜量处理的 DC 与 0kg/hm^2 处理相比，分别下降 1.86%和 6.12%；10～20cm 土层，分别下降 38.10%和 51.76%［图 8.4（a)］，但在 20～30cm 土层，600kg/hm^2 残膜量处理反而更大，这主要是在 5L 入渗量条件下，平均入渗深度仅为 20cm，而残膜处理由于存在较多的优先流，其入渗深度增加，所以残膜量越大，DC 越大。当入渗量为 20L 时，0～10cm 土层，300kg/hm^2 和 600kg/hm^2 残膜量处理的 DC 与 0kg/hm^2 处理相比，分别降低了 7.38%和 13.59%；10～20cm 土层，分别降低了 25.66%和 35.60%；20～30cm 土层，分别降低了 31.28%和 54.98%［图 8.4（b）］。可见，入渗量为 5L 时 DC 受残膜影响的主要土层在 0～20cm，入渗量为 20L 时，影响深度增加，主要在 0～30cm 土层。另外，随着残膜量增加，残膜处理的 DC 与无残膜处理（0）间差异在增大，也说明残膜越多优先流越易发生。

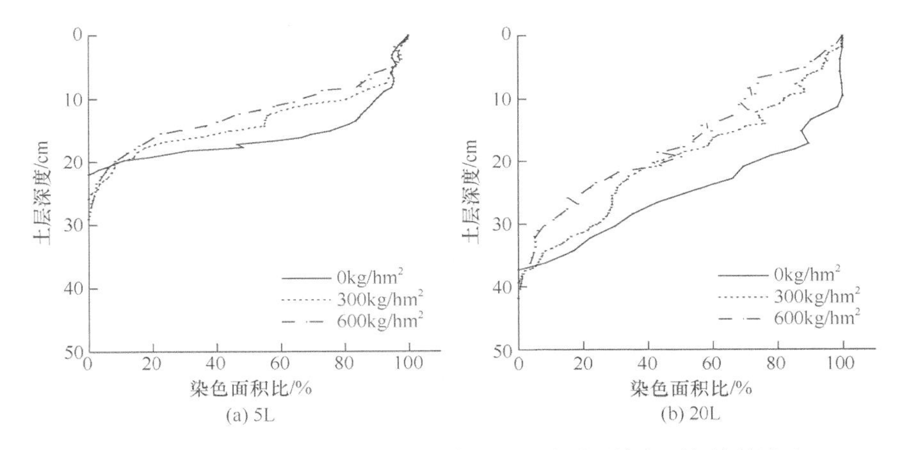

图 8.4　2017 年和 2018 年不同残膜量和入渗量对染色面积比的影响

对每个处理的三个染色剖面进行染色面积比计算，并选择一个具有代表性的染色剖面的 DC［图 8.5（a）～（d)］，计算相应的染色面积比变异系数［图 8.5（e）～（h)］。不同处理的水流分布模式导致 DC 在土壤剖面存在一定差异，入渗量为 5L 条件下［图 8.5（a)］不同残膜量处理在 0～5cm 土层内 DC 较大且差异较小，变化范围为 62.71%～100%；而在 5～15cm 各处理 DC 逐渐下降，变化范围为 0.25%～78.29%，从变异系数的变化［图 8.5（e)］也可以看出>5cm 土层，不同处理的变异系数显著增加且不同处理间存在显著差异。10L 入渗条件下［图 8.5（b)］不同残膜量处理在 0～10cm 土层内 DC 较大，保持在 74.8%～100%，不同处理的 DC 均在 18～20cm 达到最小值，分析变异系数发现［图 8.5（f)］，0kg/hm^2、150kg/hm^2、300kg/hm^2、450kg/hm^2 和 600kg/hm^2 在 0～20cm 的变异系数平均值分别为 8.56%、12.19%、15.51%、17.50%和 17.70%，该入渗量下不同处理 DC 的变异系数均为最小，表明 10L 入渗量有利于降低农膜残留农田土壤水分布的非均匀程度。而当入渗量增加至 15L［图 8.5（c)］，各处理 DC 的变化幅度有所增加，5 个处理变异系数平均值分别为 11.18%、18.47%、18.76%、54.48%

和 26.20% [图 8.5（g）]，较 10L 有了显著提高，特别是 450kg/hm^2 处理。入渗量继续增加至 20L [图 8.5（d）]，各处理保持在较高 DC 的土层深度有所增加，但 150kg/hm^2、300kg/hm^2、450kg/hm^2 和 600kg/hm^2 4 个残膜处理仍低于无残膜处理，且变异系数均达到最大值 [图 8.5（h）]，分别为 32.44%、36.17%、56.92%和 37.16%，说明较高的入渗量会降低含残膜土壤剖面水流分布的均匀程度。

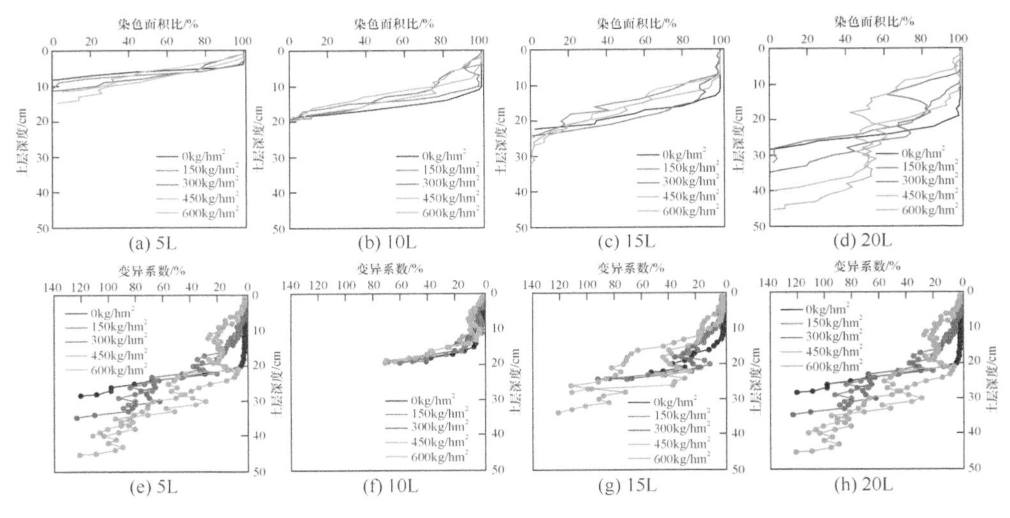

图 8.5　2019 年不同残膜量和入渗量对染色面积比的影响

与无残膜处理相比，残膜处理的基质流深度（UniFr）在不同入渗量条件下均呈下降趋势，300kg/hm^2 和 600kg/hm^2 残膜量处理的 UniFr 下降了 43.65%和 58.50% [图 8.6（b）]，其中 300kg/hm^2 和 600kg/hm^2 残膜量处理的 UniFr 在 5L 入渗量下两年平均分别降低了 34.49%和 45.51%（$P<0.05$），300kg/hm^2 和 600kg/hm^2 残膜量处理在 20L 入渗量下分别降低了 50.58%和 68.34%，这表明无残膜处理较残膜处理具有较好的基质流作用，相应的优先流程度降低。PFF 和 LI 2 个特征指数随着残膜量的增加而增大 [图 8.6（c）、（d）]，300kg/hm^2 和 600kg/hm^2 残膜量处理的 PFF 分别较无残膜处理增加 14.53%和 32.46%；LI 增加 19.31%和 55.20%，其中 5L 入渗量下 300kg/hm^2 和 600kg/hm^2 残膜量处理的 PFF 分别是 0kg/hm^2 处理的 1.13 倍和 1.27 倍，LI 两年平均分别为 99.93 和 121.29，相比 0kg/hm^2 处理分别增加 14.82%和 39.36%；在 20L 入渗量条件下，300kg/hm^2 和 600kg/hm^2 残膜量处理的 PFF 分别较 0kg/hm^2 处理增加 16.08%和 37.80%，LI 两年平均分别增加 23.11%和 68.61%。可见，残膜量增加使得 PFF 和 LI 2 个指标增大，即残膜处理的优先流发育程度较高。此外，随着入渗量的增大，残膜的影响效应增大，其中从无残膜到 300kg/hm^2 后，5L 和 20L 入渗量的 DC 的降低值分别是 10.56%和 18.38%，UniFr

的降低值分别是 34.49%和 50.58%，降幅程度分别增加 74.09%和 46.62%；PFF 和 LI 增幅程度分别增加 25.45%和 55.94%；当残膜量从 300kg/hm^2 增加到 600kg/hm^2 后，DC 和 UniFr 降幅程度分别增加 34.48%和 113.74%，PFF 和 LI 增幅程度分别提高了 53.69%和 72.92%。可见残膜量越大优先流程度越大，在相同残膜量条件下入渗量越大优先流现象越明显。

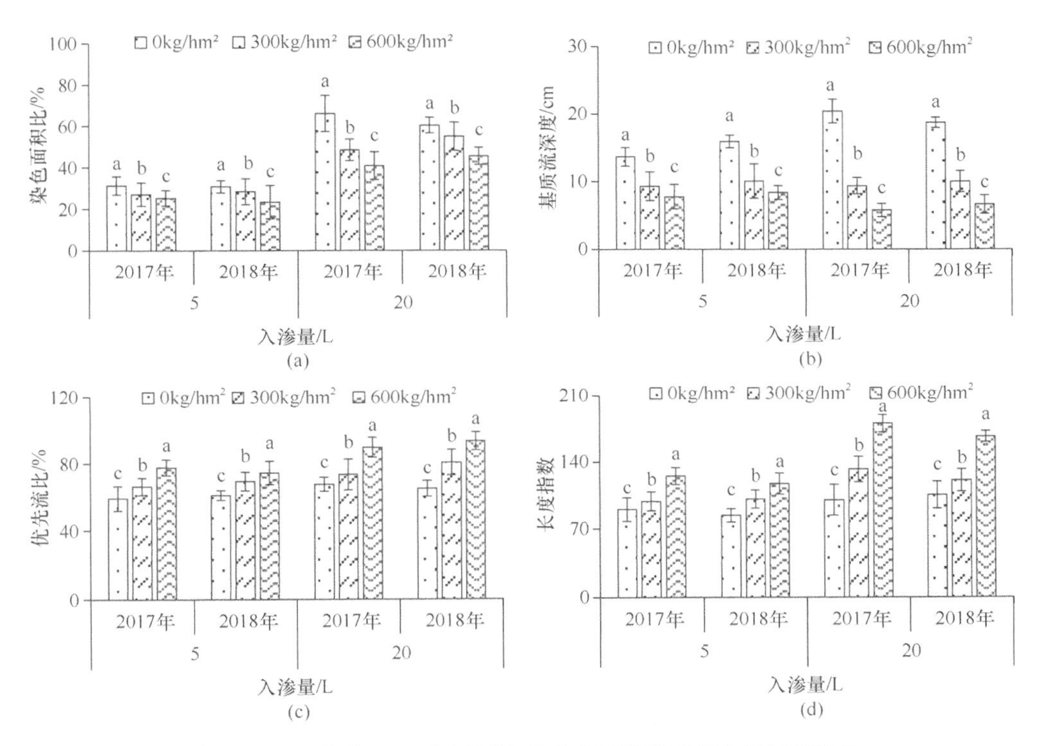

图 8.6　2017 年和 2018 年不同入渗量和残膜量下优先流特征指数

从图 8.6 可以看出残膜处理均有不同程度的优先流产生，因此引入多个优先流评价指标来评价每个处理染色剖面的优先流发育程度（表 8.1）。相同入渗量条件下，随残膜量的增加，UniFr 先减小后增加，PFF、LI 和 CV_d 则先增加后减小，与 0kg/hm^2 相比，4 个残膜处理的 UniFr 均有不同程度的降低，其中 450kg/hm^2 处理降幅最大，为 41.43%；PFF、LI 和 CV_d 3 个指标有所增加，其中 450kg/hm^2 处理增幅最大，分别为 271.98%、43.02%和 150%。这说明，残膜量为 450kg/hm^2 时大量残膜形成了诱发因子，诱导了优先流的产生，而残膜量的继续增加，优先流的发生概率没有大幅度增加。UniFr 越大表明土壤中水分运移形式以基质流为主，分析 UniFr 发现 0kg/hm^2、150kg/hm^2 和 300kg/hm^2 3 个处理随着入渗量的增加而增加，450kg/hm^2 和 600kg/hm^2 均呈单峰变化，UniFr 的最大值分别在入渗量为 10L

和 15L 时达到 11.01cm 和 11.86cm，说明 450kg/hm^2 和 600kg/hm^2 处理分别在 10L 和 15L 入渗量情况下基质流区域增加。PFF、LI 和 CV_d 均可以直接反映土壤优先流发育程度，随着入渗量增加，0kg/hm^2 的 PFF、LI 和 CV_d 3 个指标均减小，150kg/hm^2 的 3 个指标呈现出先减小后增大再减小的趋势，入渗量 20L 时 3 个指标降为最小。300kg/hm^2 和 450kg/hm^2 的 3 个指标为先减小（5～10L）后增大（10～20L）的变化规律，600kg/hm^2 的变化规律则为先增加后减小再增加。总体来看，入渗量的增加，0kg/hm^2 的优先流程度降低，染色均匀度显著提高，主要以基质流为主；150kg/hm^2 除了在 15L 条件下优先流程度有所提高，其他入渗量情况下与无残膜处理差异较小，这也说明残膜量为 150kg/hm^2 时残膜的阻滞作用占主导地位，仅当入渗量增大到一定程度（15L）时会诱导少量优先流出现，当入渗量继续增加，则会出现减小优先流现象；入渗量为 10L，300kg/hm^2 和 450kg/hm^2 2 个处理染色剖面的优先流发育程度最低，入渗量为 15L，600kg/hm^2 处理染色剖面的优先流发生的概率有所降低。

表 8.1　2019 年不同入渗量和残膜量下优先流评价指标

入渗量/L	残膜量/（kg/hm^2）	基质流深度/cm	优先流比/%	长度指数	染色剖面变异系数/%
5	0	5.18a	15.35e	97.56c	0.32d
	150	4.99ab	19.33d	99.33c	0.37c
	300	4.68bc	20.10c	109.32b	0.65b
	450	4.34d	34.34a	125.79a	0.73a
	600	4.54cd	31.64b	114.42b	0.69b
10	0	13.78a	14.75d	97.04c	0.29c
	150	12.87ab	14.81d	98.63c	0.33c
	300	11.57bc	16.99c	105.58b	0.61b
	450	11.01c	25.43b	110.34b	0.64b
	600	8.93d	45.06a	120.70a	0.71a
15	0	17.68a	7.87d	95.30c	0.32d
	150	15.37b	16.18c	99.51c	0.60c
	300	12.34c	24.61b	111.90b	0.64b
	450	10.81d	39.89a	132.93a	0.74a
	600	11.86cd	28.06a	112.94b	0.66b
20	0	23.20a	4.15e	92.37d	0.26d
	150	20.05b	10.28d	94.11d	0.32c
	300	13.39c	40.58c	128.66c	0.66b
	450	8.89d	57.02a	178.19a	0.79a
	600	9.97d	44.19b	148.94b	0.75a

8.5 讨　　论

基于染色示踪技术可以更加直观地了解农田土壤水流运动。陈晓冰等（2015）基于染色图像变异性定量分析优先流程度发现湿润农地平均变异系数是干燥农地的 1.54 倍，这说明湿润农地存在的大孔隙较多，所以其优先流程度较干燥农地高。本章中残膜是人为随机放置在土壤中，破坏了原有的土壤结构，增加了大孔隙数量，诱导了优先流产生，最终导致 CV_d 随着残膜量增加而增大，300kg/hm^2 和 600kg/hm^2 残膜量处理的 CV_d 分别增加 14.53%和 32.46%。另外，王赵男等（2017）通过研究榛子灌木林根系对土壤优先流现象发生程度的影响时表明根系腐烂会使得孔隙产生的概率增加，给优先流路径提供了条件，其最大染色深度可达到 46cm。本章研究结果表明土壤中竖向或斜向存在的残膜也会增加孔隙产生的概率，而残膜量越大，产生孔隙的概率也越大；在入渗量 20L、残膜量 600kg/hm^2 条件下的 MDD 最高，为 41.78cm。本章中还设置了入渗量的影响，结果表明入渗量越大，残膜对优先流发育的影响程度越大，20L 入渗量下含残膜处理的 MDD 和 CV_d 分别平均增加 47.23%和 27.34%，说明入渗量的增加，增强了水分的重力势，使其绕过残膜发生侧向入渗现象，而由于土壤中本身存在大孔隙，土壤水分优先选择该路径，导致其优先流发育程度更高，这与闫加亮等（2015）研究结果一致。随着灌溉量的增加，土壤水能以优先流的形式向土壤深处渗透。此外，对土壤染色剖面进行数据提取，5 个染色特征参数均在不同程度上表征了优先流发育程度。陈晓冰等（2015）和 Bargués 等（2014）在对三峡库区紫色砂岩区和干旱区不同立地的研究中指出，基质流深度和土壤剖面染色面积比越大，在一定程度上说明优先流发育程度越低。本章表明，残膜的存在会破坏土壤染色剖面的均匀性，使得含残膜处理的优先流程度高于无残膜处理。张东旭等（2017）在对玉米地、南瓜地等坡耕地进行优先流定量分析过程中表明，南瓜地的优先流比和长度指数均大于玉米地，说明南瓜地优先流程度较高，原因是南瓜地采取免耕的模式，作物残茬会增加土壤孔隙度，使得其优先流特征较为明显。本章结果表明，含残膜处理的优先流比和长度指数均大于无残膜处理，说明含残膜处理的优先流程度均高于无残膜处理。

8.6 结　　论

通过土壤染色剖面二值化图像分析，随着残膜量增加 MDD 和 CV_d 增加，入渗量越大残膜的影响程度越大。300kg/hm^2 和 600kg/hm^2 残膜量处理的 MDD 分别是 0kg/hm^2 处理的 1.10 倍和 1.19 倍；CV_d 也增加 104.05%和 122.97%，且 20L 入渗量

下残膜量对 CV_d 的影响大于 5L 入渗量，平均增加 47.23%；CV_d 平均增加 27.34%。

随着残膜量的增加，DC 和 UniFr 呈下降趋势，PFF 和 LI 呈增大趋势，优先流发育程度增大。300kg/hm^2 和 600kg/hm^2 残膜量处理的 DC 较 0kg/hm^2 处理降低 15.81%和 28.51%；UniFr 降低 43.65%和 58.50%；PFF 增加 14.53%和 32.46%；LI 增加 19.31%和 55.20%。

残膜量为 450kg/hm^2 时大量残膜形成了诱发因子，诱导了优先流的产生，而残膜量的继续增加，优先流的发生概率增幅减小。与 0kg/hm^2 相比，4 个残膜处理的 UniFr 均有不同程度的降低，其中 450kg/hm^2 处理降幅最大，为 41.43%，PFF、LI 和 CV_d 3 个指标有所增加，其中 450kg/hm^2 处理增幅最大，分别为 271.98%、43.02%和 150%。

第9章　农膜残留田间试验材料与方法

9.1　试验区概况

试验于2017～2020年4～10月在内蒙古巴彦淖尔市双河镇九庄节水综合试验站（107°18′E，40°41′N）进行。该地区属于中温带半干旱大陆性气候，光照充足，热量丰富，年均气温7.0℃，年均降水量为145mm，年均蒸发量为1900mm，昼夜温差大，日照时间长，多年日照时间平均为3229.9h，无霜期130天左右，适宜于农作物生长。

9.2　试验区土壤资料

分别于0～20cm、20～40cm、40～60cm、60～80cm和80～100cm土层的土壤剖面采集土样，重复3次，采用环刀法测定土壤容重，采用激光粒度分析仪进行土壤颗粒分型。将土壤颗粒分型结果与美国农业部的土壤质地分级标准对比，得出试验区土壤质地类型，如表9.1所示。

表9.1　试验地土壤物理性质

深度/cm	黏粒（粒径小于0.002mm）/%	粉粒（粒径0.002～0.05mm）/%	砂粒（粒径0.05～2mm）/%	土壤质地	田间持水率/%	容重/（g/cm³）
0～20	4.43	62.83	37.23	粉砂壤土	20.21	1.29
20～40	4.40	62.06	35.93	粉砂壤土	24.03	1.60
40～60	3.47	65.93	38.32	粉砂壤土	23.45	1.44
60～80	2.52	68.32	44.78	粉砂壤土	28.36	1.45
80～100	3.24	59.01	35.61	粉砂壤土	26.22	1.32

9.3　试验区气象资料

在试验区中设置自动气象站（Onset Computer Inc.；U30，Hobo，USA），每小时自动记录降雨量、空气温度等参数，定期下载并整理气象数据，2017～2020年试验区气温和降雨量变化如图9.1所示。

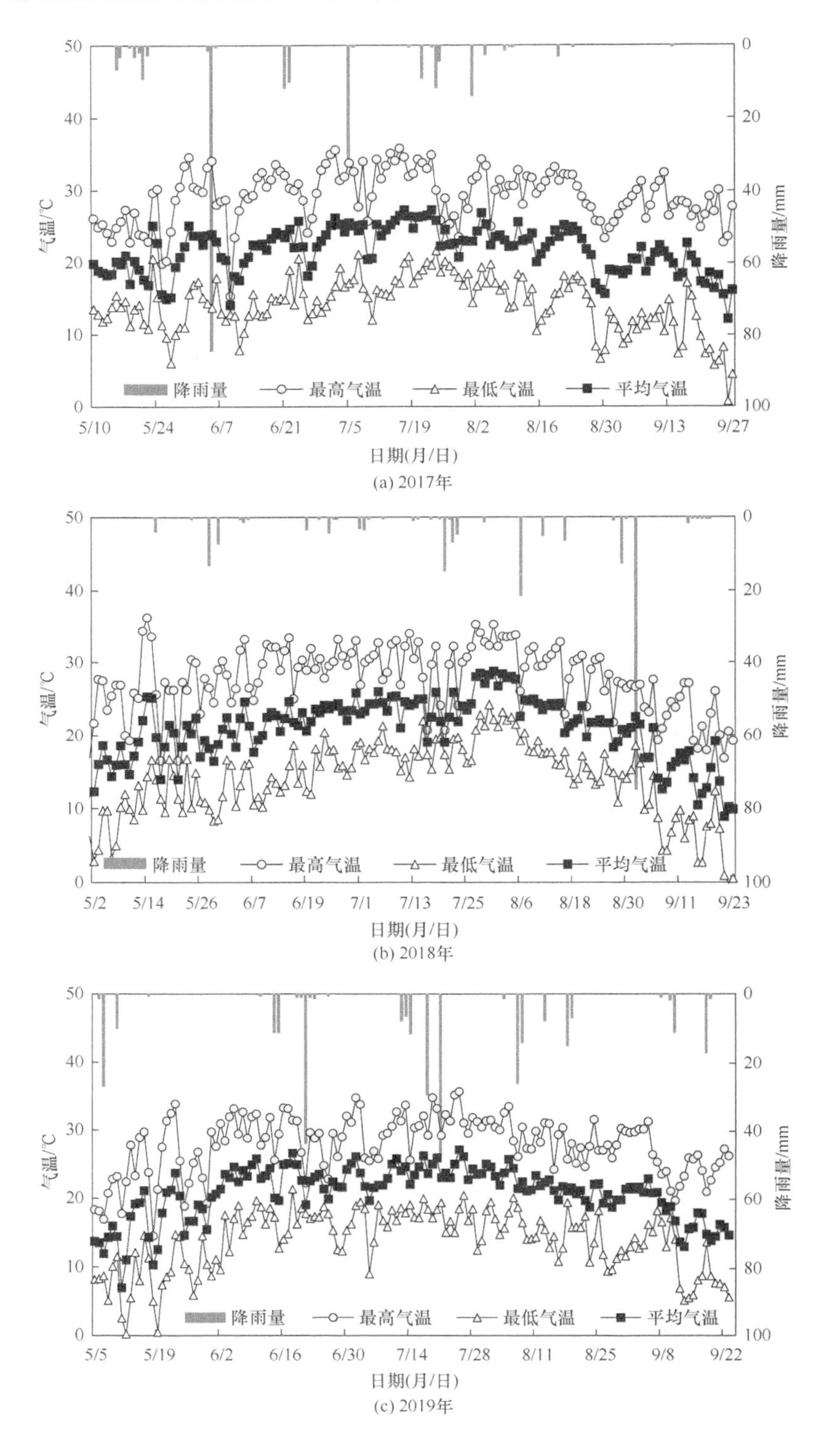
气温/℃
降雨量/mm
降雨量
最高气温
最低气温
平均气温
日期(月/日)
(a) 2017年
日期(月/日)
(b) 2018年
日期(月/日)
(c) 2019年

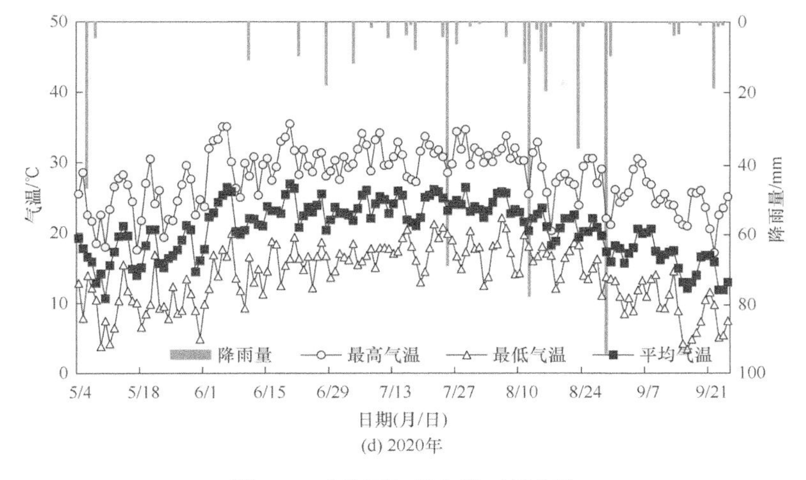

图 9.1　试验区气温和降雨量变化

9.4　试验材料

2017～2020 年种植作物均为玉米，两年播种时间分别为 2017 年 5 月 10 日、2018 年 5 月 1 日、2019 年 5 月 5 日和 2020 年 5 月 4 日，收获日期为 2017 年 9 月 26 日、2018 年 9 月 20 日、2019 年 9 月 24 日和 2020 年 9 月 25 日。选用玉米品种为“钧凯 918”，为当地主要品种，该品种出苗快、抗倒伏、稳产、适应性强。玉米行距 40cm，株距 30cm。试验小区农艺措施、灌溉施肥措施均一致，均采用覆膜滴灌耕作，“一膜一管两行”的布设方式（图 9.2），膜宽 80cm，厚度 0.01mm，

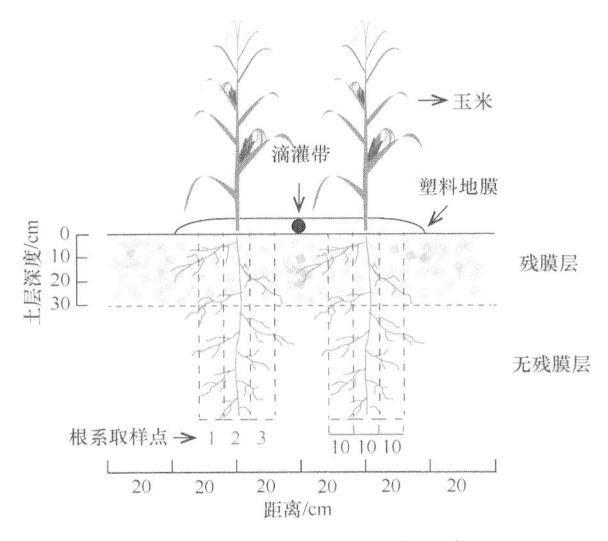

图 9.2　作物种植及根系取样示意图

采用单翼迷宫式滴管带，滴头间距 30cm，滴头流量 2.5L/h，滴头工作压力 0.5MPa。各处理施肥方式完全一致，基肥为尿素（含 N≥46%）、过磷酸钙（P_2O_5≥12%）、硫酸钾（K_2O≥50%），追肥为尿素硝酸铵溶液液体肥（N 为 32%）。参考当地推荐玉米滴灌施肥量（N 为 210kg/hm^2，P_2O_5 为 120kg/hm^2，K_2O 为 120kg/hm^2），基肥在播前通过撒施后翻耕入土，追肥通过施肥罐施用液体肥，整个生育期共施肥 4 次，每次施肥量占总施肥量分别为 20%（苗期）、30%（拔节期）、30%（抽雄期）、20%（灌浆期）。

9.5 试验设计

通过对该区域的调查，覆膜滴灌区农膜残留主要在 0～30cm，已有研究表明，残膜量 M_f（kg/hm^2）与覆膜年限 X 之间存在线性关系：M_f=5.546X+47.840（R^2=0.871）。于 2017 年和 2018 年共设置 CK（0kg/hm^2）、T1（150kg/hm^2）、T2（300kg/hm^2）、T3（600kg/hm^2）共 4 个处理，每个处理均有 3 次重复，共 12 个田间小区，小区面积为 75m^2。为了处理的一致性，选用当地推荐的新的白色塑料地膜，膜厚为 0.01mm，利用长剪刀将地膜分割为长×宽为 2cm×2cm 的碎片，于 2019 年和 2020 年设置 5 个残膜量处理，分别为 CK（0kg/hm^2）、T1（150kg/hm^2）、T2（300kg/hm^2）、T3（450kg/hm^2）和 T4（600kg/hm^2），小区面积均为 75m^2，每个处理设置 3 次重复，采用随机区组排列。将地膜分割为 4cm^2（2cm×2cm）、25cm^2（5cm×5cm）和 64cm^2（8cm×8cm）3 种大小的正方形，以 7∶2∶1 的比例进行混合。4 年均根据小区面积计算对应的残膜量，然后用电子秤（精度为 0.01g）称质量待用，在整地前先将碎膜均匀铺撒在小区表面，再利用动力驱动耙将碎膜与 0～30cm 土壤进行混匀，然后，通过人工检查将混合不均匀的地方进行充分混匀，并利用土壤紧实度仪（SC-900，USA）测 0～30cm 土壤的紧实度，保证与田间土壤性质基本一致。

灌溉水源为地下水，灌水量设置 3 个灌水水平，高水 120% ET_c、中水 100% ET_c 和低水 80% ET_c，其中 ET_c 为玉米需水量，通过参考作物蒸发蒸腾量 ET_0 和玉米作物系数 K_c 计算获得，ET_0 按照 FAO-56 推荐使用的 Penman-Monteith 公式计算。各处理在全生育期均滴灌 8 次，高水灌溉处理每次灌水定额为 20m^3/亩，中水灌溉处理的灌水定额为 15m^3/亩，低水灌溉处理的灌水定额为 10m^3/亩，每个处理设置 3 次重复。

9.6 观测项目与方法

9.6.1 土壤相关指标的测定

1. 土壤含水率

采用烘干法测定，每 7 天测定一次，灌水前后和降雨后加测一次，垂直方向测量深度分别为 0～10cm、10～30cm、30～50cm、50～70cm、70～100cm，在 105℃下烘干至恒重，计算土壤质量含水率。

2. 土壤含盐量

采用电导率法测定，采样深度和时间与含水率测定相同，取样后将土样自然风干、碾压过 2mm 筛，倒入锥形瓶按 1∶5 的土水比加入蒸馏水 50mL，震荡 3min，静止澄清后用电导率仪（佑科 DDS-11A）测定土壤电导率（EC）。

3. 土壤容重

在收获期，采用环刀法测定，每个处理垂直方向每隔 10cm 取至 100cm 土层测量容重。土壤容重计算公式为

$$\rho_s = \frac{g}{V(1+W)} \tag{9.1}$$

式中，ρ_s为土壤容重，g/cm^3；g 为环刀内湿土重，g；V 为环刀体积，cm^3；W 为土壤含水率，%；

4. 土壤孔隙度

$$\varphi = \left(1 - \frac{\rho_{容}}{\rho_{密}}\right) \times 100\% \tag{9.2}$$

式中，φ为土壤总孔隙度，%；$\rho_{容}$为土壤容重；$\rho_{密}$为土壤密度，一般取 2.65g/cm^3。

5. 土壤饱和导水率

采用定水头法测定土壤饱和导水率。

9.6.2　玉米地上部生长指标的测定

1. 株高

定苗后，各处理选取长势一致的 6 株玉米植株标记，每个生育期进行观测，用卷尺测量作物根茎部到顶端之间的距离，结果取平均值，保留两位小数。

2. 茎粗

每个生育期观测上述标记植株的茎粗，用游标卡尺测量作物主茎的茎粗。单株茎粗取平均值保留两位小数作为结果。

3. 叶面积

每个生育期观测上述标记植株的叶面积，用卷尺测量标记作物完全展开叶片

的长度和宽度，测量结果取平均值，保留两位小数。叶面积计算公式为

$$A=\sum(L\times W)\times 0.75 \tag{9.3}$$

式中，A 为叶面积，m^2；L 为叶片长度，m；W 为叶片宽度，m；0.75 为回归系数。

4. 地上部干物质量

在作物各生育期的每个处理随机选取代表该小区平均长势的 6 株作物，利用烘干法在烘箱中 105℃下杀青 2h，然后在 80℃下继续烘干至恒重后进行称重。

5. 玉米产量

在作物成熟后对各处理进行收获，每个处理随机连续选取 10 株作物，自然风干后脱粒考种，分别测量每株玉米的穗长、穗粒数、穗行数、百粒重、行粒数等产量因素，并根据种植密度折算每公顷产量。

9.6.3 玉米根系生长指标的测定

玉米根系测量：分别在苗期、拔节期、抽雄期、灌浆期和成熟期采用根钻法取样，采集不同水平位置下不同土层的根系样本，根钻直径为 10cm。每小区随机选取 3 株，切除玉米的地上部分，于玉米基部（2）、玉米靠近滴灌带侧（3）和玉米远离滴灌带侧（1）3 个位置，以 10cm 为一层，分别取至无根系土层（具体取样点如图 9.2 所示）。将根系样本中的草根、残根等杂物清除后把根系从土样中分离出来，放在自封袋中保存，然后将根系冲洗干净，采用根系扫描仪（Epson Perfection 4870 Photo）扫描成黑白的 JPG 图像文件供 WinRHIZO 根系分析系统进行分析，获得根系的长度和体积等参数，将扫描过的根系用吸水纸吸干根表面水分后装入信封放入烘箱，80℃烘干至恒重，取出后用电子天平（精度为 0.0001g）进行称其干重，获取根干重参数。

根长密度（RLD）计算公式为

$$\text{RLD}=\frac{L}{V} \tag{9.4}$$

根重密度（RWD）计算公式为

$$\text{RWD}=\frac{W}{V} \tag{9.5}$$

式中，RLD 为各土层的根长密度，cm/cm^3；RWD 为各土层的根重密度，g/cm^3；L 为各土层的根系长度，cm；W 各土层的根系干重，g；V 为各土层体积，cm^3。

根体积比计算公式为

$$\text{根体积比}=\frac{V'}{V} \tag{9.6}$$

式中，V'为各土层玉米的根系体积；V为 0～90cm 土层中玉米的根系总体积。

9.6.4　玉米水分利用效率计算

水分利用效率（WUE）计算公式为

$$\mathrm{WUE}=\frac{Y}{\mathrm{ET}} \tag{9.7}$$

式中，WUE 为水分利用效率，$\mathrm{kg/m^3}$；Y为玉米产量，$\mathrm{kg/hm^2}$。

田间耗水量根据水量平衡法进行计算，计算公式为

$$\mathrm{ET}=P+I+\Delta W-Q \tag{9.8}$$

式中，ET 为全生育期内作物耗水量，mm；P为有效降雨量（>5mm），mm；I为有效灌溉量，mm；ΔW为土壤储水量的变化量，mm；Q为地下水补给量和渗漏量，mm，通过负压计进行监测并运用达西公式计算。

土壤储水量变化值的计算，计算公式为

$$\Delta W=10\sum_{i=1}^{n}\gamma_i H_i\left(\theta_{i1}-\theta_{i2}\right) \tag{9.9}$$

式中，n为总土层数；i为土层编号；γ_i为第i层土壤容重，$\mathrm{g/m^3}$；H_i为第i层土壤厚度，cm；θ_{i1}和θ_{i2}分别为阶段初和阶段末的土壤质量含水率，%。

第 10 章　农膜残留对农田生育期土壤水盐动态的影响

10.1　引　　言

土壤中存在的残膜会改变土壤水分的变化，而不同的灌水定额也会影响农膜残留农田的土壤水分变化。盐分的运移主要随土壤中水分的变化而变化，残膜对土壤水分的影响也会改变盐分在土壤中的分布，因此采用适宜的灌水定额对探究土壤中水盐分布及农膜残留农田玉米产量的稳定具有重要意义。

10.2　不同残膜量和灌水定额对生育期土壤水分的影响

10.2.1　高水灌溉下不同残膜量对土壤水分变化的影响

2017 年和 2018 年高水灌溉下不同残膜量对土壤含水率的影响基本一致（图 10.1），0～30cm 土壤含水率由大到小为 CK>T1>T2>T3；30～100cm 土壤含水率由大到小为 T3>T2>T1>CK。同时，0～30cm 各处理的土壤含水率平均变化区间是 16.84%～21.24%，而 30～100cm 各处理的土壤含水率平均变化区间是 19.86%～23.10%。因为增加灌水会使得土壤中的水分向深层土壤运动，而土壤中存在的残膜会阻碍水分向上运移，导致深层土壤含水率高于浅层含水率。此外，随着土壤深度的增加，残膜对水分的影响程度降低，残膜对 0～30cm 的含水率影响明显大于 30～100cm 土层，T1、T2 和 T3 处理的含水率较 CK 处理两年平均分别减小 6.14%、14.01%和 21.50%；30～100cm 土层，T1、T2 和 T3 处理含水率与 CK 处理相比两年平均分别增加 5.48%、11.69%和 16.34%。

在 2017 年和 2018 年的 5 月至 6 月初，玉米处于苗期，不同残膜量处理间的含水率存在差异（图 10.1），且 0～30cm 的含水率的差异略大于 30～100cm，其中 0～30cm 土层 T1、T2 和 T3 处理的含水率较 CK 处理两年平均分别减小 5.39%、11.42%和 17.33%，在 30～100cm 土层两年平均分别增加 5.22%、10.48%和 14.65%。6 月中至 7 月末，玉米处于拔节期和抽雄期，由于灌水次数和降雨的增加，从而使得各处理的土壤含水率变化较为明显，该时期根系也主要集中在 0～30cm 土层，所以此时不同处理的土壤含水率在 0～30cm 的差异性增加，T1、T2 和 T3 处理的

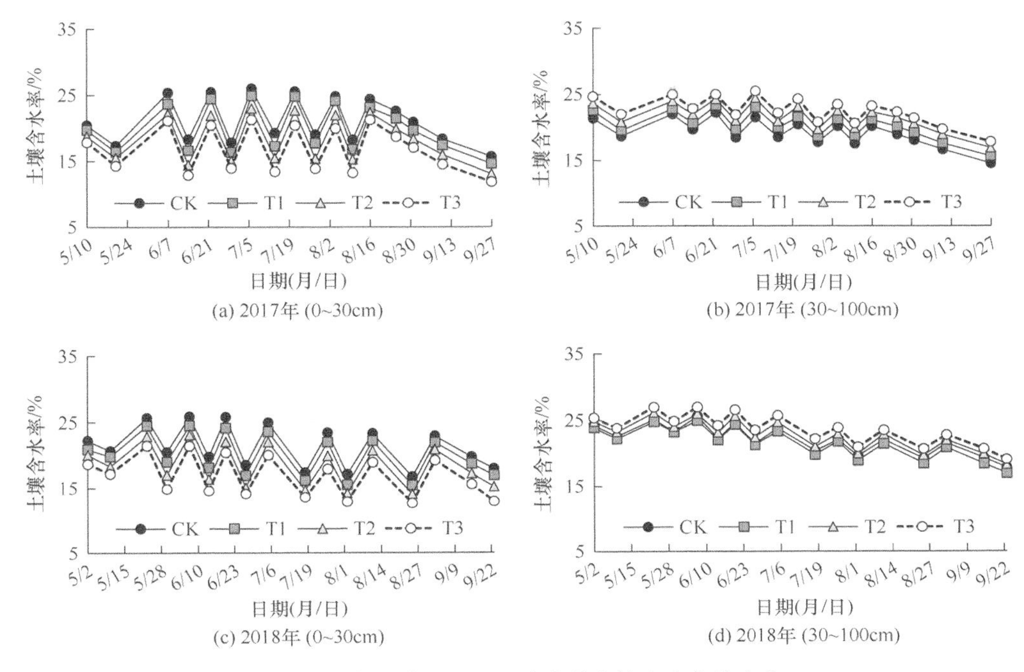

图 10.1 高水灌溉下不同残膜量土壤含水率的变化

土壤含水率较 CK 两年平均分别减小 6.46%、14.83%和 22.02%，在 30～100cm 土层两年平均分别增加 5.78%、11.75%和 16.76%。7 月末至 8 月中，玉米进入灌浆期，此时玉米主要进行营养生长，吸水根系不断下扎，对下层水分利用的较多，不同残膜量处理间的含水率差异性在 0～30cm 土层有所下降，T1、T2 和 T3 处理的土壤含水率较 CK 两年平均分别减小 6.08%、13.89%和 21.54%，较拔节期和抽雄期减小。当进入成熟期，玉米植株发育成熟，对土壤水分的需求也有所降低，所以在该生育期不同残膜量处理间土壤含水率在 0～30cm 土层的差异继续减小，与 CK 相比，T1、T2 和 T3 处理的土壤含水率两年平均分别减小 5.51%、12.27%和 19.74%。

10.2.2 中水灌溉下不同残膜量对土壤水分变化的影响

中水灌溉下残膜对不同土层含水率的影响（图 10.2）：0～30cm 土壤含水率由大到小为 T3>T2>T1>CK，与 CK 处理相比，T1、T2 和 T3 处理的含水率两年平均分别增加 5.99%、18.73%和 28.30%。30～100cm 土壤含水率由高到低为 CK>T1>T2>T3。在 30～50cm 土层，与 CK 处理相比，T1、T2 和 T3 处理的含水率两年平均分别减小 5.18%、11.80%和 17.38%；在 50～70cm 土层，与 CK 处理相比，T1、T2 和 T3 处理的含水率两年平均分别减小 4.82%、10.35%和 16.29%；

在70～100cm土层，与CK处理相比，T1、T2和T3处理的含水率两年平均分别减小3.88%、8.84%和13.93%，可以看出在30～100cm土层中，残膜处理（T1、T2、T3）土壤含水率较无残膜处理（CK）的降低幅度随着土壤深度的增加而减小，说明土壤中残膜的存在会对深层土壤的含水率有影响，但影响程度小于土壤表层。总体上，在0～30cm土层，适量灌水定额下土壤中存在的残膜会阻碍水分下移至土壤深层，所以造成了残膜处理的土壤含水率会高于无残膜处理，而在30～100cm土层，无残膜处理的含水率随着土壤深度的增加而显著增大，残膜处理的水分运移受阻，导致无残膜处理的土壤含水率高于残膜处理。

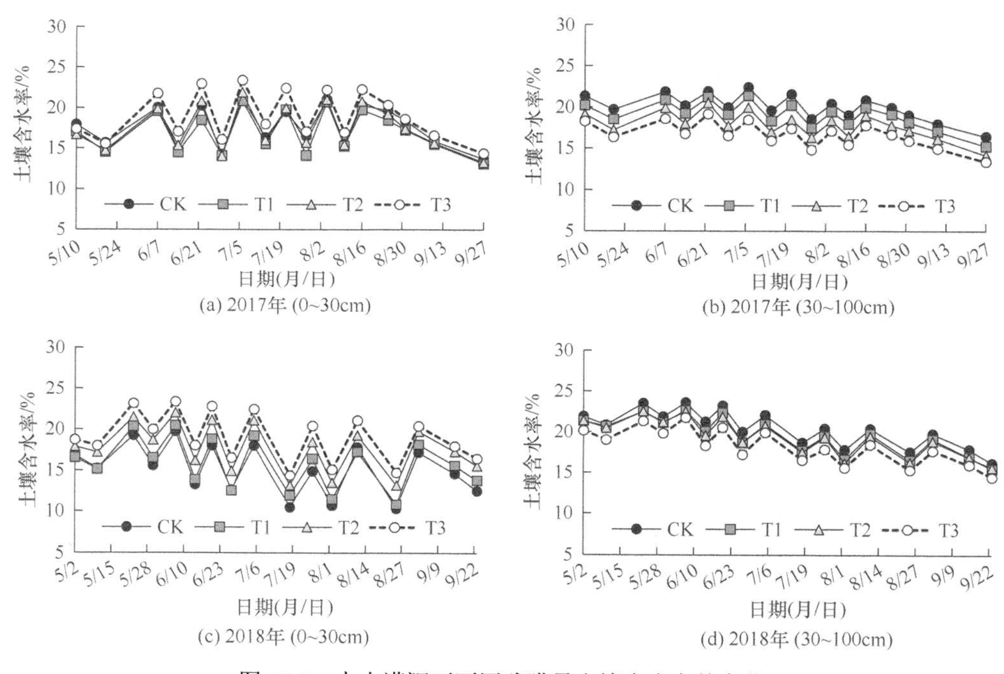

图10.2　中水灌溉下不同残膜量土壤含水率的变化

玉米不同生育期的土壤含水率变化规律如下（图10.2），当玉米处于苗期，由于玉米植株较小，水分需求也较小，所以仅对0～30cm土层有所影响，与CK处理相比，T1、T2和T3处理在0～30cm土层的两年平均土壤含水率分别增加4.40%、14.17%和21.44%。当玉米处于拔节期，玉米植株进入一个快速增长的阶段，在0～30cm土层，当残膜量≥300kg/hm^{2}时，残膜对水分的阻碍作用较为明显，导致更多的水分储存在0～30cm土层，T2和T3处理的土壤含水率分别为18.48%和20.18%，略大于苗期的17.93%和19.08%。当玉米进入抽雄期，玉米根系主要分布在浅层土壤，所以对0～30cm土层的水分利用较多，该生育期各处理含水率均有所下降，不同残膜量处理的土壤含水率的变化范围在14.43%～18.98%，当玉米处于灌浆期，玉米进入生殖生长阶段，根系继续下扎，0～100cm 土层的含水率较抽雄期均有所下降，其中 CK、T1、T2 和 T3 处理在 0～30cm 土层的含水率较抽雄期的下降幅度两年平均分别为 0.91%、1.24%、1.28%和 1.66%；30～100cm 土层的降幅两年平均分别为 4.18%、3.44%、3.49%和 3.30%，说明在灌浆期各处理对下层土壤水分的需求较大。成熟期，玉米的光合作用减弱，玉米植株对水分的需求减小，所以在该生育期不同残膜量处理间土壤含水率在 0～30cm 和 30～100cm 土层的差异减小。

10.2.3　低水灌溉下不同残膜量对土壤水分变化的影响

低水灌溉下不同残膜量处理的土壤含水率在不同土层的变化规律与中水灌溉相似（图 10.3），即 0～30cm 土层，残膜对不同土层含水率的影响表现在各处理含水率由大到小为 T3>T2>T1>CK，各处理在 30～100cm 土层的土壤含水率由大到小为 CK>T1>T2>T3。土壤中的残膜会阻碍水分向下运移，且灌水定额的减小会使得水分更多的存储在 0～30cm 土层，所以在低水灌溉下，残膜对 0～30cm 土壤含水率影响程度要大于 30～100cm 土层。0～30cm 土层，T1、T2 和 T3 处理的土壤含水率较 CK 处理两年平均分别增加 5.80%、17.65%和 26.09%，30～100cm

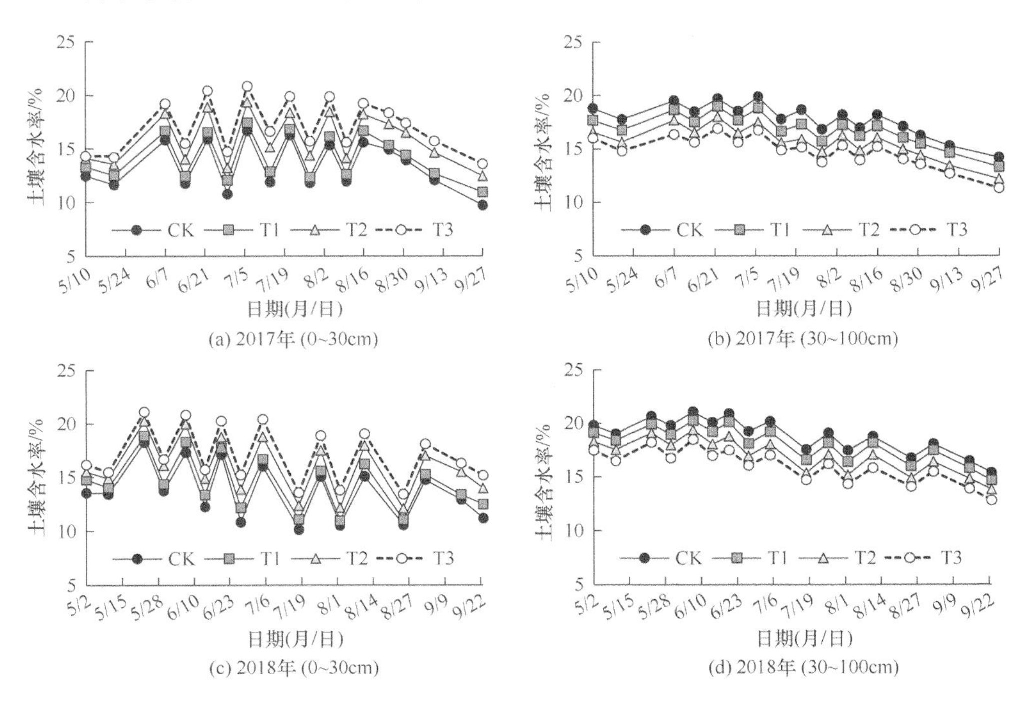

图 10.3　低水灌溉下不同残膜量土壤含水率的变化

土层含水率变化幅度减小，全生育期内各处理灌前土壤含水率变化范围在 11.53%～15.02%，各处理灌后土壤含水率变化范围在 15.77%～19.56%。同时，T1、T2 和 T3 处理的土壤含水率较 CK 处理两年平均分别下降 4.80%、10.72%和 15.80%，说明在灌水量不充分的条件下，残膜阻碍水分运移，导致表层水分增加，下层水分无法补给。

玉米不同生育期的土壤含水率变化规律与中水灌溉相似（图 10.3），当玉米处于苗期和拔节期，在 0～30cm 土层，与 CK 处理相比，T1、T2 和 T3 处理的土壤含水率两年平均分别增加 6.00%、15.91%和 22.43%，在 30～100cm 土层，与 CK 处理相比，T1、T2 和 T3 处理的土壤含水率两年平均分别减小 4.45%、9.73%和 14.85%。当玉米进入抽雄期，在 0～30cm 土层，不同残膜量处理的土壤含水率的变化范围在 13.23%～17.32%，不同残膜量处理间土壤含水率的差异显著，与 CK 处理相比，T1、T2 和 T3 处理的土壤含水率两年平均分别增加 6.34%、20.07%和 30.87%。当玉米处于灌浆期，玉米根系仍保持生长状态，根系继续下扎，对 30～100cm 土层水分利用较多，其中 CK、T1、T2 和 T3 处理在 30～100cm 土层的含水率较抽雄期的两年平均下降幅度分别为 4.04%、3.33%、3.29%和 4.01%。当玉米处于成熟期，在 0～100cm 土层，不同残膜量处理间土壤含水率的差异进一步减小。

10.3　不同残膜量和灌水定额对土壤含水率的交互影响

不同残膜量和灌水定额对 0～10cm、10～30cm 和 30～100cm 土壤的含水率的交互影响见表 10.1，2017 年和 2018 年灌水定额对 0～10cm、10～30cm 和 30～100cm 3 个土壤含水率的影响都达到了极显著的水平（$P<0.01$），说明含水率对不同灌水定额的响应极为敏感，而不同残膜量对土壤含水率的影响在 0～10cm 和 10～30cm 土层达到了极显著水平（$P<0.01$），而对于 30～100cm 土壤含水率的影响仅为显著水平（$P<0.05$）。不同残膜量和灌水定额对土壤含水率的交互影响在 0～10cm、10～30cm 和 30～100cm 3 个土层均达到了极显著水平（$P<0.01$）。

表 10.1　不同残膜量和灌水定额对土壤含水率的交互影响

灌水处理	残膜处理	各土壤含水率/%					
		0～10cm		10～30cm		30～100cm	
		2017 年	2018 年	2017 年	2018 年	2017 年	2018 年
高水灌溉	CK	20.70a	21.04a	21.63a	21.58a	19.25d	20.47d
	T1	19.47b	19.70b	20.41b	20.31b	20.33c	21.56c
	T2	17.84c	18.05c	18.79c	18.85c	21.60b	22.76b
	T3	16.39d	16.37d	17.29d	17.29d	22.57a	23.64a

续表

灌水处理	残膜处理	各土壤含水率/%					
		0～10cm		10～30cm		30～100cm	
		2017 年	2018 年	2017 年	2018 年	2017 年	2018 年
中水灌溉	CK	14.10d	14.84d	14.93d	15.38d	20.03a	21.37a
	T1	15.22c	15.58c	15.97c	16.00c	19.00b	20.49b
	T2	17.07b	17.68b	17.89b	17.68b	17.81c	19.33c
	T3	18.57a	19.11a	19.38a	18.92a	16.65d	18.20d
低水灌溉	CK	13.14d	13.47d	13.73d	13.87d	17.78a	18.82a
	T1	14.00c	14.24c	14.42c	14.68c	16.83b	18.01b
	T2	15.64b	15.79b	16.23b	16.12b	15.71c	16.97c
	T3	16.90a	17.00a	17.35a	17.10a	14.81d	16.00d
显著性检验（F 值）							
灌水水平		266.84**	261.571**	204.55**	201.98**	160.93**	160.38**
残膜水平		12.655**	9.406**	12.363**	10.021**	6.854*	6.096*
灌水×残膜		55.312**	57.727**	55.381**	45.635**	42.140**	44.935**

10.4　不同残膜量和灌水定额对生育期土壤盐分的影响

10.4.1　高水灌溉下不同残膜量对土壤盐分变化的影响

高水灌溉条件下残膜对不同土层盐分运移的影响见图 10.4，可见灌水定额的增加将盐分随水分迁移到深层土壤，残膜的阻碍作用使得盐分无法迁移到上层土壤，在 0～30cm 土层，盐分随着残膜量的增加而减少，在 30～100cm 土层，盐分随着残膜量的增多而增加，为主要积盐土层。在 0～30cm 土层，T1、T2 和 T3 处理的 EC 值较 CK 处理两年分别降低了 6.75%、16.40%和 25.12%。30～100cm 土层，与 CK 处理相比，T1～T3 处理的 EC 值增加幅度变化范围为 7.99%～23.64%、6.97%～18.99%和 6.84%～17.38%。高水灌溉下残膜使得更多的盐分迁移到深层土壤，出现积盐现象，且当残膜量≥300kg/hm^2 时，残膜处理的 EC 值显著增加。

各处理的 EC 值在 0～100cm 土层随生育进程的推进而增大（图 10.4），且不同残膜量处理间差异明显。在苗期，各处理的 EC 值均为最小，在 0～30cm 土层，CK、T1、T2 和 T3 处理两年平均分别为 0.592ms/cm、0.556ms/cm、0.502ms/cm 和 0.454ms/cm，T1、T2 和 T3 处理较 CK 处理两年平均分别下降 5.98%、15.08% 和 23.34%；30～100cm 土层，CK、T1、T2 和 T3 处理两年平均分别为 0.494ms/cm、0.526ms/cm、0.557ms/cm 和 0.581ms/cm，T1、T2 和 T3 处理较 CK 处理两年平均分别增加 6.39%、12.77%和 17.53%。当玉米处于拔节期，不同残膜量处理间 EC 值的

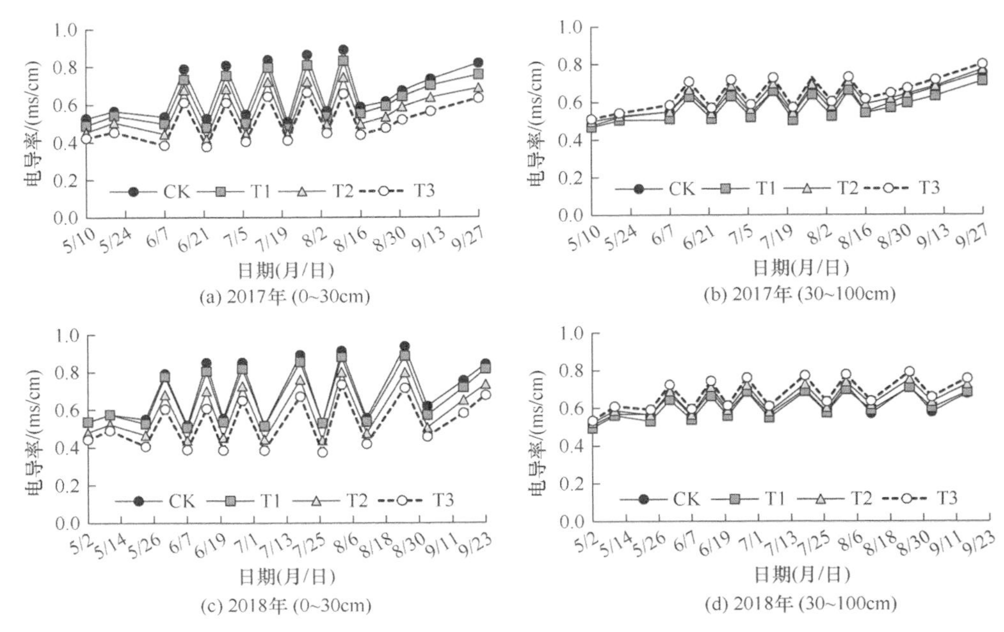

图 10.4 高水灌溉下不同残膜量土壤盐分的变化

差异也达到最大，在 0～30cm 土层，T1、T2 和 T3 处理的 EC 值较 CK 处理两年平均分别增加 16.65%、14.43%、9.54%和 6.75%；在 30～100cm 土层，CK、T1、T2 和 T3 处理较苗期两年平均分别增加 10.56%、12.01%、12.66%和 13.74%，该时期灌水量的增加使得 0～100cm 土层中的盐分增加，由于残膜的阻碍作用，盐分向上层土壤迁移受阻，导致残膜处理在 30～100cm 土层的 EC 值增幅较大，此外，该时期不同残膜量处理间的差异也达到最大，在 0～30cm 土层，T1、T2 和 T3 处理较 CK 处理两年平均分别下降 7.77%、20.26%和 29.85%；在 30～100cm 土层，T1、T2 和 T3 处理较 CK 处理两年平均分别增加 7.79%、14.92%和 20.91%。当玉米处于抽雄期和灌浆期，各处理在 0～100cm 土层的盐分仍保持增长趋势，但增幅有所降低。成熟期，各处理的 EC 值在 0～100cm 土层较灌浆期略有增加，其中 0～30cm 土层，各处理的 EC 值较灌浆期有所下降，降幅范围为 0.61%～1.57%，而在 30～100cm 土层，各处理的 EC 值较灌浆期有所增加，增幅范围为 2.47%～4.06%，因为灌水量较高，导致盐分更多存在于深层土壤，在该时期盐分向上迁移相对较少，导致 0～30cm 土层的盐分略有下降。总体上，高水灌溉下拔节期盐分运移受残膜影响最大。

10.4.2 中水灌溉下不同残膜量对土壤盐分变化的影响

中水灌溉条件下不同残膜量处理的土壤盐分分布变化规律表现为在 0～30cm

土层，土壤盐分随残膜量的增加而增多（图 10.5），这是由于残膜阻碍水分向下运移，无法对 0～30cm 土层的盐分进行淋洗，造成了盐分积累。相应地，30～100cm 土层盐分减少（图 10.5），由于残膜处理的水分较少运移到较深土层，所以残膜处理在深层土壤中的盐分较无残膜处理有所减小。在 0～30cm 土层中，0～10cm 土层各处理盐分积累较少，CK、T1、T2 和 T3 处理 EC 值两年平均分别为 0.449ms/cm、0.509ms/cm、0.580ms/cm 和 0.624ms/cm；10～30cm 土层的为主要积盐区，CK、T1、T2 和 T3 处理的 EC 值两年平均分别为 0.479ms/cm、0.528ms/cm、0.584ms/cm 和 0.625ms/cm。在 0～30cm 土层，不同残膜量处理间的差异均有显著差异（$P<0.05$），与 CK 处理相比，T1、T2 和 T3 处理的 EC 值两年平均分别增加 11.52%、25.40%和 34.46%。可见，中水灌溉下残膜会导致 0～30cm 土层的盐分积累。30～100cm 土层，T1、T2 和 T3 处理的 EC 值与 CK 处理相比两年平均分别下降 6.47%、13.51%和 20.62%。其中残膜处理在 30～50cm 土层的 EC 值较 10～30cm 土层减小，而无残膜处理在该土层有所增加，CK、T1、T2 和 T3 处理的 EC 值两年平均分别为 0.570ms/cm、0.526ms/cm、0.477ms/cm 和 0.437ms/cm，不同残膜量处理间的 EC 值存在差异，T1、T2 和 T3 处理的 EC 值较 CK 处理两年平均分别下降 7.61%、16.28%和 23.34%。这说明中水灌溉下 30～50cm 土层为残膜处理压盐效果较好的土层。

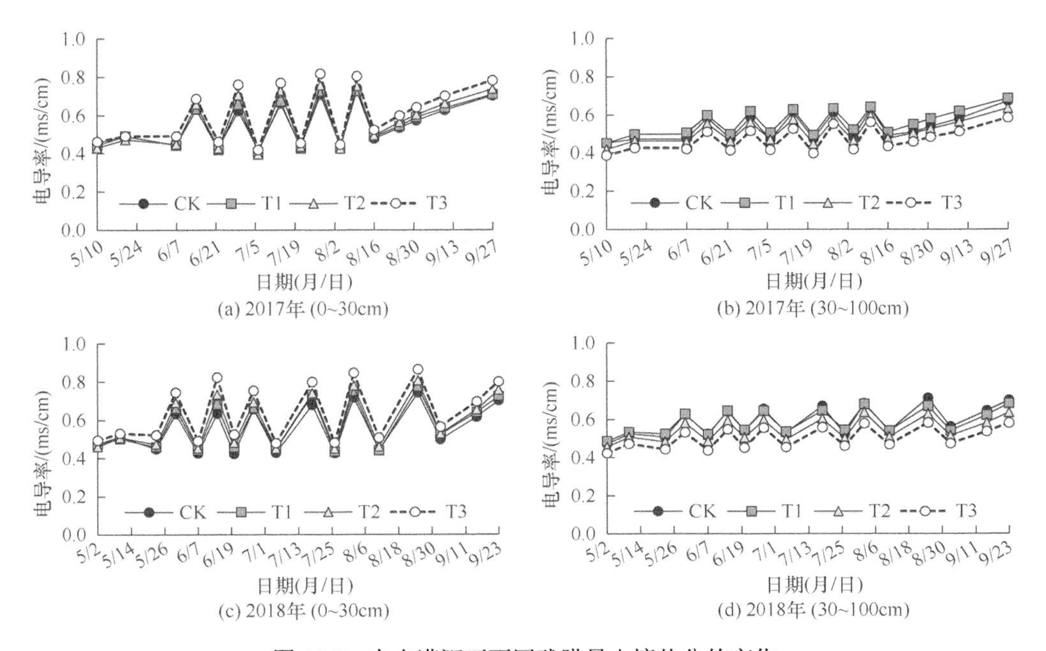

图 10.5　中水灌溉下不同残膜量土壤盐分的变化

中水灌溉下不同残膜量处理的盐分在不同生育期的变化规律表现为 0～30cm 和 30～100cm 土层，随着生育期的推进，各处理 EC 值呈现增加的趋势。在苗期，CK、T1、T2 和 T3 处理的 EC 值均为最小，在 0～30m 土层，EC 值两年平均分别为 0.401ms/cm、0.443ms/cm、0.491ms/cm 和 0.527ms/cm，在 30～100cm 土层，EC 值两年平均分别为 0.546ms/cm、0.514ms/cm、0.477ms/cm 和 0.439ms/cm，该时期残膜处理 T1、T2、T3 的 EC 值较无残膜处理（CK）在 0～30cm 土层的两年平均分别增加 10.51%、22.44%和 31.40%；在 30～100cm 土层分别下降 5.86%、12.77%和 19.60%。当玉米处于拔节期，玉米进入快速生长阶段，灌水量也在逐渐增加，而残膜阻碍水盐向下运移，所以残膜处理的盐分在浅层土壤积累。使得各处理的 EC 值较苗期有所增大，0～30cm 土层，CK、T1、T2 和 T3 处理的 EC 值较苗期两年平均分别增加 10.27%、12.32%、15.72%和 16.78%；在 30～100cm 土层，CK、T1、T2 和 T3 处理的 EC 值较苗期两年平均分别增加 11.94%、11.00%、10.52%和 9.31%，说明该时期灌水对残膜处理的盐分淋洗作用较差，盐分多积累在 0～30cm 土层，而对无残膜处理的淋洗作用较好。玉米进入抽雄期，降雨和灌水较拔节期增多，所以该时期各处理的 EC 值较拔节期的增幅有所降低，各处理的增幅在 0～30cm 土层的变化范围为 4.99%～8.93%，在 30～100cm 土层的变化范围为 2.42%～3.76%。在灌浆期，各处理的 EC 值较抽雄期增加，由于该生育期蒸发较大，地下水向上补给，同时残膜的阻碍作用使得盐分向上迁移较为困难，所以无残膜处理在 0～30cm 土层的 EC 值增幅高于残膜处理，而在 30～100cm 土层，残膜处理的 EC 值增加值大于无残膜处理。成熟期与灌浆期相比，各处理的 EC 值进一步增加，在 0～30cm 土层，CK、T1、T2 和 T3 处理的增幅两年平均分别为 2.97%、3.06%、3.22%和 2.30%，在 30～100cm 土层，CK、T1、T2 和 T3 处理的两年平均分别减少 3.23%、1.89%、2.31%和 1.43%，该时期灌水和降雨都有所减小，残膜的阻碍作用使得盐分更多的储存在 0～30cm 土层，导致残膜处理在 0～30cm 土层的增幅高于 30～100cm。

10.4.3 低水灌溉下不同残膜量对土壤盐分变化的影响

低水灌溉下各处理的土壤盐分运移的变化趋势为不同残膜量间盐分的差异随着土壤深度的增加而减小（图 10.6）。0～30cm 土层，盐分随残膜量增加而增多，30～100cm 土层，残膜量增大，盐分减少。在 0～30cm 土层，与 CK 处理相比，T1、T2 和 T3 处理的 EC 值两年平均分别增加 12.47%、25.52%和 35.00%，可见当灌水定额降低，0～30cm 土层受残膜影响较为明显，且当残膜量≥150kg/hm^2 时，残膜处理的 EC 值显著增加。30～100cm 土层，各处理 EC 值在 0.390～0.607ms/cm 变化，T1、T2 和 T3 处理的 EC 值较 CK 处理两年平均分别下降 7.34%、

15.88%和 23.51%；总体上，各处理间的差异随土壤深度加深而减小，残膜对深层土壤盐分影响较小，且当残膜量≥300kg/hm^2 时，盐分多积累在 0～30cm 土层。

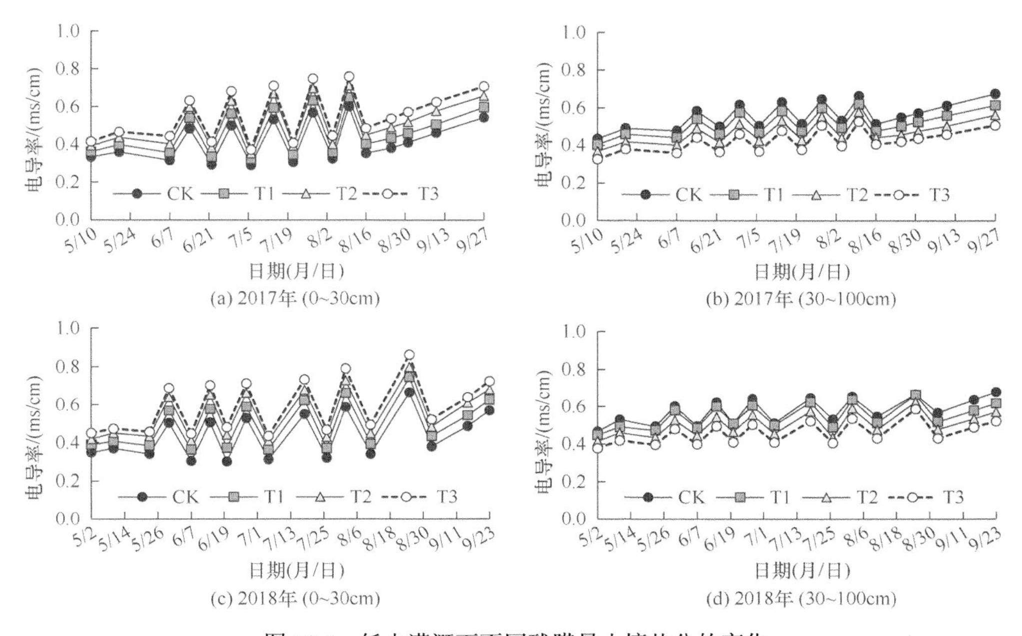

图 10.6　低水灌溉下不同残膜量土壤盐分的变化

苗期-成熟期，各处理间存在明显差异，残膜量越大，差异性越明显（图 10.6）。苗期植株较小，对水分需求较小，所以该时期在表层的盐分也是全生育期最小，在 0～30cm 土层，CK、T1、T2 和 T3 处理的 EC 值两年平均分别为 0363ms/cm、0.404ms/cm、0.447ms/cm、0.479ms/cm，各处理间差异显著（P<0.05），T1、T2 和 T3 处理 EC 值较 CK 处理两年平均分别增加 11.32%、23.26%和 31.95%，而 30～100cm 土层 T1、T2 和 T3 处理 EC 值较 CK 处理两年平均分别减小 7.00%、14.73%和 22.90%，可见该时期各处理在 0～30cm 土层的盐分较少，但各处理间的差异显著。在拔节期，各处理在 0～30cm 和 30～100cm 土层的 EC 值较苗期显著增加，且不同处理间的差异也较苗期增加，0～30cm 土层，T1、T2 和 T3 处理 EC 值较 CK 处理两年平均分别增加 13.94%、28.67%和 38.63%，30～100cm 土层，T1、T2 和 T3 处理 EC 值较 CK 处理两年平均分别减小 7.29%、15.70%和 24.61%。在抽雄期，各处理在 0～30cm 和 30～100cm 土层的 EC 值较拔节期的增加幅度降低，不同处理间差异也缩小，0～30cm 土层，T1、T2 和 T3 处理 EC 值较 CK 处理两年平均分别增加 12.52%、25.26%和 33.75%，30～100cm 土层，T1、T2 和 T3 处理 EC 值较 CK 处理两年平均分别减小 7.20%、15.05%和 23.72%。当玉米处于灌浆期和成熟期不同残膜量处理的变化趋势与中水灌溉相似，在 0～30cm 和 30～

100cm 土层的 EC 值较前一个生育期的增加幅度降低。总体上降低灌水定额的情况下残膜对生育前期的影响较为明显，其中对拔节期的影响最大。

10.5 不同残膜量和灌水定额对土壤盐分的交互影响

不同残膜量和灌水定额对 0～30cm 和 30～100cm 土层盐分含量的交互影响见表 10.2，2017 年和 2018 年灌水定额对 0～10cm、10～30cm 和 30～100cm 3 个土层的土壤电导率影响都达到了极显著的水平（$P<0.01$），说明土壤电导率对不同灌水定额的响应极为敏感，不同残膜量处理对土壤电导率的影响仅在 0～10cm 和 10～30cm 土层达到了极显著的水平（$P<0.01$），而对于 30～100cm 土层土壤电导率的影响仅为显著水平（$P<0.05$），可见残膜对 0～30cm 土层土壤电导率的影响大于残膜对 30～100cm 土层土壤电导率的影响，高水灌溉下残膜处理（T1、T2、T3）在 0～10cm 和 10～30cm 土层的土壤电导率小于 30～100cm 土层的土壤电导率，两年平均分别减小 9.31%和 6.52%，所以适量的增加灌水定额有利于含残膜根区土层的盐分淋洗。不同残膜量和灌水定额对土壤电导率的交互影响在 0～10cm、10～30cm 和 30～100cm 3 个土层均达到了极显著水平（$P<0.01$）。

表 10.2　不同残膜量和灌水定额对土壤电导率的交互影响

灌水处理	残膜处理	各土层土壤电导率/（ms/cm）					
		0～10cm		10～30cm		30～100cm	
		2017 年	2018 年	2017 年	2018 年	2017 年	2018 年
高水灌溉	CK	0.671a	0.715a	0.669a	0.727a	0.537d	0.576d
	T1	0.626b	0.663b	0.631b	0.674b	0.577c	0.617c
	T2	0.566c	0.579c	0.575c	0.606c	0.621b	0.654b
	T3	0.502d	0.512d	0.524d	0.544d	0.649a	0.684a
中水灌溉	CK	0.449d	0.449d	0.474d	0.487d	0.602a	0.627a
	T1	0.503c	0.515c	0.512c	0.544c	0.562b	0.588b
	T2	0.569b	0.591b	0.572b	0.600b	0.514c	0.549c
	T3	0.604a	0.644a	0.610a	0.642a	0.471d	0.504d
低水灌溉	CK	0.404d	0.421d	0.426d	0.449d	0.561a	0.592a
	T1	0.454c	0.485c	0.469c	0.504c	0.518b	0.548b
	T2	0.513b	0.549b	0.518b	0.553b	0.471c	0.504c
	T3	0.553a	0.595a	0.556a	0.589a	0.425d	0.458d
显著性检验（*F* 值）							
灌水水平		14.624**	13.533**	13.893**	15.845**	12.639**	14.038**
残膜水平		4.573**	3.117**	3.174**	2.989**	2.286*	2.433*
灌水×残膜		8.877**	12.621**	5.978**	8.266**	4.580**	4.149**

10.6 讨　　论

关于残膜对土壤水分的影响机制研究主要集中在室内的入渗试验以及单一灌水量下农田水分状况等方面，首先，在室内入渗试验方面，王志超等（2017b）研究发现残膜量的增加会增加湿润锋运移相同距离所需时间，而入渗速率则变慢。解红娥等（2007）研究表明残膜量达到 360kg/hm^2 时，水分上下运移速度受到明显影响，当残膜量增加至 1440kg/hm^2 时，水分上下运移速度显著下降 53.3%。两位学者的研究均表现出残膜对水分的阻滞作用，而有学者表明，土壤中的残膜会使得水分产生优势迁移，李元桥等（2015）通过室内模拟试验研究得到当残膜量达到 720kg/hm^2 时，残膜会增加土壤的大孔隙比例，产生土壤优势流。胡琦等（2020a）采用染色示踪技术进行原位试验，对水流入渗过程进行可视化研究也得到了同样的结论，残膜量或入渗水量的增加均会导致残膜区出现优先流。另外，张建军等（2014）在甘肃进行大田试验结果表明随着地膜残膜量的增加，玉米收获期 0～120cm 土壤含水率下降、 全生育期土壤储水量减少，同时降低了玉米的水分利用效率。杜利等（2018）通过盆栽试验也得到相似结论。本章通过田间试验研究了不同残膜量和不同灌水量下土壤水分状况，并进行了分析，发现残膜区土壤含水率与无残膜区的高低关系并不是恒定的，会受到灌溉量的影响，高水灌溉下，灌溉量的增加会增大水分的重力势能，会产生优势水流或者绕过残膜量向土层深处运移，所以残膜层（0～30cm）土壤含水率会随残膜量的增加而减小；中水和低水灌溉下，本章得到的结论与王志超等（2017b）研究结果基本一致，由于中水和低水灌溉情况下，土壤水势不足，残膜对水分的作用主要是阻滞效应，导致 0～30cm 土层的含水率显著增加。

“盐随水动”，土壤中残留的农膜同样影响盐分的迁移，残膜抑制水和溶质在土壤中的运移，残膜区会出现积盐现象。朱珠等（2021）研究发现残膜会增加土壤电导率，增加土壤碱度，致使土壤颗粒分散结构恶化。朱金儒等（2021）通过田间试验结果表明残膜会降低土壤水盐分布的均匀性，且高残膜处理土壤脱盐效果变差并出现盐分富集。本章研究结果表明在不同灌溉量下不同残膜量处理的盐分迁移规律不同，高水灌溉下更多的盐分迁移到深层土壤，出现积盐现象；中水和低水灌溉条件下 0～30cm 土层的土壤盐分出现富集现象。这与王静（2016）在新疆棉田的试验结论相似，常规和减量灌溉下残膜处理在 0～40cm 土层的土壤含盐量大于无残膜处理，增量灌溉下反之。

本章通过试验验证了前人在残膜对水盐运移影响研究的结论，同时也明确了残膜对水分的阻滞和优势流动作用是并存的，驱动二者并存的因素是灌溉水量，本书认为这只是其中的一个因素，仍需再做一些试验来确定更多驱动因素，明晰残膜对土壤水分运移的内在机理，制订适合农膜残留农田的水分管理策略。

10.7 结　论

高水灌溉下在 0～30cm 土层中，土壤含水率随着残膜量的增加而减小，T1、T2 和 T3 处理的含水率较 CK 处理两年平均分别减小 6.14%、14.01%和 21.50%；在 30～100cm 土层土壤含水率随着残膜量的增加而增大，T1、T2 和 T3 处理含水率与 CK 处理相比两年平均分别增加 5.48%、11.69%和 16.34%，且增加幅度随着土壤深度的加深而减小。可见残膜对 0～30cm 的含水率影响明显大于 30～100cm。

中水灌溉下不同生育阶段残膜对 0～30cm 含水率的影响均大于 30～100cm，且当残膜量≥300kg/hm^2，残膜阻碍水分运移，使得 0～30cm 土层的含水率显著增加。残膜对不同土层含水率的变化规律为在 0～30cm 土层，不同处理含水率由大到小为 T3>T2>T1>CK；在 30～100cm 土层，各处理土壤含水率由大到小为 CK>T1>T2>T3。残膜处理土壤含水率较无残膜处理的降低幅度随着土壤深度的增加而减小，在 70～100cm 土层的影响最低，与 CK 处理相比，T1、T2 和 T3 处理的含水率两年平均分别减小 3.88%、8.84%和 13.93%。

低水灌溉下不同生育期内残膜对土壤含水率的影响与中水灌溉下的变化规律相似，0～30cm 土层，T1、T2 和 T3 处理的土壤含水率较 CK 处理两年平均分别增加 5.80%、17.65%和 26.09%；30～100cm 土层，T1、T2 和 T3 处理的土壤含水率较 CK 处理两年平均分别下降 4.80%、10.72%和 15.80%，残膜对 0～30cm 土层的影响大于 30～100cm 土层。

高水灌溉下随着生育期的推进，不同残膜量处理的 EC 值在 0～100cm 土层而增加。其中在 0～30cm 土层，土壤盐分随着残膜量的增加而减小，T1、T2 和 T3 处理的 EC 值较 CK 处理两年平均分别降低 6.75%、16.40%和 25.12%；在 30～100cm 土层，残膜量越大，盐分越大。表明高水灌溉下更多的盐分迁移到深层土壤，出现积盐现象，且当残膜量≥300kg/hm^2 时，残膜处理的 EC 值显著增加。

中水灌溉下全生育阶段在 0～30cm 土层，土壤盐分随残膜量的增加而增多，与 CK 处理相比，T1、T2 和 T3 处理的 EC 值两年平均分别增加 11.52%、25.40%和 34.46%。其中 10～30cm 土层为主要积盐区，CK、T1、T2 和 T3 处理的 EC 值两年平均分别为 0.479ms/cm、0.528ms/cm、0.584ms/cm 和 0.625ms/cm，且各处理间差异显著。在 30～100cm 土层，土壤盐分随残膜量增加而减少，T1、T2 和 T3 处理的 EC 值较 CK 处理两年平均分别下降 6.47%、13.51%和 20.62%。

低水灌溉下各处理土壤盐分的变化规律表现为在 0～100cm 土层中，各处理的 EC 值均随生育期的推进而增加；不同残膜量处理间盐分的差异随着土壤深度的加深而减小；0～30cm 土层，土壤盐分随残膜量的增加而增多，30～100cm 土层，土壤盐分随残膜量增加而减少。

2017 年和 2018 年灌水定额对 0～10cm、10～30cm 和 30～100cm 3 个土层的土壤电导率影响都达到了极显著的水平（$P<0.01$），说明土壤电导率对不同灌水定额的响应极为敏感，而不同残膜量对土壤电导率的影响在 0～10cm 和 10～30cm 土层达到了极显著的水平（$P<0.01$），而对于 30～100cm 土层土壤电导率的影响仅为显著水平（$P<0.05$），不同残膜量和灌水定额对土壤电导率的交互影响在 0～10cm、10～30cm 和 30～100cm 3 个土层均达到了极显著水平。

第 11 章　农膜残留对玉米生长和光合特性的影响

11.1　引　　言

残膜具有较强的韧性，易缠绕在作物根系的周围，阻碍作物根系从土壤中吸收水分和养分，进而影响地上部分的光合作用，最终导致作物生长发育受到阻碍，本章主要介绍不同残膜量对玉米地上生长指标和光合特征的影响，从而明确不同残膜量下不同生育阶段玉米冠层生长和光合作用的变化情况。

11.2　不同残膜量对玉米出苗率与株高的影响

统计调查发现，0kg/hm^2、180kg/hm^2、360kg/hm^2 和 720kg/hm^2 玉米出苗率分别为 100%、97.8%、95.2%和 89.1%。玉米出苗率随着地膜残留量的增加而降低，且 360kg/hm^2 和 720kg/hm^2 与 0kg/hm^2 差异显著。出苗率下降的主要原因是一方面，若种子播种在膜片上，不能吸收足够的水分而影响萌发；另一方面，如果种子种在膜片下，由于根尖不能穿透地膜，吸收不到足够的水分和养分造成种苗因饥饿而死亡，或出苗后连同膜片一同顶出地面，幼苗则因膜下高温而导致其死亡。

玉米整个生育阶段内不同残膜量下的株高变化趋势相似（图 11.1），即与无残膜处理（CK）相比，残膜处理的株高均有不同程度地减小，残膜量越大，减小幅度越大。在全生育期内，TI、T2 和 T3 处理的株高与 CK 处理相比两年平均下降分别为 2.97%、6.67%和 11.28%。说明残膜量越大，对玉米植株生长的胁迫程度

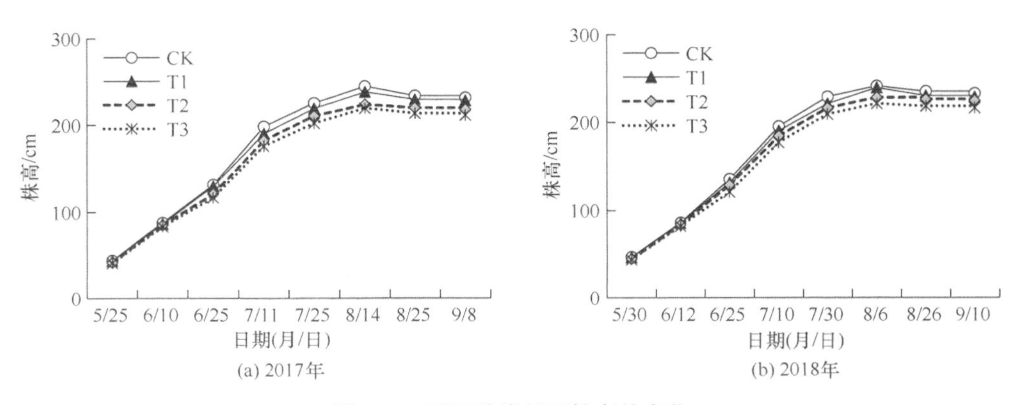

图 11.1　不同残膜量下株高的变化

越大，当残膜量≥300kg/hm^2 时，玉米株高显著下降。从玉米苗期至拔节期，与 CK 处理相比，T1、T2 和 T3 处理两年平均分别下降 3.87%、7.72%和 12.28%。从抽雄期至成熟期，T1、T2 和 T3 处理的株高较 CK 处理两年平均分别减小 2.53%、6.14%和 10.78%。可以看出抽雄期-成熟期残膜处理的株高降幅低于苗期-拔节期的株高降幅，表明随着生育期的推进，玉米对残膜的抗逆性增加，所以各处理间的差异逐渐减小。

11.3　不同残膜量对玉米茎粗与叶面积的影响

不同残膜量处理两年玉米茎粗的变化趋势基本一致（图 11.2），均表现为随生育期推进，茎粗先增加至最大值后略微下降的变化趋势。而不同残膜量处理的茎粗由大到小为 CK>T1>T2>T3，T1、T2 和 T3 处理的茎粗在全生育阶段较 CK 处理两年平均分别减小了 3.16%、8.65%和 13.93%，当残膜量≥300kg/hm^2 时，残膜处理均与无残膜处理呈现出显著性差异（$P<0.05$）。苗期，T1、T2 和 T3 处理的茎粗较 CK 处理两年平均分别下降 6.45%、14.75%和 24.88%，当玉米进入成熟期，作物逐渐成熟，残膜对作物的影响减弱，T1、T2 和 T3 处理的茎粗较 CK 处理两年平均分别减小 2.54%、7.32%和 11.67%，该时期与无残膜处理相比，残膜处理的降低幅度为全生育期最低。可见在玉米生长发育的前期，植株弱小，抗逆性较差，导致残膜对玉米地上部植株的生长发育影响较大，而在玉米生长发育的后期，植株逐渐强壮，所以玉米茎粗受残膜影响在生育前期较大，在生育后期较小。

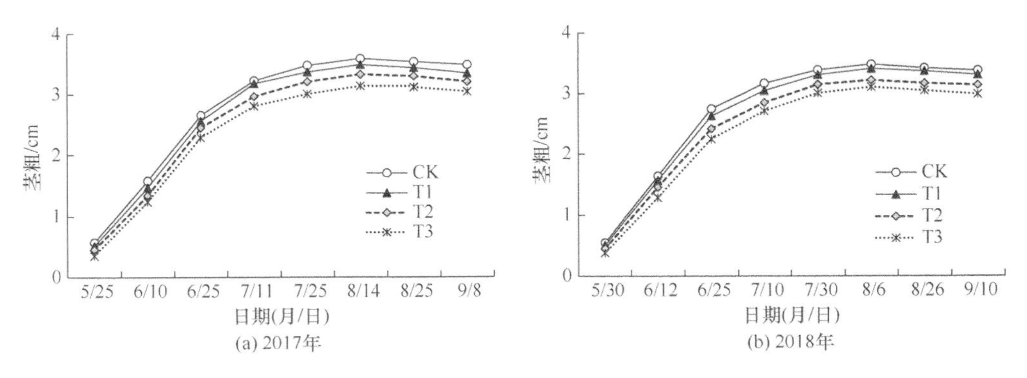

图 11.2　不同残膜量下茎粗的变化

叶面积指数作为衡量植株叶片数量及生长状况的重要指标，直接影响到植株的光合作用和产量的形成。由图 11.3 可知，两年各处理的玉米叶面积指数随着生育期的推进均呈先上升后下降的变化趋势。全生育期内，叶面积指数随着残膜量的增加而减小，且残膜量越大，降幅越大，T1、T2 和 T3 处理的叶面积指数在全生育阶段较 CK 处理两年平均分别减小了 3.39%、9.07%和 15.29%。从苗期-拔节期，各处理的叶面积指数迅速增长。从拔节期至抽雄期，叶面积指数持续增大，在抽雄期出现峰值，此阶段 CK、T1、T2 和 T3 处理叶面积指数两年平均分别为 $4.37cm^2/cm^2$、$4.26cm^2/cm^2$、$4.13cm^2/cm^2$ 和 $3.98cm^2/cm^2$。此时残膜处理（T1、T2、T3）的平均叶面积指数较 CK 处理下降了 5.60%，表明作物的生殖生长达到最佳状态，作物的防御机制消减了残膜对作物的胁迫作用。从灌浆期至成熟期，玉米处于营养生长阶段，玉米植株上处于低位的叶片开始枯萎凋落，叶面积指数随叶面积的减小而降低。而对于残膜处理来说，土壤中的残膜不利于作物对水分和养分的吸收，使得作物叶片加快衰老。所以该阶段残膜处理的叶面积指数均小于无残膜处理，当残膜量≤$150kg/hm^2$，残膜处理与无残膜处理相比差异不明显，当残膜量≥$300kg/hm^2$，残膜处理与无残膜处理间存在显著性差异（$P<0.05$），T2 和 T3 处理的叶面积指数与 CK 处理相比两年平均分别下降了 8.33%和 14.15%。结果表明，虽然残膜在生育前期对玉米叶面积指数的胁迫程度要大于生育后期，但残膜促使作物早衰，所以在生育后期作物的叶面积指数仍受残膜胁迫的影响。

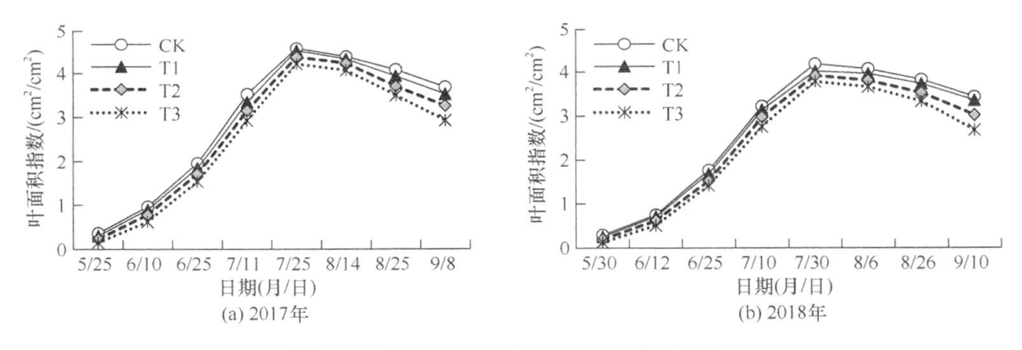

图 11.3 不同残膜量下叶面积指数的变化

11.4 不同残膜量对玉米干物质量与干物质分配率的影响

随着生育期推进，不同残膜量处理的干物质量逐渐增大，在成熟期达到最大（图 11.4）。残膜导致玉米干物质量减小，T1、T2 和 T3 处理的干物质量在全生育期较 CK 处理两年平均分别减小了 3.83%、8.78%和 13.26%。从苗期至拔节期，不同残膜量处理间的干物质量差异显著（$P<0.05$），T1、T2 和 T3 处理的干物质量较 CK 处理两年平均分别减小 12.00%、26.27%和 33.64%。从抽雄期至成熟期，残膜处理的干物质量较无残膜处理的降幅均有所减小，直至成熟期降为最小，T1、T2 和 T3 处理较 CK 处理分别两年平均降低了 1.79%、4.76%和 6.88%。在生育前期，残膜的胁迫作用对含残膜处理均有不同程度的胁迫影响，随着生育期推进，

植株逐渐强壮，残膜量≤150kg/hm^2，作物有较好的补偿机制，对干物质积累影响较小，当残膜量≥300kg/hm^2，残膜对作物的胁迫程度仍较高，叶面积早衰，光合作用减弱，不利于干物质积累。

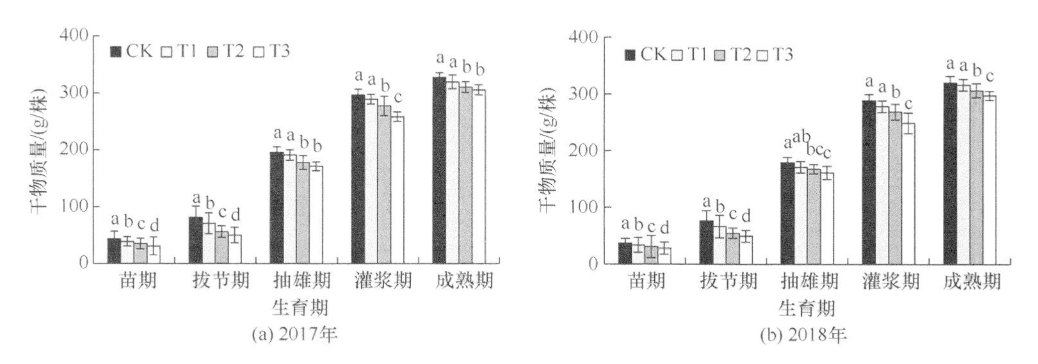

图 11.4　不同残膜量下干物质量的变化

不同生育期各器官的干物质分配率变化规律如图 11.5 所示，随着生育期的推进，干物质在玉米叶片和雄穗中的分配率下降，在茎中的分配率先增加后降低，在果穗中的分配率则一直增加。不同残膜量下干物质在各器官中的分配率在不同生育阶段具体分析如下，在苗期和拔节期，当残膜量为 150kg/hm^2 时，与 CK 处理相比，叶片分配率平均增加 6.61%，茎分配率则减小 8.81%；当残膜量≥300kg/hm^2 时，T2 和 T3 处理的叶片分配率较 CK 处理两年平均减小 6.13%和 9.06%，茎分配率则分别增加 8.17%和 12.08%。可见，在生育前期当残膜量为 150kg/hm^2 时，残膜可提高干物质在叶片中的分配率，为光合作用提供了条件；当残膜量≥300kg/hm^2 时，降低叶片分配率，表明残膜积累到一定程度会显著影响叶片干物质的积累。抽雄期至成熟期，玉米处于生殖生长时期，叶片光合作用产物不断向籽粒运输，且储存在茎中的干物质量也随着生育期的推进不断调运到籽粒库，使得干物质在茎叶中的分配率逐渐降低，各处理茎叶分配率均在成熟期达到最小值。随着残膜量的增加，干物质在叶片中的分配率减小，在茎中的分配率先减小后增加。与 CK 处理相比，T1、T2 和 T3 处理在 3 个生育期的两年平均叶片分配率分别降低 1.25%、7.06%和 10.78%；T1 的茎分配率处理降低 1.31%，T2、T3 处理的茎分配率分别增加 7.66%、13.30%。此外，雄穗的干物质量分配率也呈下降趋势，T1、T2 和 T3 处理在 3 个生育期的两年平均叶片分配率较 CK 处理分别降低 6.50%、14.69%和 28.29%。抽雄期以后干物质在果穗中分配率持续增加，当残膜量为 150kg/hm^2 时，T1 处理在 3 个生育期的果穗干物质分配率较 CK 处理平均增加 2.40%，差异不显著，说明残膜量较低时可能会使作物生长产生补偿效应，加强了光合产物向籽粒的运转和分配，提高了果穗干物质分配率。当残膜量≥300kg/hm^2 时，T2 处理 3 个生育期的果穗干物质分配率较 CK 处理平均降低 2.97%，T3 处理平均降低 5.52%，各处理间存在明显差异，表明随残膜量的累积，不利于光合产物向籽粒的运转和分配。

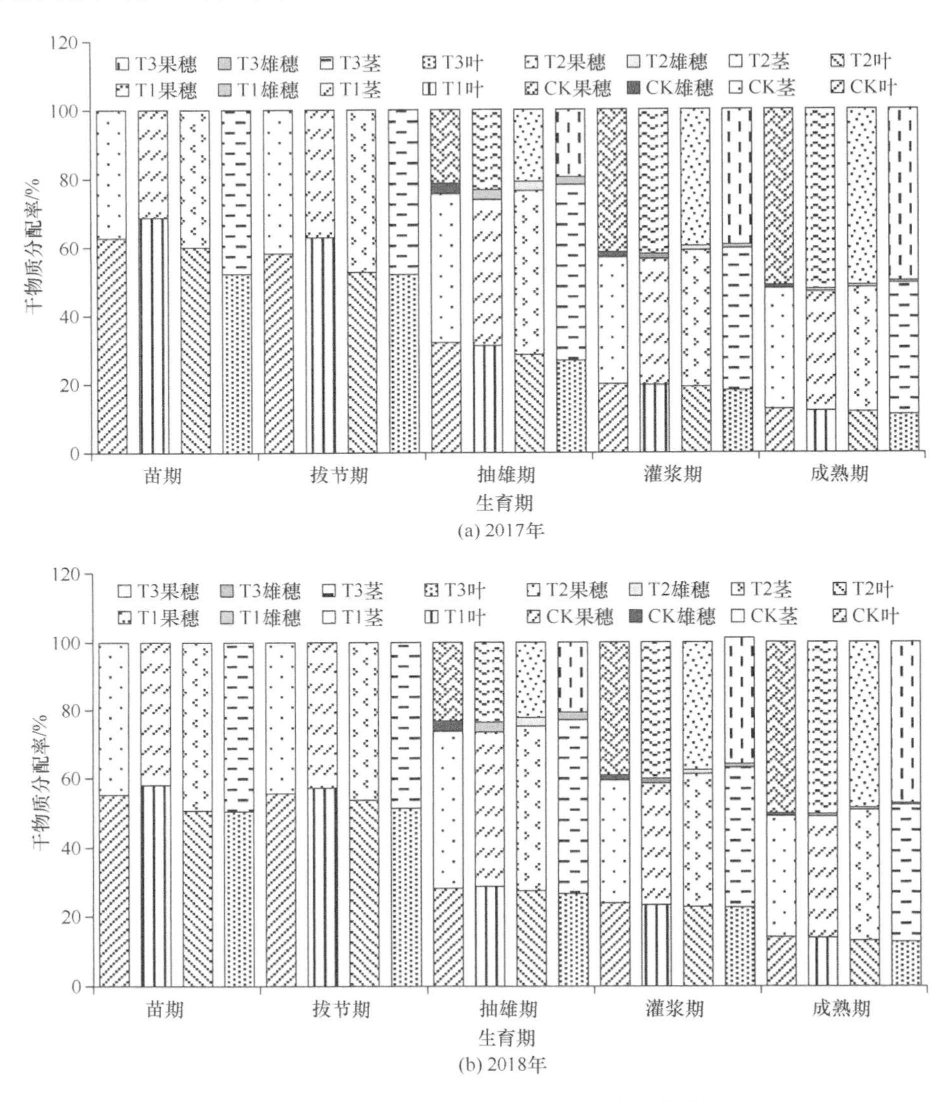

图 11.5　不同残膜量下干物质分配率的变化

11.5　不同残膜量对玉米叶片光合特性的影响

不同残膜量条件下玉米叶片净光合速率（P_n）、蒸腾速率（T_r）、气孔导度（G_s）和胞间 CO_2 浓度（C_i）的变化特征见图 11.6。随着生育期推进，P_n、T_r、G_s

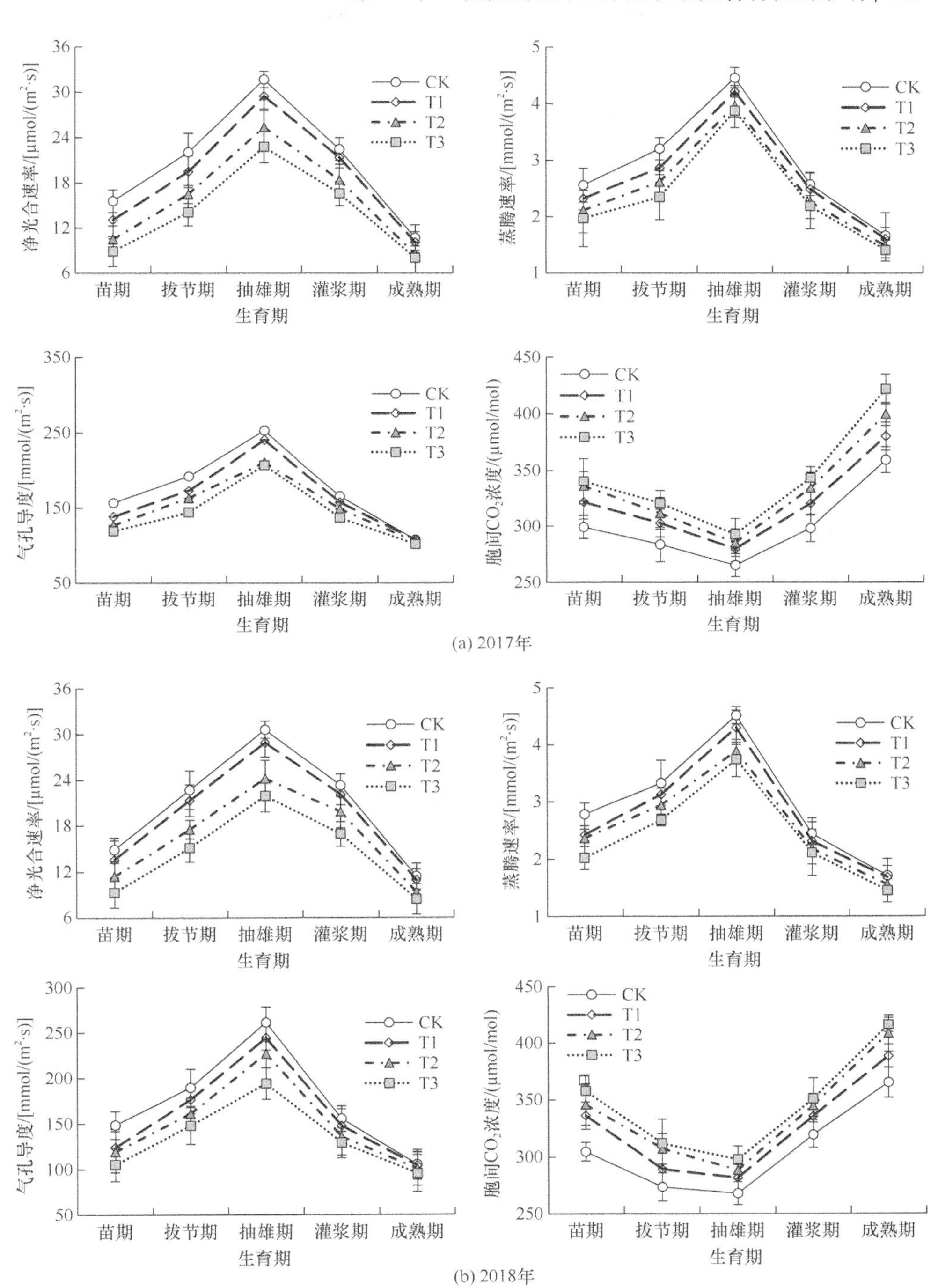

图 11.6　不同残膜量下玉米叶片的光合特性

3 个指标先增大后减小，均在抽雄期达到峰值；C_i 则先减小后增大，在抽雄期达到谷值。苗期和拔节期，残膜对光合作用的影响表现为残膜处理 P_n、T_r、G_s 3 个指标减小，且残膜量越大，较无残膜处理的降幅越大；C_i 则随残膜量增加而增加。残膜处理的 P_n、T_r、G_s 较 CK 处理分别两年平均减小 24.39%、16.41%和 17.72%，C_i 较 CK 处理平均增加 11.37%。其中 T1 处理的 P_n、T_r 和 G_s 与 CK 处理相比两年平均分别减小 10.36%、9.60%和 11.01%；T2 处理的 P_n、T_r 和 G_s 两年平均分别减小 25.76%、15.57%和 17.13%；T3 处理的 P_n、T_r 和 G_s 两年平均分别减小 37.05%、24.07%和 25.01%。而 T1、T2 和 T3 处理的 C_i 较 CK 处理两年分别平均增加 7.59%、11.96%和 14.55%。说明为了适应存在大量残膜的土壤环境，玉米叶片气孔选择关闭，导致胞间 CO_2 浓度增加，光合速率和蒸腾速率下降。抽雄期由于灌水频率增加，为残膜处理提供了较好的土壤水分环境，减弱了残膜对玉米光合作用的负面影响。残膜处理的 P_n、T_r 和 G_s 平均值较 CK 处理的下降幅度降低，降幅两年平均分别为 18.30%、10.81%和 14.16%，C_i 较 CK 处理的增幅也有所降低，增幅为 7.85%。随着生育期的推进，残膜处理的 P_n、T_r 和 G_s 3 个指标与无残膜处理间的差异缩小，且在成熟期达到最小，而残膜处理 C_i 与无残膜处理间的差异逐渐增加。虽然作物生长逐渐茁壮，对残膜的负面影响产生了一定的抗逆性，但仍存在一定的胁迫作用，使作物出现早衰等现象，最终削弱了玉米光合能力。

11.6 讨　论

土壤中随机分布的残膜破坏土壤结构，且当残膜以平铺的形态存在于土壤时，显著影响农作物种子的发育和出苗。种子播种时落在残膜上，会造成种子腐烂，无法出苗（胡灿等，2020）。例如，朱珠等（2021）研究发现棉花种子受残膜影响出苗缓慢，当棉苗触碰到残膜受到阻滞作用，无法破土而出，导致棉苗沤烂，降低棉花出苗率。这与本章结果一致，玉米出苗率随着地膜残留量的增加而降低，且残膜量越大，不同处理间玉米出苗率差异越大。株高和茎粗是作物生长情况的直观反映。不仅受自身遗传控制，也受外界环境的显著影响。本章通过观测玉米主要生育期的株高和茎粗变化发现与无残膜处理相比，残膜处理的株高和茎粗均有不同程度的减小，残膜量越大，减小幅度越大。且抽雄期-成熟期（生育后期）残膜处理的株高和茎粗降幅低于苗期-拔节期（生育前期）的株高和茎粗降幅。邹小阳等（2016c）通过残膜对番茄生长的研究表明随着残膜量增加，苗期和开花坐果期的株高和茎粗均呈减小趋势，且株高和茎粗的增长速率逐渐降低。杨彩霞（2020）通过对番茄苗期和开花坐果期株高的测定发现类似结论，苗期株高受残膜影响大于开花坐果期。

前人研究认为（王亮等，2018；马辉等，2008），随残膜量的增加，植株的各器官生物量及总生物量呈降低趋势。本章中玉米各生育阶段的干物质积累量随残膜量增加而递减，如，T1、T2 和 T3 处理的干物质量较 CK 处理两年平均分别降低了 4.07%、8.74%和 13.15%。这是因为残膜降低了玉米叶片的光合能力，阻碍了光合作用产物的积累和转运，引起干物质积累量的减少（王林林等，2013）。虽然在苗期-拔节期残膜对作物干物质积累影响较大（杜利等，2018），但并未明显的降低干物质在叶片的分配率。抽雄-成熟期，随着残膜量的增加，干物质在叶片中的分配率减小，在茎中的分配率先减小后增加。T2（300kg/hm^2）处理果穗干物质分配率较 CK 处理平均降低 3.12%。这与王亮等（2017）的研究结果类似，当残膜量达到 300kg/hm^2，不利于在生育后期干物质在各器官中的积累，阻碍了干物质向籽粒库的分配。而当残膜量为 150kg/hm^2 时，作物呈补偿性生长，加强了光合产物向籽粒的运转和分配，提高了果穗干物质分配率，这与祖米来提·吐尔干等（2017）的研究结果类似。

在自然条件下，玉米的光合作用随外部环境的变化而变化，具有明显的不稳定性（Xu et al.，2015）。于文颖等（2015）在东北地区研究发现，拔节-吐丝期玉米叶片为适应水分亏缺，选择关闭或暂时关闭气孔，导致玉米叶片整体光合速率、气孔导度等指标均较对照显著下降。这与本章相似，苗期和拔节期，残膜对光合作用的影响表现为残膜处理 P_n、T_r、G_s 3 个指标减小，且残膜量越大，较无残膜处理的降幅越大；C_i 则随残膜量增加而增加。而适度的水分胁迫不会使得作物光合能力显著下降，以此来主动适应环境胁迫（姜良超等，2017），当残膜量≤150kg/hm^2 时，玉米的各项光合指标与无残膜处理相比差异相对较小，这是由于作物接触少量残膜时自身产生了防御机制，一定程度上消减了残膜对作物生长的负面效应。也有研究发现用矿化度为 5g/L 的微咸水灌溉在生育初期对光合能力的抑制作用十分明显（于潇等，2019），当残膜量继续增加时，作物叶片提前衰老，叶片的净光合能力和蒸腾速率均有所降低，致使作物不能正常生长。

11.7　结　　论

玉米出苗率随地膜残膜量的增加而下降。180kg/hm^2、360kg/hm^2 和 720kg/hm^2 出苗率较 0kg/hm^2 分别降低 2.20%、4.80%和 10.90%，且 360kg/hm^2 和 720kg/hm^2 与 0kg/hm^2 差异显著。

随着残膜量的增加，玉米株高、茎粗和叶面积指数呈下降趋势，T1 处理的株高、茎粗、叶面积指数较 CK 处理两年平均分别下降 2.97%、3.16%和 3.39%；T2 处理的株高、茎粗、叶面积指数较 CK 处理两年平均分别下降 6.67%、14.75%和 9.07%；T3 处理的株高、茎粗、叶面积指数较 CK 处理两年平均分别下降 11.28%、24.88%和 15.29%，且当残膜量≥300kg/hm^2 时，残膜会造成玉米株高、茎粗、叶面积指数显著下降，残膜对玉米生育前期的胁迫程度大于生育后期。

不同残膜量处理的干物质量随着生育期推进呈现递增的变化趋势，地上干物质积累量随着残膜量的增加而减小，苗期至拔节期，当残膜量为 150kg/hm^2，会提高叶片分配率，残膜量≥300kg/hm^2，降低叶片分配率，降幅随着残膜量的增加而增大。抽雄期至成熟期，低残膜量会促进光合产物向籽粒的运转和分配，高残膜量则相反。当残膜量为 150kg/hm^2 时，果穗干物质分配率提高，T1 处理较 CK 处理平均增加 2.40%；当残膜量≥300kg/hm^2 时，果穗干物质分配率降低，T2 和 T3 处理较 CK 处理分别降低 2.97%和 5.52%。

残膜导致玉米叶片净光合速率（P_n）、蒸腾速率（T_r）和气孔导度（G_s）呈下降趋势，胞间 CO_2 摩尔分数（C_i）则随残膜量增加而增加。残膜在苗期-拔节期对玉米叶片光合作用的影响要大于抽雄-灌浆期、苗期-拔节期，残膜处理的 P_n、T_r、G_s 较 CK 处理分别两年平均减小 24.39%、16.41%和 17.72%，C_i 较 CK 处理平均增加 11.37%；结果显示当残膜量≥300kg/hm^2 时，作物叶片提前衰老，叶片的净光合能力和蒸腾速率均有所降低，导致作物生长受阻。

第 12 章　农膜残留对玉米根系的影响

12.1　引　　言

玉米根系是玉米的主要功能器官，玉米植株通过根系吸收土壤中的水分和多种营养物质来保证冠层的生长发育，土壤中随机分布的残留农膜会与作物根系直接接触，导致其生长发育受到胁迫。本章主要介绍不同残膜量对玉米根干重、根冠比、根体积比和不同径级根系的影响，从而明确不同残膜量下不同生育阶段玉米根系指标的变化特征。

12.2　不同残膜量对玉米根干重与根冠比的影响

残膜处理的根干重和根冠比与无残膜处理间存在差异性（表 12.1、表 12.2），且这种差异在玉米生育前期更加显著（$P<0.05$），随着生育进程的推进，根干重和根冠比先增加后降低。此外，残膜导致玉米根干重降低，且随着残膜量越大，降幅越大。全生育期内，与 CK 处理相比，T1、T2 和 T3 处理的根干重两年平均分别减小 11.81%、27.11%、36.82%。在拔节期，各处理间的差异达到最大，T1、T2 和 T3 处理的根干重较 CK 处理两年平均分别减小 18.05%、39.78%和 50.46%。随着生育期的推进，成熟期各残膜处理间的差异降为最小，T1、T2 和 T3 处理的根干重较 CK 处理两年平均分别下降 4.04%、15.86%和 20.19%。T1 处理在成熟期与 CK 处理相比差异有所下降，这说明当残膜量≤150kg/hm^2 时，残膜对玉米根干重的

表 12.1　不同残膜量下玉米根干重的变化

年份	器官	残膜处理	生育期				
			苗期	拔节期	抽雄期	灌浆期	成熟期
2017	根干重/g	CK	1.03a	2.98a	9.86a	11.89a	8.90a
		T1	0.90b	2.43b	8.14b	10.09b	8.26a
		T2	0.80c	1.79c	6.37c	8.36c	7.07b
		T3	0.69d	1.50d	4.77d	7.75d	6.43b
2018	根干重/g	CK	0.97a	2.45a	8.07a	10.71a	7.94a
		T1	0.88b	2.02b	7.25b	9.28b	7.90a
		T2	0.78c	1.48c	6.23c	7.25c	7.10b
		T3	0.65d	1.19d	3.87d	7.08d	7.01b

表 12.2　不同残膜量下玉米根冠比的变化

年份	器官	残膜处理	生育期				
			苗期	拔节期	抽雄期	灌浆期	成熟期
2017	根冠比	CK	0.0238a	0.0368a	0.0506a	0.0401a	0.0271a
		T1	0.0235a	0.0344b	0.0427b	0.0349b	0.0258a
		T2	0.0231a	0.0324c	0.0359c	0.0301c	0.0228b
		T3	0.0226b	0.0302d	0.0280d	0.0300d	0.0210b
2018	根冠比	CK	0.0267a	0.0323a	0.0450a	0.0370a	0.0248a
		T1	0.0264a	0.0306a	0.0424a	0.0333b	0.0249a
		T2	0.0258a	0.0273b	0.0372b	0.0270c	0.0231b
		T3	0.0234b	0.0242c	0.0240c	0.0284c	0.0235b

阻碍作用随着作物生长逐渐减弱。而当残膜量≥300kg/hm^{2}时，玉米根干重虽然会随着作物生长而增大，但残膜对根系的胁迫影响贯穿了整个生育期，使得根系生长受阻。

总体上随着残膜量增加，根冠比呈下降趋势，不同处理间根冠比差异显著，与 CK 处理相比，T1、T2 和 T3 处理的根冠比两年平均分别减小 7.35%、17.29%、25.83%。当残膜量增加到 600kg/hm^{2}后在部分生育期根冠比会呈现断崖式下降，严重影响作物生长。与苗期和拔节期相比，在抽雄期，CK、T1 和 T2 处理的根冠比均增大，且达到最大值，两年平均分别为 0.0478、0.0428 和 0.0388，而 T3 处理的根冠比不增反降，较 CK 处理下降 45.65%。这是由于当残膜量达到 600kg/hm^{2}时，在抽雄期明显限制了玉米根系生长所导致的；在灌浆期，T2 处理的根干重较抽雄期增加较小，T2 与 T3 处理的根干重差异较小，而 T2 与 T3 处理地上部干物质量差异较大，从而使得 T3 处理根冠比高于 T2 处理，此时 T3 处理的根冠比是 T2 处理的 1.02 倍。在成熟期，T2 和 T3 处理地上部干物质量差异较小，根干重差异较大，与灌浆期相反，T2 处理根冠比高于 T3 处理。

12.3　不同残膜量对玉米根长密度的影响

根长密度能够反映根系数量的多少，是研究根系在土壤剖面分布的重要参数。2017 年和 2018 年玉米各生育期的根长密度随着土层深度的增加逐渐减小（图 12.1），且随着生育期的推进，根长密度先增加后降低。

在 0～30cm 土层（残膜主要分布的土层），从苗期至成熟期，根长密度随着残膜量的增加而减小，在不同残膜量处理间均有明显差异（$P<0.05$），且在苗期各处理间根长密度差异达到最大，T1、T2 和 T3 处理的根长密度较 CK 处理两年平均分别下降 11.33%、33.60%和 52.02%。在灌浆期各处理间根长密度差异降为

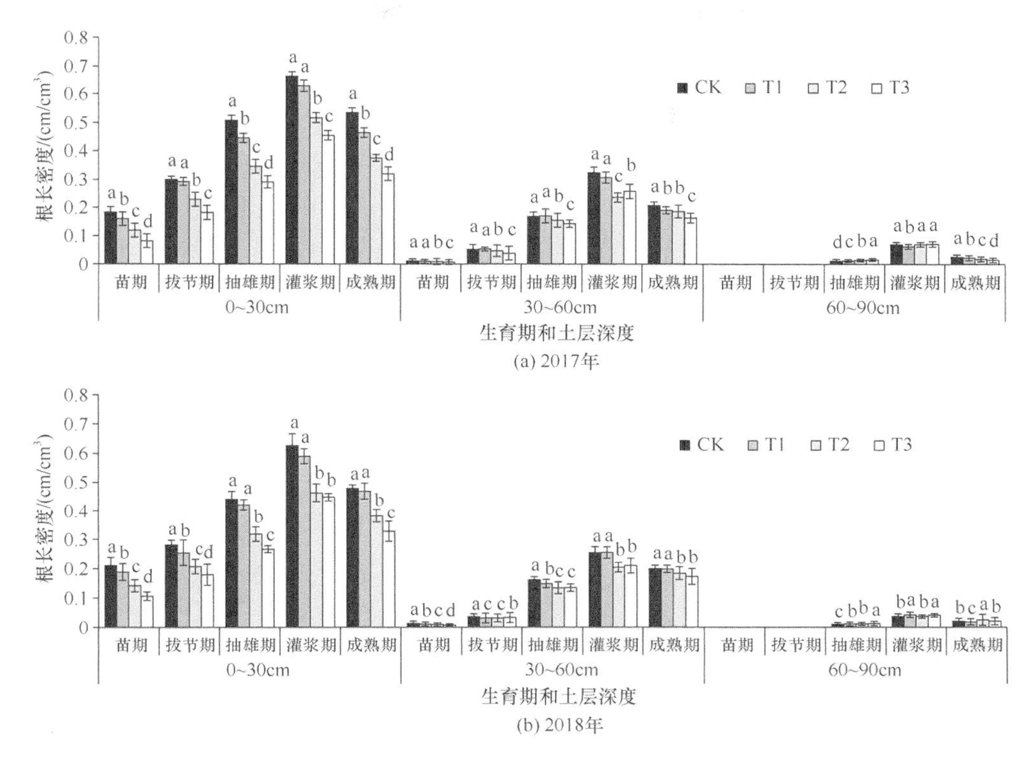

图 12.1　不同残膜量下玉米根长密度的变化

最小，T1、T2 和 T3 处理的根长密度较 CK 处理两年平均分别下降 5.36%、23.86% 和 29.84%；灌浆期残膜处理较无残膜处理的下降幅度较拔节期的下降幅度两年平均分别减小 52.66%、29.00%和 42.63%。此外，各处理的根长密度均在灌浆期达到峰值，CK、T1、T2 和 T3 处理的根长密度两年平均分别为 0.64cm/cm^3、0.61cm/cm^3、0.49cm/cm^3 和 0.45cm/cm^3。这表明在灌浆期，作物根系生长状态最佳，残膜处理的根系生长受残膜影响较苗期大幅度减弱，但 T2 和 T3 处理较 CK 和 T1 处理均有显著下降趋势，说明较高的残膜量对于根系生长仍有很强的抑制作用。在成熟期，各残膜量处理在成熟期差异仍然显著（$P<0.05$），T1、T2 和 T3 处理的根长密度较 CK 处理两年平均分别下降 7.81%、25.24%和 36.10%。土壤中的残膜导致玉米根系提前衰老，使得含残膜处理在成熟期较无残膜处理仍有大幅度的降低。

在 30～60cm 土层（该土层未放置残膜），随着残膜量的增加，根长密度未表现出一致的变化规律，总体上残膜处理的根长密度在不同程度上小于无残膜处理。在苗期至成熟期，T1 处理的根长密度较 CK 处理两年平均分别减小了 14.82%、4.04%、3.08%、2.82%和 4.22%。在该土层 T1 处理的根长密度除了在苗期有较大降幅外，其他生育期与 CK 处理均未有明显差异，说明无残膜存在的土层较低残膜量对根系生长的阻碍作用也大大降低。T2 处理的根长密度较 CK 处理两年平均减小范围为 8.94%～23.85%；T3 处理的根长密度较 CK 处理两年平均减小范围为 15.42%～35.55%。其中在灌浆期，T2 和 T3 处理的根长密度两年平均分别 0.22cm/cm^3 和 0.23cm/cm^3。由于 0～30cm 土层中残膜的影响，根系在 0～30cm 土层中生长状况较差，根系向下伸展获取生长空间，从而导致在 30～60cm 土层中，残膜量为 600kg/hm^2 的处理（T3）根长密度要大于残膜量为 300kg/hm^2 的处理（T2）。

在 60～90cm 土层（该土层未放置残膜），根系在苗期和拔节期的生长深度未达到 60～90cm，所以仅分析从抽雄期至成熟期根长密度的变化。在抽雄期，残膜处理的根长密度在不同程度上高于无残膜处理。T1、T2 和 T3 处理的根长密度两年平均分别是 CK 处理的 1.16 倍、1.26 倍和 1.40 倍。在灌浆期，T2 和 T3 处理的根长密度仍高于 CK 处理，但 T1 处理的根长密度略有下降。T1、T2 和 T3 处理的根长密度两年平均分别是 CK 处理的 0.99 倍、1.01 倍和 1.06 倍。这表明，土壤中所含的残膜量越高，根系通过向下伸展获取生长空间的能力越强，而随着土层深度的加深，这种现象也更加明显，因为 60～90cm 土层的根系以次生根为主，次生根较强的伸展性和吸水能力促使根系向下生长以获取更多的养分为维持作物根系的正常生长。

12.4 不同残膜量对玉米根重密度的影响

2017 年和 2018 年根重密度的变化规律为根重密度随着残膜量的增加而减小，且各处理的根重密度均随着土层深度的增加而减小。从苗期至成熟期，不同残膜量处理的根重密度表现为先增加后降低的趋势。由图 12.2 可以看出残膜对 0～30cm 土层的根重密度受残膜影响最大，不同处理间根重密度的差异显著（$P<0.05$），T1、T2 和 T3 处理的根重密度较 CK 处理两年平均分别降低了 11.99%、27.70%和 37.67%；随着土层深度的增加，影响程度降低。30～90cm 土层，T1、T2 和 T3 处理的根重密度较 CK 处理两年平均分别降低了 8.65%、15.51%和 23.91%。可见含残膜土层（0～30cm）根系分布较多，所以受残膜影响最大，随着土层的加深，残膜对根系的负面影响逐渐降低，但仍存在显著差异，说明残膜对根系的影响不仅仅是对含残膜土层根系的影响，也波及了无残膜土层中根系的生长。

在不同生育期内，残膜对根重密度的影响也有所不同，总体上残膜对苗期-拔节期的根系生长影响要高于抽雄-成熟期。从苗期至拔节期，0～30cm 土层，T1、T2 和 T3 处理的根重密度较 CK 处理两年平均分别减少 16.57%、36.40%和 47.45%；30～90cm 土层，T1、T2 和 T3 处理的根重密度较 CK 处理两年平均分别减少 13.32%、19.27%和 29.48%；抽雄-成熟期，0～30cm 土层，T1、T2 和 T3 处理的

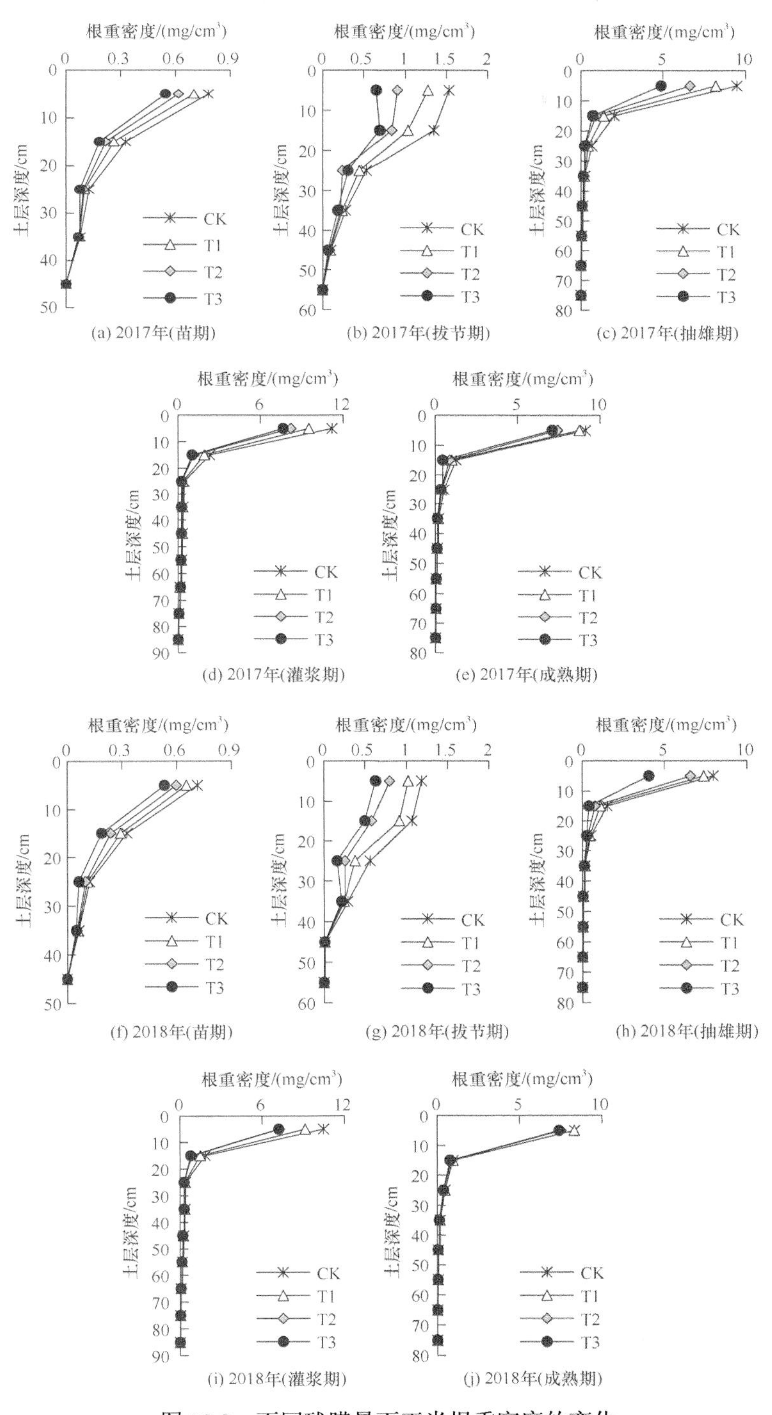

图 12.2　不同残膜量下玉米根重密度的变化

根重密度较 CK 处理两年平均分别降低了 11.42%、26.62%和 36.45%；30～90cm 土层，T1、T2 和 T3 处理的根重密度较 CK 处理两年平均分别降低了 7.70%、15.61% 和 23.27%；苗期-拔节期是玉米生长初期，此时的玉米植株弱小，根系不发达，对土壤中残膜的抗逆性较低，而抽雄-成熟期，玉米植株生长越来越强壮，根系也较为发达，抵抗残膜的能力增加，所以不同残膜量处理间根重密度的差异较生育前期有所减小。

12.5 不同残膜量对玉米根体积比的影响

本章中引入根体积比这个指标，即玉米在不同土层内的根系体积占根系总体积的比值，通过计算不同残膜量处理下的根体积比，可以进一步确定玉米在受残膜影响的条件下根系在不同土层的空间分布状态。2017 年和 2018 年的根系在各个土层中的分布情况基本一致（表 12.3），随土层深度的增加，5 个生育期内单株

表 12.3 不同残膜量下玉米根体积比的变化

土层/cm	残膜处理	根体积比/%					
		0～30cm		30～60cm		60～90cm	
		2017 年	2018 年	2017 年	2018 年	2017 年	2018 年
苗期	CK	98.63a	99.16a	1.37d	0.84d	—	—
	T1	98.16a	98.86a	1.84c	1.14c	—	—
	T2	97.59a	98.45a	2.41b	1.55b	—	—
	T3	97.10a	98.06a	2.90a	1.94a	—	—
拔节期	CK	90.37a	90.23a	9.63d	9.77d	—	—
	T1	89.64a	88.84a	10.36c	11.16c	—	—
	T2	88.51a	87.41a	11.49b	12.59b	—	—
	T3	87.16a	84.79a	12.84a	15.21a	—	—
抽雄期	CK	92.02a	91.34a	7.69d	8.34c	0.29d	0.32c
	T1	91.67a	91.15a	8.02c	8.53c	0.32c	0.34c
	T2	91.14a	90.61a	8.53b	9.03b	0.33b	0.36bc
	T3	90.29a	89.75a	9.34a	9.85a	0.37a	0.40a
灌浆期	CK	89.66a	88.72a	9.48d	10.34d	0.86d	0.93d
	T1	89.39a	87.92a	9.70c	11.04c	0.92c	1.04c
	T2	88.08a	86.65a	10.87b	12.18b	1.04b	1.17b
	T3	86.49a	85.25a	12.31a	13.44a	1.20a	1.31a
成熟期	CK	92.80a	92.40a	7.02d	7.41c	0.18b	0.19b
	T1	92.58a	92.35a	7.23c	7.48c	0.19b	0.20b
	T2	92.02a	91.96a	7.78b	7.86b	0.21a	0.21ab
	T3	91.46a	91.52a	8.31a	8.28a	0.23a	0.23a

玉米的根体积比均呈逐渐降低的变化趋势，其中，0～30cm 土层的根体积比最大，为 80%～100%；30～60cm 土层的根体积比次之，为 0～20%；60～90cm 土层的根体积比最小，为 0～2%。

苗期和拔节期，根系集中分布的区域为 0～60cm 土层，其中 0～30cm 土层的根体积比最大，不同残膜量下根体积比表现的变化规律为根体积比随残膜量增加而减小，残膜量越大，根体积比越小，与 CK 处理相比，T1、T2 和 T3 的根体积比两年平均分别下降 0.80%、1.74%和 3.02%，各处理间差异不显著（$P>0.05$），这是由于残膜阻碍根系生长，使得根系都主要集中在 0～30cm 土层，所以在根体积占比上差异较小；在 30～60cm 土层，根体积比与残膜量呈正相关关系，残膜量越大，其根体积比越大，残膜处理（T1、T2、T3）的根体积比较 CK 处理两年平均分别下降 13.07%、27.03%和 50.08%，各处理间差异显著（$P<0.05$）。在抽雄期和灌浆期，由于根系生长发育，0～30cm 土层的根体积比减小，30～60cm 土层和 60～90cm 土层的根体积比有所增加，且 0～30cm 土层的根体积比在灌浆期达到最小。在 0～30cm 土层，根体积比随残膜量增大而减小，与 CK 处理相比，T1、T2 和 T3 的根体积比两年平均分别下降 0.45%、1.45%和 2.75%。在 30～60cm 土层，根体积比随残膜量增加而增大，与 CK 处理相比，T1、T2 和 T3 的根体积比两年平均分别增加 4.01%、13.29%和 25.35%。在 60～90cm 土层，T1、T2 和 T3 的根体积比较 CK 处理两年平均分别增加 8.67%、20.57%和 36.27%。在成熟期，玉米根系生长速率减缓，甚至出现停止生长和早衰等现象，各残膜处理间的差异减小，但 T3 处理（残膜量为 600kg/hm^2）与 CK 处理仍有明显差异，在 0～30cm 土层、30～60cm 土层和 60～90cm 土层两年平均分别下降 1.20%、14.91%和 24.44%。总体上，在全生育期内，0～30cm 土层的根体积比随残膜量增加而下降，残膜处理（T1、T2、T3）较 CK 处理平均减小 1.50%，在 30～60cm 土层和 60～90cm 土层，根体积比随残膜量的增加而增大，其中残膜处理在 30～60cm 土层的根体积比较 CK 处理平均增加 17.78%，在 60～90cm 土层平均增加 20.83%。可见，残膜影响根系在空间中的分布，随着土层的加深，残膜使得根系量减小幅度有所下降，导致根系在 30～90cm 土层比例增加。

12.6　不同残膜量对玉米不同径级根系的影响

2017 年和 2018 年拔节期、抽雄期、灌浆期和成熟期的不同径级根系进行分析（表 12.4），根据根系的直径 d，将根系划分为以下 3 个等级：$d<0.5$mm、0.5mm$<d<$2mm、$d>$2mm。

当根系直径 $d<0.5$mm 时，在拔节期、抽雄期和灌浆期的变化规律均为细根比例随着残膜量增加而增大，在成熟期表现为细根比例随着残膜量增加而减小，与

CK 处理相比，T1 处理的细根比例在拔节期、抽雄期和灌浆期平均分别增加了 4.42%、5.69%和 4.02%；T2 处理的细根比例在拔节期、抽雄期和灌浆期平均分别增加了 18.86%、24.98%和 5.20%；T3 处理细根比例在拔节期、抽雄期和灌浆期平均分别增加了 25.65%、38.28%和 13.73%。在成熟期，T1、T2 和 T3 处理细根比例较 CK 处理平均分别减小 4.44%、8.48%和 15.56%。

表 12.4 不同残膜量下玉米不同径级根系的变化

生育期	残膜处理	不同径级根系占比/%					
		细根（<0.5mm）		粗根（0.5～2mm）		极粗根（>2mm）	
		2017 年	2018 年	2017 年	2018 年	2017 年	2018 年
拔节期	CK	48.5b	44.3c	51.4a	54.4a	0.11a	1.31a
	T1	52.1a	44.8c	47.8b	54.1a	0.08b	1.20b
	T2	55.8a	54.5b	44.1c	45.2b	0.06c	0.3c
	T3	52.9a	63.7a	47.0b	36.2b	0.03d	0.1d
抽雄期	CK	53.4d	50.5b	42.0a	43.1b	4.7a	6.4a
	T1	57.1c	52.5b	38.2b	42.7b	4.7a	4.8b
	T2	61.5b	44.4c	36.1b	52.0a	2.4b	3.6c
	T3	70.4a	73.0a	28.6c	26.2c	1.0c	0.8d
灌浆期	CK	55.3b	46.7c	40.4a	47.6a	4.3a	5.7a
	T1	58.4ab	47.7bc	37.8b	47.1a	3.8b	5.2b
	T2	57.9ab	49.4bc	38.7b	46.2a	3.4c	4.4c
	T3	60.4a	55.6a	37.5b	41.9b	2.1d	2.6d
成熟期	CK	53.9a	45.1a	42.2c	50.6c	3.9a	4.3a
	T1	50.0ab	44.6a	46.7b	52.2c	3.2b	3.2b
	T2	49.1b	41.5b	48.3ab	56.1b	2.6c	2.4c
	T3	47.8b	35.8c	50.6a	63.0a	1.7d	1.2d

当根系直径 0.5mm<d<2mm 时，在拔节期、抽雄期和灌浆期表现为粗根比例随残膜量增加而减小，而在成熟期却随残膜量的增加而增大。残膜导致细根比例在成熟期降低，粗根比例增加，这是由于成熟期土壤水分减少，残膜处理阻碍水分运移，使得细根无法吸收足够的水分，出现早衰现象，从而减少了细根比例，增加了粗根比例。从拔节期至灌浆期，T1、T2 和 T3 处理的粗根比例在 3 个生育期较 CK 处理分别两年平均减小 4.02%、13.91%和 22.05%。在成熟期，T1、T2 和 T3 处理的粗根比例较 CK 处理分别两年平均增加 6.57%、12.50%和 22.41%。

当根系直径 d>2mm 时，从拔节期至成熟期，极粗根的比例随着残膜量的增加而减小，与 CK 处理相比，T1、T2 和 T3 处理的极粗根比例在 4 个生育期分别两年平均减小 15.06%、42.70%和 69.08%。其中在拔节期，残膜处理与无残膜处理差异最大，3 个残膜处理的极粗根比例较 CK 处理平均减小 58.45%。总体上 d>2mm 根系在不同生育期均随残膜量的增加呈下降趋势，d<2mm 的吸水根在不同生育期随残膜量增加呈增大趋势。可见，土壤中残膜使得根量总体减少，但单位根量的吸水能力却增强。

12.7　农膜残留条件下根系分布模型的构建

12.7.1　不同残膜量对玉米根长密度二维分布的影响

2019 年和 2020 年生育期内灌溉量相同，但 2020 年玉米生育期内的降雨量（151mm）远高于 2019 年降雨量（64.9mm），这是由于 2020 年阶段性降雨次数增加，特别是在 2020 年 7 月和 8 月。此时玉米处于灌浆期，因此，2020 年不同残膜处理的根长密度大于 2019 年。玉米根系在灌浆期根系高度发达，故选取 2019 年和 2020 年灌浆期根系的根长密度分布进行分析（图 12.3），发现残膜造成玉米

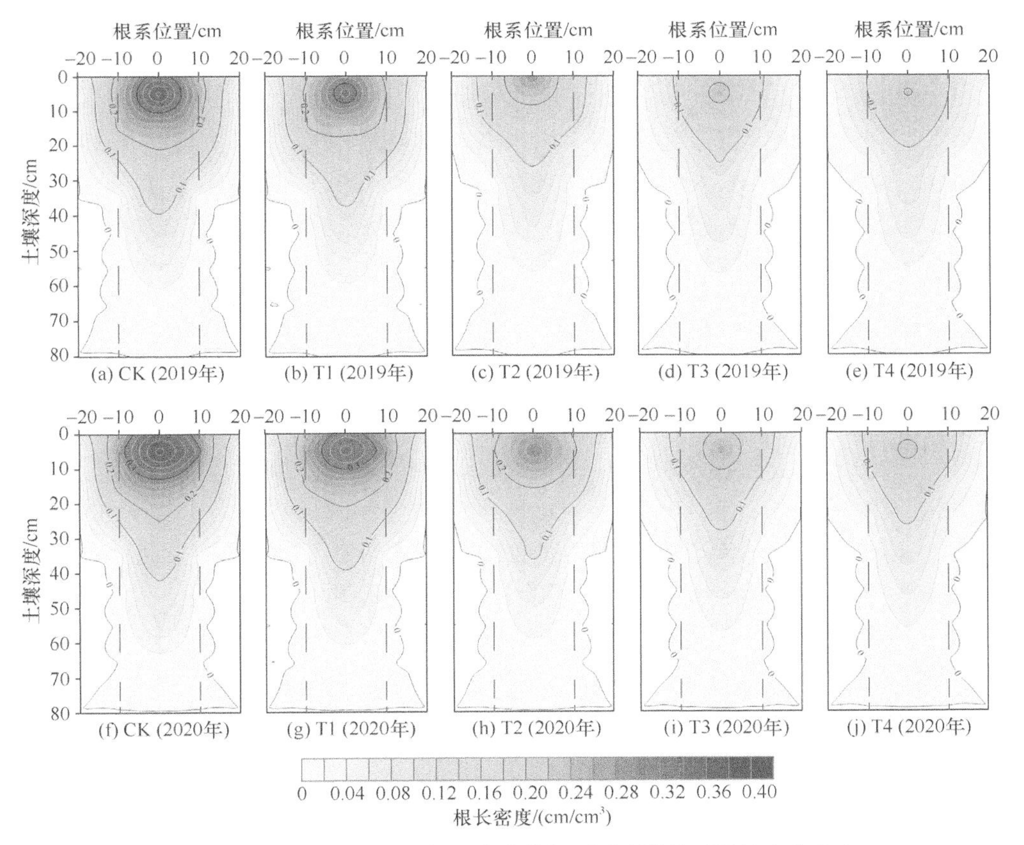

图 12.3　2019 年和 2020 年玉米灌浆期不同残膜量下根长密度分布

根系水平分布的密集范围缩小，且缩小程度随着残膜量的增加而增大，在主根区（–10cm，10cm），与 CK 处理相比，T1、T2、T3 和 T4 残膜处理的根长密度两年平均分别减小 8.89%、27.78%、49.44%和 55.35%；对于侧根区［(–20cm，10cm)，(10cm，20cm)］，T1、T2、T3 和 T4 残膜处理的根长密度两年平均分别减小 15.57%、75.98%、80.12%和 85.25%。分析发现残膜对侧根区的根系生长影响显著（$P<0.05$），当残膜量达到 300kg/hm^2（T2）时，根长密度出现突降现象，而随着土壤中残膜量继续增加，不再出现类似 T2 处理的突降现象，而是呈现明显的阶梯式下降趋势，可见残膜量的增加对水平方向上根系生长的影响并不是绝对的线性关系。玉米根系垂直分布在 0～30cm 土层受残膜影响大于 30～80cm 土层（图 12.3）。0～30cm 土层，T1、T2、T3 和 T4 残膜处理的根长密度较 CK 处理两年平均分别减小 9.06%、28.28%、50.02%和 55.90%；30～80cm 土层，T1、T2、T3 和 T4 残膜处理较 CK 处理两年平均分别减小 7.89%、25.20%、46.31%和 52.39%。可见，当残膜量从 300kg/hm^2（T2）增加到 450kg/hm^2（T3）时，根长密度的下降幅度明显增加，而残膜量继续增加到 600kg/hm^2（T4），根长密度下降趋势则有所减缓。

12.7.2 不同残膜量对不同径级根系分配比例的影响

为了明确残膜对不同径级根系的影响，将根系直径（d）分成极细根（$d\leq$ 0.5mm）、细根（0.5mm$<d\leq$2mm）和粗根（$d>$2mm）3 类，并分别计算了拔节期、抽雄期、灌浆期和成熟期不同残膜量下不同根径的根长密度占总根径的比例变化。从图 12.4 中可以看出，在 2019 年和 2020 年的不同生育期内，粗根比例随残膜量增加均呈现下降趋势，T1、T2、T3 和 T4 处理的两年粗根比例平均值较 CK 处理分别下降 6.34%、14.34%、43.92%和 52.40%，不同残膜量处理间差异显著（$P<0.05$）；总体上，直径小于 2mm 的细根比例随残膜量增加而增大，残膜处理较 CK 处理平均增加 4.80%，其中 T3 和 T4 处理分别增加 7.24%和 8.65%，出现显著差异（$P<0.05$）。极细根比例在不同生育期影响有所不同，拔节期和成熟期，残膜会减小极细根比例，残膜量越大，极细根比例降幅越大，T1、T2、T3 和 T4 处理较 CK 处理两年分别平均下降 3.74%、4.87%、7.47%和 8.50%；抽雄期和灌浆期，残膜会略微增加极细根比例，且在残膜量达到 450kg/hm^2（T3）时，极细根比例增幅最大，高出 CK 处理 5.80%，而残膜量继续增加到 600kg/hm^2（T4），极细根比例仅高出 CK 处理 4.73%，说明残膜对极细根的正面效应并未表现为残膜量越大越明显。不同生育期残膜对极细根的影响不同是由于拔节期根系对残膜的穿透力和抗逆性较低，而成熟期残膜阻碍极细根对水分和养分的吸收，根系会出现早衰，从而降低了极细根比例；反观抽雄期和灌浆期，这两个生育期是根系生长较为发达的时期，此时根系对残膜负面效应的抗逆性增强，且在一定残膜量阈值区

间会产生不同程度的适应性反应，故增加了极细根比例。

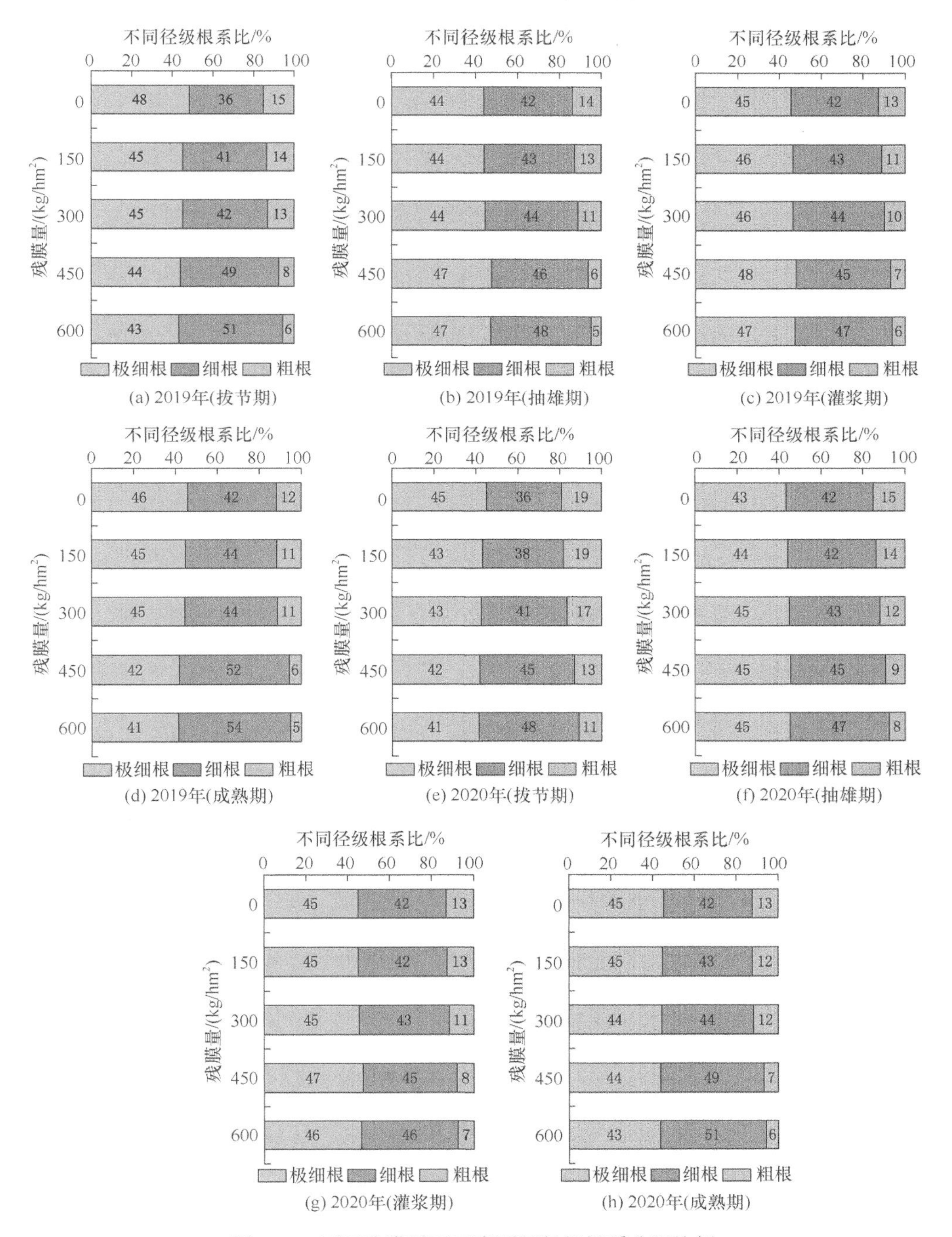

图 12.4　不同残膜量下玉米不同径级根系分配比例

12.7.3　不同残膜量下玉米相对根长密度分布模型构建

1. 根长密度分布模型

试验过程中发现不同生育期根系生长深度不同，为了便于计算作物的根长密度分布，采用归一化方法（刘建国等，2010），将不同生育期的玉米根系扎根深度均转换为0～1范围内的标准化根深，并用相对根长密度表示根长密度：

$$Z_r = \frac{Z_i}{Z_{max}} \tag{12.1}$$

$$\text{NRLD}(Z_r) = \frac{\text{RLD}(Z_r)}{\int_0^1 \text{RLD}(Z_r)\text{d}Z_r} \tag{12.2}$$

式中，Z_r为标准化根系深度，变化范围为0～1；Z_i为不同土层深度，cm；Z_{max}为最大扎根深度，不同生育期最大扎根深度为根系取样过程中取至无根系土层时的土壤深度（拔节期为60cm、抽雄期为70cm、灌浆期和成熟期均为80cm）；RLD（Z_r）为在Z_r处的实测根长密度值，cm/cm^3；NRLD（Z_r）为相对根长密度值。

本章内容在前人研究（邹海洋等，2018；Wu et al.，1999）的基础上，采用二阶多项式，对不同残膜量下拔节期、抽雄期、灌浆期和成熟期的标准化根深和相对根长密度进行拟合：

$$\text{NRLD}(Z_r) = aZ_r^2 + bZ_r + c \tag{12.3}$$

式中，a、b、c为模型回归参数。

2. 模型验证与评价

本章采用RMSE、MRE和R^2对模型的模拟效果进行评价。

3. 不同残膜量下的玉米相对根长密度分布模型

不同生育期根系生长深度不一致，通过归一化处理，得到标准化根系深度（Z_r）和归一化根长密度（normalized root length density，NRLD）（表12.5），通过对4个生育期（拔节期、抽雄期、灌浆期和成熟期）NRLD平均值（MN）、标准差（SD）和变异系数（CV）3个指标各自的平均值分析发现，随着残膜量的增加，MN呈现下降趋势，而SD和CV 2个指标则随残膜量增加而增大。不同残膜量水平下，不同生育期MN均随取样深度的增加呈现递减趋势。此外，各处理在根区下半部分（土层深度≥30cm）的CV均较大，不同生育期位置有所不同，拔节期（$Z_r \geq 0.67$）、抽雄期（$Z_r \geq 0.57$）、灌浆期和成熟期（$Z_r \geq 0.50$），不同生育期不同处理的

CV 变化范围在 0.22～2.08。造成这种现象可能是由于随着取样深度的增加，根系以细根为主，且越靠近最大扎根深度，根系越少，取样精度有所降低，产生了较大误差。但由于玉米根系主要分布在上部土层，同时该试验残膜埋设土层为 0～30cm，所以可适当忽略下层根系的变异性。总体上，垂直方向上 NRLD 的变化规律可以描述不同残膜量下根系分布特征。

表 12.5　2019 年不同残膜量下玉米相对取样深度处（Z_r）实测 NRLD

生育期	Z_r	NRLD														
		CK			T1			T2			T3			T4		
		MN	SD	CV	MN	SD	CV	MN	SD	CV	MN	SD	CV	MN	SD	CV
拔节期	0.17	2.185	0.034	0.02	2.081	0.068	0.03	1.945	0.115	0.06	1.884	0.102	0.05	1.841	0.092	0.05
	0.33	1.493	0.035	0.02	1.394	0.058	0.04	1.293	0.061	0.05	1.247	0.066	0.05	1.220	0.086	0.07
	0.50	0.716	0.054	0.07	0.666	0.059	0.09	0.596	0.065	0.11	0.456	0.078	0.17	0.440	0.071	0.16
	0.67	0.193	0.043	0.22	0.185	0.069	0.37	0.173	0.053	0.31	0.155	0.049	0.32	0.139	0.046	0.33
	0.83	0.156	0.083	0.53	0.149	0.071	0.48	0.068	0.044	0.64	0.052	0.043	0.83	0.043	0.038	0.90
	1.00	0.007	0.007	0.95	0.007	0.007	0.97	0.004	0.005	1.41	0.004	0.006	1.41	0.002	0.003	1.41
抽雄期	0.14	2.151	0.089	0.04	2.102	0.090	0.04	2.064	0.099	0.05	2.012	0.085	0.04	1.967	0.091	0.05
	0.29	1.446	0.088	0.06	1.431	0.111	0.08	1.395	0.135	0.10	1.343	0.127	0.09	1.274	0.074	0.06
	0.43	1.080	0.156	0.14	0.912	0.143	0.16	0.617	0.138	0.22	0.527	0.175	0.33	0.492	0.194	0.39
	0.57	0.223	0.224	1.00	0.218	0.211	0.97	0.205	0.205	1.00	0.187	0.199	1.07	0.183	0.194	1.06
	0.71	0.109	0.116	1.06	0.104	0.109	1.05	0.097	0.100	1.03	0.089	0.099	1.11	0.084	0.093	1.10
	0.86	0.020	0.017	0.84	0.017	0.014	0.83	0.013	0.010	0.78	0.010	0.009	0.91	0.009	0.008	0.88
	1.00	0.002	0.001	0.83	0.001	0.001	0.82	0.001	0.001	0.80	0.001	0.001	0.79	0.001	0.001	0.83
灌浆期	0.13	2.370	0.276	0.12	2.294	0.227	0.10	2.239	0.243	0.11	2.172	0.264	0.12	2.146	0.268	0.13
	0.25	1.804	0.097	0.05	1.797	0.115	0.06	1.746	0.133	0.08	1.424	0.152	0.11	1.387	0.140	0.10
	0.38	1.100	0.089	0.08	1.061	0.092	0.09	0.763	0.100	0.13	0.563	0.176	0.31	0.504	0.196	0.39
	0.50	0.314	0.250	0.80	0.296	0.315	1.06	0.264	0.298	1.13	0.245	0.279	1.14	0.240	0.279	1.16
	0.63	0.181	0.209	1.15	0.179	0.209	1.17	0.173	0.201	1.16	0.157	0.192	1.22	0.154	0.190	1.23
	0.75	0.092	0.091	0.99	0.088	0.094	1.07	0.080	0.088	1.10	0.076	0.089	1.18	0.066	0.077	1.17
	0.88	0.023	0.015	0.63	0.019	0.020	1.06	0.018	0.018	1.03	0.015	0.018	1.22	0.012	0.015	1.25
	1.00	0.001	0.002	1.30	0.001	0.002	1.25	0.001	0.001	1.41	0.001	0.001	1.41	0.001	0.001	1.41
成熟期	0.13	2.325	0.220	0.09	2.240	0.257	0.11	2.202	0.259	0.12	2.143	0.261	0.12	2.118	0.253	0.12
	0.25	1.726	0.151	0.09	1.697	0.142	0.08	1.681	0.157	0.09	1.445	0.194	0.13	1.416	0.212	0.15
	0.38	1.154	0.086	0.07	1.101	0.082	0.07	0.799	0.103	0.13	0.580	0.240	0.41	0.548	0.250	0.46
	0.50	0.297	0.316	1.06	0.295	0.312	1.06	0.266	0.304	1.14	0.247	0.289	1.17	0.243	0.285	1.17
	0.63	0.177	0.200	1.14	0.167	0.189	1.13	0.161	0.182	1.14	0.140	0.198	1.42	0.134	0.192	1.43
	0.75	0.118	0.138	1.16	0.114	0.129	1.14	0.106	0.125	1.17	0.093	0.136	1.45	0.092	0.145	1.57
	0.88	0.020	0.021	1.02	0.033	0.020	0.60	0.016	0.016	1.00	0.012	0.025	2.02	0.012	0.025	2.08
	1.00	0.001	0.002	1.30	0.001	0.001	1.20	0.001	0.001	1.41	0.001	0.001	1.41	0.001	0.001	1.41

采用式（12.3）对2019年不同残膜量玉米实测NRLD值进行回归拟合，得到不同残膜量处理各自的NRLD分布模型，然而通过表12.5可以发现当Z_r=1（最大扎根深度）时并不能保证NRLD为0，降低了模型精度，且不同残膜量处理各自拟合的二阶函数并不具有普遍性，基于这两点考虑，引入残膜量（C），将不同残膜量间的NRLD值建立指数函数关系，并以无残膜处理（CK）的二阶拟合函数为基准，增加归0项（$1-Z_r$），建立适用于不同残膜量条件下玉米主要生育期的残留塑料薄膜归一化根长密度（residual plastic film-normalized root length density，RPF-NRLD）分布模型（表12.6）。从表12.6可以看出，玉米总径级和不同径级相对根长密度分布模型的决定系数（R^2）均大于0.90，MRE为10.01%～38.05%，RMSE为0.224～0.347，拟合效果较好，能够准确描述农膜残留条件下玉米NRLD分布。

表12.6　不同径级根系RPF-NRLD分布模型的模拟及验证

项目	径级	拟合函数	R^2	样本数	MRE/%	RMSE
2019年模拟	0～0.5mm	$\text{NRLD}(Z_r)=e^{(-0.0001C)}[(1-Z_r)(2.869Z_r^2-5.839Z_r+2.985)]$	0.955	145	14.91	0.264
	>0.5～2mm	$\text{NRLD}(Z_r)=e^{(-0.0001C)}[(1-Z_r)(3.671Z_r^2-7.028Z_r+3.340)]$	0.953	145	14.96	0.270
	>2mm	$\text{NRLD}(Z_r)=9.963(1-Z_r)e^{(-0.0005C-9.26Z_r)}$	0.901	145	35.41	0.335
	总径级	$\text{NRLD}(Z_r)=e^{(-0.0004C)}[(1-Z_r)(4.047Z_r^2-7.240Z_r+3.239)]$	0.961	145	18.87	0.282
2020年验证	0～0.5mm	$\text{NRLD}(Z_r)=e^{(-0.0001C)}[(1-Z_r)(2.869Z_r^2-5.839Z_r+2.985)]$	0.967	145	11.18	0.245
	>0.5～2mm	$\text{NRLD}(Z_r)=e^{(-0.0001C)}[(1-Z_r)(3.671Z_r^2-7.028Z_r+3.340)]$	0.963	145	10.01	0.224
	>2mm	$\text{NRLD}(Z_r)=9.963(1-Z_r)e^{(-0.0005C-9.26Z_r)}$	0.902	145	38.05	0.347
	总径级	$\text{NRLD}(Z_r)=e^{(-0.0004C)}[(1-Z_r)(4.047Z_r^2-7.240Z_r+3.239)]$	0.953	145	16.86	0.294

12.7.4　考虑残膜量玉米根系分布模型估算根长密度分布

以2020年灌浆期为例，将0～600kg/hm^{2}的残膜量以50kg/hm^{2}为步长值选定13个残膜量（0kg/hm^2、50kg/hm^2、100kg/hm^2、150kg/hm^2、200kg/hm^2、250kg/hm^2、300kg/hm^2、350kg/hm^2、400kg/hm^2、450kg/hm^2、500kg/hm^2、550kg/hm^{2}和600kg/hm^2），通过表12.6中RPF-NRLD分布模型估算玉米根系的根长密度分布（图12.5）。总体上，各残膜处理的总径级和不同径级根系在土壤剖面上的分布规律基本一致，均可以分为3个残膜胁迫区间，其中0～150kg/hm^{2}为轻度胁迫区间，50kg/hm^2、100kg/hm^{2}和150kg/hm^{2}处理的总径级根长密度较0kg/hm^{2}处理分别降低5.40%、10.14%和13.50%；200～400kg/hm^{2}为中度胁迫区间，降幅范围为23.16%～41.99%；450～600kg/hm^{2}为重度胁迫区间，降幅范围为50.06%～56.27%。可以发现，轻中度胁迫区间，根长密度均呈递减趋势，而在重度胁迫区间，虽然残膜仍会降低根长密度，但降幅缩减，说明当土壤中残膜达到一定量后，继续增加残膜对根长密度的影响将会逐渐降低。另外，残膜对粗根根长密度分布的胁迫程度大于极细根和细根的根长密度分布，在轻度胁迫区间内，与 0kg/hm^2 处理相比，50kg/hm^2 和 100kg/hm^2 处理的粗根根长密度分别减小 5.95%和 12.21%，极细根的根长密度分别减小 3.31%和 6.59%，细根的根长密度分别减小 3.04%和 6.06%。因此，运用 RPF-NRLD 分布模型能够描述不同残膜量条件下总径级根系和不同径级根系的根长密度分布，根据前文对不同径级分配比例的分析发现当残膜量为 150kg/hm^2 对细根和极细根比例的影响未达到显著水平（P>0.05），说明残

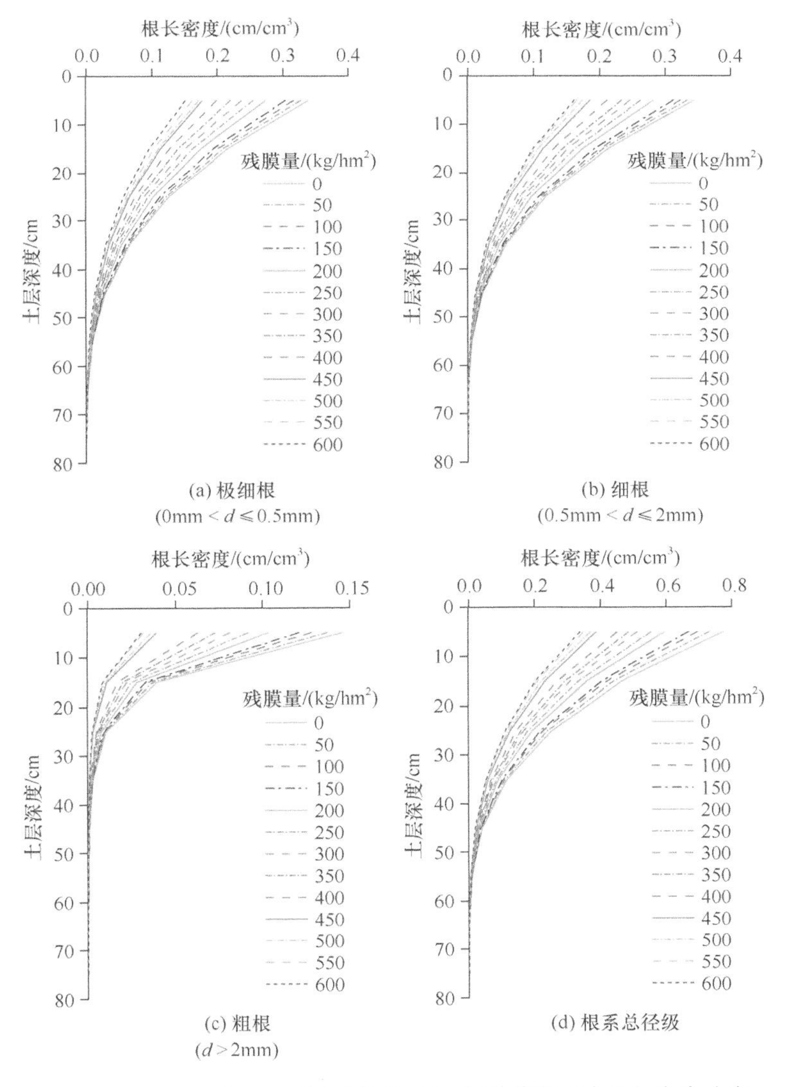

图 12.5　RPF-NRLD 分布模型估算 2020 年灌浆期玉米根长密度分布

膜量≤150kg/hm^{2}时不会显著降低细根和极细根比例，同时结合 RPF-NRLD 分布模型情景分析结果，当残膜量为 100kg/hm^2 时，细根和极细根的根长密度降幅保持在 6%左右，细根和极细根是玉米的主要吸水根系，残膜对细根和极细根的胁迫程度较轻，保证了根系对水分的吸收。综合分析后得到能够维持根系正常生长的残膜量范围为 0～100kg/hm^2。

12.8 讨　　论

土壤残膜量增加导致作物根系生长受限，对土壤水分和肥料吸收产生负面影响，导致作物生长速率降低，生物量减少。此外，玉米根系受到的影响大于地上部。残膜的这种显著效应出现在 300kg/hm^2 的阈值上，根干重和根冠比显著降低，且这种差异在玉米生育前期更加显著，这与杜利等（2018）的研究结果一致，玉米生育前期的根系干重受残膜量影响显著。

作物根系与土壤直接接触，因此，土壤环境因素对根系生长的影响很大，土壤盐胁迫或盐水灌溉等因素会抑制根系伸长和侧根的发育，改变根系生长的方向（Min et al.，2014；Galvanu-Ampudia and Testerink，2011）。关于棉花的一个类似例子表明，残膜量低于 225kg/hm^2 时，残膜对根系指标的影响未达到显著水平；残膜量高于 900kg/hm^2 时，残膜胁迫显著降低了根质量密度和根长密度，分别平均降低了 70.73%和 61.35%（林涛等，2019）。本章通过残膜对根系构型的研究显示，残膜量达到 600kg/hm^2 时既对根长密度和根重密度产生严重胁迫，特别是在 0～30cm 土层，分别比对照降低了 35.59%和 37.11%。另外，研究残膜对烤烟根系形态的影响也有相同的发现，900kg/hm^2 和 1350kg/hm^2 残膜处理的根长、根表面积、根体积和根尖数明显减少（高维常等，2020）。此外，土壤中残膜量的增加意味着根系对水分和养分的吸收减少。因此，作物为了减少这些影响，通过增加根的长度和提高细根在总径级根系中的比例，以适应作物根系在残膜逆境下的水分和养分吸收。作物对土壤水、盐、氮等胁迫也表现出类似的耐受性，通过增加根系长度和根系表面积来应对，表现出较强的抗逆性（Wang et al.，2019；Luo et al.，2015；Jongrungklang et al.，2011）。

由于根系取样工作较为繁杂，建立根系分布模型便于了解不同作物以及不同限制条件下根系的分布（贾彪等，2020；邹海洋等，2018；Ning et al.，2015）。Wu 等（1999）运用归一化方法，将多年的 RLD 转换为 NRLD，分别建立小麦、玉米、棉花和豆类的三阶多项式函数，且决定系数（R^2）均在 0.94 以上。Ning 等（2015）将幂、指数和多项式模型拟合到小麦、玉米、水稻和棉花的 NRLD 剖面分布，发现三阶多项式模型对所有四种作物具有最低的 RMSE 和最高的 R^2，较之于二者建立的玉米根系模型，本章采用的是二阶多项式对不同残膜量的 NRLD 进行了拟合，并建立了考虑残膜量的玉米总径级和不同径级 RPF-NRLD 分布模型，模型中参数 *a*、*b*、*c* 反映玉米根系生长的拟合情况（表 12.6），本章所构建的模型参数偏小，其中总径级根系的拟合参数 *c* 为 3.239，低于贾彪等（2020）拟合值（*c* 为 4.514），主要原因是贾彪等（2020）研究不同施氮量下玉米根系，本章为农膜残留条件下的根系分布，根系生长受阻，使得模型参数发生变化。但本章模拟结果与实测值一致性非常高，如总径级根系的 R^2 达到 0.961，高于贾彪等（2020）的拟合精度（R^2 为 0.898），这是由于本章中根系样本最深取至 80cm，根系样本数的增加提高了模型精度。值得注意的是，粗根的 NRLD 分布符合指数函数关系，且因为粗根仅在表层土壤中存在，NRLD 数据变幅较大，降低了拟合精度，R^2 为 0.901，RMSE 为 0.335，MRE 为 35.41%。另外，运用该模型成功估算了不同残膜量处理在土壤剖面的 RLD 分布，明确了当农田残膜量控制在 0～100kg/hm^2 范围内，不会明显影响根系生长。这与李元桥等（2017）残膜量高于 90kg/hm^2，玉米根系生长指标随残膜量的增加显著降低的研究结果基本一致，因此，应该采取适当的残膜回收措施，减小残膜污染对土壤环境和作物生长的影响。

12.9　结　　论

随着残膜量的增加，根干重和根冠比下降。T1、T2 和 T3 处理的根干重两年平均分别下降 11.81%、27.11%、36.82%，根冠比两年平均分别下降 7.35%、17.29%、25.83%。残膜使得根干重显著降低，导致根冠比也有明显下降。随着生育期的推进，根干重和根冠比呈先增加后减小的变化趋势。

随着残膜量的增加，玉米的根长密度和根重密度均呈下降趋势，在 0～30cm 土层的降幅要大于 30～90cm 土层，在 0～30cm 土层，T1、T2 和 T3 处理的根重密度较 CK 处理两年平均分别下降 11.99%、27.70%和 37.67%；在 30～90cm 土层，T1、T2 和 T3 处理的根重密度较 CK 处理两年平均分别降低了 8.65%、15.51%和 23.91%。残膜在生育前期对玉米根系的阻碍要大于生育后期。

全生育期内，0～30cm 土层的根体积比随着残膜量的增加而下降，残膜处理（T1、T2、T3）较 CK 处理平均减小 1.50%，在 30～60cm 土层和 60～90cm 土层，根体积比随着残膜量的增加而增加，其中残膜处理在 30～60cm 土层的根体积比较 CK 处理平均增加 17.78%，在 60～90cm 土层平均增加 20.83%。

当根系直径 $d<0.5$mm 时，在拔节、抽雄和灌浆期的变化规律均为细根比例随着残膜量增加而增大，在成熟期表现为细根比例随着残膜量增加而减小；当根系直径在 $0.5\text{mm}<d<2\text{mm}$ 时，在拔节期、抽雄期和灌浆期表现为粗根比例随残膜量增加而减小，而在成熟期却随残膜量的增加而增大。当根系直径 $d>2$mm 时，从拔节期至成熟期，极粗根的比例随着残膜量的增加而减小，与 CK 处理相比，T1、

T2 和 T3 处理的极粗根比例在 4 个生育期分别平均减小 15.06%、42.70%和 69.08%。

残膜减小玉米根系水平分布的密集范围，且缩小程度随着残膜量的增加而增大。残膜对侧根区的根系生长影响较大，当残膜量达到 300kg/hm^2（T2）时，根长密度出现突降现象，T1、T2、T3 和 T4 处理的根长密度较 CK 处理两年平均分别减小 15.57%、75.98%、80.12%和 85.25%。另外，垂直方向上的玉米根系在 0～30cm 土层受残膜影响大于 30～80cm 土层，且当残膜量达到 450kg/hm^2 时，玉米根系明显受阻。

考虑了残膜量构建的玉米 RPF-NRLD 分布模型，模拟值与实测值一致性非常高，其中 R^2 为 0.961，RMSE 为 0.282，MRE 为 18.87%，能精确模拟不同残膜量下玉米根系分布。考虑不同残膜量和不同径级根系的 RPF-NRLD 分布模型，极细根、细根和粗根的 MRE 分别为 14.91%、14.96%和 35.41%，其中极细根和细根相对根长密度分布符合二次函数关系，粗根符合指数函数关系。

运用 RPF-NRLD 分布模型估算不同残膜量处理根长密度分布，当残膜量为 100kg/hm^2 时，总径级、极细根、细根和粗根的根长密度分别下降 10.14%、6.59%、6.06%和 12.21%，将农田残膜量控制在 0～100kg/hm^2 有利于维持根系的正常生长。当残膜量增加为 200kg/hm^2 和 450kg/hm^2 时，根长密度显著下降，分别为 23.16% 和 50.06%。

第13章 农膜残留对玉米产量和水分利用效率的影响

13.1 引 言

本章主要针对土壤中不同农膜残留量，分析不同农膜残留量对作物产量和水分利用效率的影响，并通过本章确定危害作物产量的残膜量阈值，探究残膜对作物生长发育的影响机制，为沿黄盐渍化灌区农膜残留的危害性研究提供理论依据。

13.2 不同残膜量和灌水定额下玉米产量构成因素变化规律

2017年和2018年不同残膜量处理的产量及其构成因素变化规律相似（表13.1、表13.2），不同灌水定额下各残膜量处理产量大小关系均为CK>T1>T2>T3，而不同灌水定额对产量的影响程度有所不同，高水灌溉：与CK处理相比，T1、T2和T3处理的产量两年平均分别减少5.62%、17.41%和25.52%，差异显著（$P<0.05$）；中水灌溉：与CK处理相比，T1、T2和T3处理的产量两年平均分别减少5.02%、16.54%和24.61%；低水灌溉：与CK处理相比，T1、T2和T3处理的产量两年平均分别减少6.36%、17.39%和27.01%。不同灌水定额下各残膜量处理间产量差异

表13.1 2017年不同残膜量和灌水定额下玉米产量构成因素

灌水处理	残膜处理	产量/（kg/hm²）	穗长/cm	穗粗/cm	行粒数	穗粒数	百粒重/g
高水灌溉	CK	9115.36a	15.56a	4.29a	32.90a	499.75a	32.83a
	T1	8612.02a	15.05a	4.18ab	31.80ab	480.50a	32.26a
	T2	7340.07b	14.81a	4.07b	30.20bc	425.22b	31.07b
	T3	6650.08c	14.58b	3.85c	29.85c	400.59c	29.88c
中水灌溉	CK	9659.05a	16.12a	4.57a	33.60a	526.51a	33.02a
	T1	9135.66a	15.97a	4.43ab	32.50ab	501.48b	32.79a
	T2	7927.71b	15.76a	4.35b	31.56bc	448.15c	31.84a
	T3	7211.35c	15.43a	3.92c	30.81c	424.87d	30.55b
低水灌溉	CK	7425.61a	14.73a	4.17a	31.30a	444.77a	30.05a
	T1	7013.83a	14.48a	4.04a	30.70a	421.51b	29.95a
	T2	5947.78b	14.17a	3.86b	29.40b	350.44c	28.14b
	T3	5332.26c	13.99a	3.70c	28.00c	342.16c	28.05b

表 13.2　2018 年不同残膜量和灌水定额下玉米产量构成因素

灌水处理	残膜处理	产量/（kg/hm^2）	穗长/cm	穗粗/cm	行粒数	穗粒数	百粒重/g
高水灌溉	CK	9117.94a	15.01a	4.18a	32.04a	497.12a	33.01a
	T1	8597.35a	14.77a	4.04ab	31.86a	485.35a	31.88ab
	T2	7718.20b	14.53a	3.94b	31.21a	441.87b	31.44b
	T3	6930.35c	14.26a	3.53c	30.35b	414.87c	30.07c
中水灌溉	CK	9448.35a	15.46a	4.33a	32.17a	512.65a	33.17a
	T1	9013.21a	14.93ab	4.22ab	32.07a	503.30a	32.23a
	T2	8018.46b	14.65b	4.12b	31.46a	456.74b	31.60bc
	T3	7193.59c	14.37b	3.85c	30.76b	427.64c	30.28c
低水灌溉	CK	8017.84a	14.55a	4.09a	31.03a	456.93a	31.58a
	T1	7447.17a	14.07ab	3.94ab	30.05a	431.93b	31.03a
	T2	6810.70b	13.89b	3.81b	29.51b	400.10c	30.64ab
	T3	5940.22c	13.63b	3.47c	28.85c	364.07d	29.37b

由大到小顺序为低水灌溉>高水灌溉>中水灌溉。说明低水灌溉条件下玉米产量受残膜的影响较大。

不同灌水定额下各残膜量处理间的穗长差异不显著（$P>0.05$）。不同残膜量和灌水定额对穗粗、行粒数和穗粒数 3 个产量因素的影响与产量相似，即在低水灌溉条件下残膜对穗粗、行粒数及穗粒数的影响程度要大于高水和中水灌溉，其中残膜对穗粒数的影响最大，如低水灌溉时，T1、T2 和 T3 处理的穗粒数较 CK 处理两年平均分别减少 5.35%、16.76%和 21.68%。不同残膜量及灌水定额对百粒重的影响不同于其他产量因素，高水灌溉下，T1、T2 和 T3 处理的百粒重较 CK 处理两年平均分别减少 2.58%、5.06%和 8.95%；中水灌溉下，T1、T2 和 T3 处理的百粒重较 CK 处理两年平均分别减少 1.77%、4.15%和 8.10%；低水灌溉下，T1、T2 和 T3 处理的百粒重较 CK 处理两年平均分别减少 1.05%、4.62%和 6.83%，可见高水灌溉下残膜对百粒重的影响大于中水和低水灌溉。总体上中水灌溉下玉米产量及其构成因素均优于其他两个灌水定额。

13.3　不同残膜量和灌水定额下玉米水分利用效率变化规律

不同灌水定额下残膜对玉米水分利用效率的影响均表现为随残膜量的增加而减小的变化趋势（表 13.3、表 13.4），但对于储水量变化值和耗水量的影响有所不同。在高水灌溉条件下，储水量变化值和耗水量随着残膜量的增加而增加，而产量和水分利用效率随残膜量增加而减小，其中 T1、T2 和 T3 处理的储水量变化值较 CK 处理平均分别增加 3.16%、5.06%和 8.33%；T1、T2 和 T3 处理的耗水量较 CK 处理两年平均分别增加 0.34%、0.41%和 0.60%；T1、T2 和 T3 处理的水分利用

表 13.3　2017 年不同残膜量和灌水定额下玉米水分利用效率

灌水处理	残膜处理	降水量/mm	储水量变化值/mm	耗水量/mm	产量/（kg/hm²）	水分利用效率/（kg/m³）	水分利用效率减小比/%
高水灌溉	CK	66.2	85.57c	441.80a	9115.36a	2.06a	—
	T1	66.2	88.31b	444.43a	8612.02a	1.94a	5.83
	T2	66.2	89.75a	444.78a	7340.07b	1.65b	19.90
	T3	66.2	91.91a	445.62a	6650.08c	1.49c	27.67
中水灌溉	CK	66.2	74.16a	378.19a	9659.05a	2.55a	—
	T1	66.2	69.95a	373.07a	9135.66a	2.45a	3.92
	T2	66.2	68.20b	370.43a	7927.71b	2.14b	16.08
	T3	66.2	67.23c	368.34a	7211.35c	1.96c	23.14
低水灌溉	CK	66.2	54.78a	308.71a	7425.61a	2.41a	—
	T1	66.2	50.50b	303.62a	7013.83a	2.31a	4.15
	T2	66.2	46.73c	298.76a	5947.78b	1.99b	17.43
	T3	66.2	44.05d	293.76a	5332.26c	1.82c	24.48

表 13.4　2018 年不同残膜量和灌水定额下玉米水分利用效率

灌水处理	残膜处理	降水量/mm	储水量变化值/mm	耗水量/mm	产量/（kg/hm²）	水分利用效率/（kg/m³）	水分利用效率减小比/%
高水灌溉	CK	200	79.34c	567.37a	9117.94a	1.61a	—
	T1	200	81.81b	568.13a	8597.35a	1.51a	6.21
	T2	200	83.51a	568.54a	7718.20b	1.36b	15.53
	T3	200	86.73a	569.64a	6930.35c	1.22c	24.22
中水灌溉	CK	200	73.69a	505.40a	9448.35a	1.87a	—
	T1	200	66.09b	497.11a	9013.21a	1.81a	3.21
	T2	200	62.83c	492.04a	8018.46b	1.63b	12.83
	T3	200	61.85d	489.92a	7193.59c	1.47c	21.39
低水灌溉	CK	200	51.58a	429.69a	8017.84a	1.87a	—
	T1	200	51.34a	427.66a	7447.17a	1.74a	6.95
	T2	200	47.37b	421.88a	6810.70b	1.61b	13.90
	T3	200	46.33c	418.61a	5940.22c	1.42c	24.06

效率较 CK 处理两年平均分别减少 5.99%、17.98%和 26.16%，当残膜量≥300kg/hm²（T2）时，残膜处理的储水量变化值和水分利用效率开始出现显著下降的趋势，而不同残膜量处理间的耗水量并未出现显著差异。在中水灌溉条件下，储水量变化值、耗水量和水分利用效率均呈现为随残膜量的增加而减少的变化趋势，与 CK 处理相比，T1、T2 和 T3 处理的储水量变化值两年平均分别减少 7.99%、11.38%和 12.70%；T1、T2 和 T3 处理的耗水量两年平均分别减少 1.52%、2.39%和 2.87%；T1、T2 和 T3 处理的水分利用效率两年平均分别减少 3.62%、14.71%和 22.40%。

说明当残膜量≥150kg/hm^2（T1）时，残膜处理储水量变化值与无残膜处理均有显著差异（P<0.05）；当残膜量≥300kg/hm^2（T2）时，残膜处理的水分利用效率与无残膜处理存在显著差异（P<0.05），各处理间的耗水量没有显著差异（P>0.05）。在低水灌溉条件下，残膜对储水量变化值、耗水量和水分利用效率的变化规律的影响与中水灌溉相似，这三者也均随着残膜量的增加而减小，其中 T1、T2 和 T3 处理的水分利用效率较 CK 处理两年平均分别减少 5.37%、15.89%和 24.30%。此外，中水灌溉和低水灌溉下玉米水分利用效率显著高于高水灌溉，表明相对于增加灌水量，减小灌水量更利于提高玉米水分的利用效率。

13.4 讨　　论

本章研究了灌水定额和残膜量耦合对玉米产量和水分利用效率的影响效应，相同灌水定额下，玉米产量随残膜量增加均呈降低趋势，且残膜量越大，降幅越大。解红娥等（2007）通过研究残膜对不同作物生长发育发现土壤中残膜量的增加严重影响小麦、玉米和棉花的生长发育，小麦产量降低 0.8%～22.1%，玉米籽粒产量降低 2.1%～27.5%，棉花产量降低 1%～7.5%。不同灌水定额下各残膜量处理间产量差异由大到小顺序为：低水灌溉>高水灌溉>中水灌溉。王静（2016）研究发现常规灌溉和减量灌溉下残膜处理棉花产量低，增量灌溉下残膜处理产量略高于无残膜处理，但差异不显著，增量灌溉与本章高水灌溉下残膜对产量的影响不同，本章结论认为高水灌溉下残膜对产量仍保持负面效应，这种差异的原因可能是由于土壤质地、作物类型、灌水量及残膜量的差异造成的。

王亮等（2018）研究发现增加灌溉定额会增加耗水量，增幅高达 6.8%～29.2%，本试验也发现类似结果，高水灌溉下残膜处理的耗水量有所增加，且显著降低了残膜处理的水分利用效率，中水和低水灌溉下残膜处理的耗水量减小，水分利用效率增加。另外，张雯宇等（2021）通过研究残膜对设施番茄的产量和水分利用发现灌水量的多少会显著改变残膜对番茄生长发育的影响，这也验证了本试验的结论，不同残膜处理的产量、耗水量和水分利用效率在不同灌水量下的差异有所不同。

13.5 结　　论

高水灌溉、中水灌溉和低水灌溉 3 个灌水定额下残膜处理的产量均低于无残膜处理，与 CK 处理相比，T1 处理在 3 个灌水定额下的产量两年平均分别减小 5.62%、5.02%和 6.36%；T2 处理两年平均分别减小 17.41%、16.54%和 17.39%；T3 处理两年平均分别减小 25.52%、24.61%和 27.01%，其中当残膜量≥300kg/hm^2

（T2）时，残膜处理的产量与无残膜处理间存在显著差异。

高水灌溉、中水灌溉和低水灌溉 3 个灌水定额下玉米的行粒数、穗粒数和百粒重均随着残膜量的增加而降低，低水灌溉条件下随残膜量的增加行粒数和穗粒数 2 个产量因素的下降幅度要大于高水灌溉和中水灌溉，低水灌溉条件下随残膜量的增加穗粗、行粒数以及穗粒数 3 个产量因素的下降幅度要大于高水灌溉和中水灌溉，如高水和中水灌溉条件下残膜处理的穗粒数较无残膜处理的下降幅度在 3.11%～18.20%，低水灌溉降幅范围在 5.35%～21.68%，而高水灌溉下残膜对百粒重的影响大于中水灌溉和低水灌溉，高水灌溉条件下残膜处理的百粒重较无残膜处理的下降幅度在 2.58%～8.95%，中水和低水灌溉降幅范围在 1.05%～8.10%。综上所述，不同灌溉水平下产量构成因素最佳的灌溉处理为中水灌溉。

中水灌溉下玉米产量和水分利用效率最高，说明中水灌溉下玉米受残膜影响较小，减小灌水定额时玉米产量受残膜影响较大，增加灌水定额时残膜会造成玉米的无效耗水增加，降低玉米的水分利用效率。当残膜量为 300kg/hm^2 时，会对玉米的水分利用效率有显著影响，如中水灌溉下，与 CK 处理相比，T2 和 T3 处理的水分利用效率两年平均分别减小 14.71%和 22.40%。

第 14 章　不同揭膜时间对土壤水、热、氮运移的影响及模拟研究

14.1　引　　言

由于地膜拉伸强度会在自然风化作用下逐渐降低，特别在作物生育后期，地膜拉伸强度不足 50%，极大地增加了地膜回收的难度（祁虹等，2021）。因此，在满足作物生长需求的前提下，提前揭膜有利于保持较高的地膜拉力，提高地膜回收率，降低农田地膜残留量。例如，占东霞等（2021）通过对比不同揭膜时间处理农田残膜量差异，发现揭膜处理可以较无揭膜处理有效降低农田残膜量 54.6%～58.6%。史艳虎（2022）进一步表明揭膜处理农田地膜回收率均可高达 90%以上。此外，适时揭膜技术还可以改变土壤水力特性，促进作物生长，提高作物产量（张金华等，2009；蒋耿等，2013；张建军等，2016）。

因此，本章针对北方干旱半干旱地区农膜残留污染严重的问题，以节水-控肥-减污为目标，通过试验观测、模型构建、模型模拟等多种手段，揭示不同生育期揭膜处理下 SPAC 系统水-热-氮及作物生长的协同演变机制，综合分析农田经济效益，提出适宜的覆膜技术模式，为内蒙古干旱区节水-控肥-稳产及农业可持续发展提供了理论依据和技术支持。

14.2　研 究 方 法

玉米播种时间分别为 2019 年 5 月 4 日和 2020 年 5 月 10 日，收获时间分别为 2019 年 9 月 20 日和 2020 年 9 月 26 日。种植方式采用“一膜一管两行”，株距 30cm，行距 50cm，种植密度 60030 株/hm^2。试验处理包括 3 种不同覆盖时长的聚乙烯地膜覆盖处理，并以聚乙烯地膜全生育期覆盖作为对照处理（PM_w）。3 种聚乙烯地膜覆盖时长分别为 30 天（PM_{30}），60 天（PM_{60}）和 90 天（PM_{90}）。试验小区按照完全随机区组设计，各处理重复 3 次，共 12 个小区。各地膜尺寸规格均一致，宽度为 80cm，厚度为 0.008mm。滴灌带选用滴头设计流量为 2.4L/h，滴头间距为 30cm 的迷踪式滴灌带，并设置水表（精度为 0.001）监测水量。灌水定额为 22.5mm，2019 年和 2020 年灌水次数分别 9 次和 7 次。基肥组成主要包括尿素、磷酸二铵

和硫酸钾，其中磷酸二铵和硫酸钾各施用 120kg/hm^2，尿素施用量为总氮量的 20%。追肥采用尿素液体肥（N 为 32%），在拔节期、抽雄期和灌浆期分别施用总氮的 20%、30%和 20%。

14.3　不同揭膜时间下土壤水分运移特征

不同揭膜处理农田土壤水分运移特征在不同作物生育期存在显著的时空分布差异。在作物生育前期（DAS 0～30 天），由于各处理覆膜面积相同，故不同揭膜处理间土壤含水率无明显差异。其中 2019 年 PM_{30}、PM_{60}、PM_{90} 和 PM_w 农田 0～20cm 土层平均土壤含水率分别为 0.354cm^3/cm^3、0.348cm^3/cm^3、0.357cm^3/cm^3、0.356cm^3/cm^3，2020 年分别为 0.351cm^3/cm^3、0.356cm^3/cm^3、0.351cm^3/cm^3、0.351cm^3/cm^3。随着地膜覆盖面积的减小，不同处理间土壤含水率在作物生育中期（DAS 31～90 天）开始出现差异。2019 年 PM_{30}、PM_{60} 和 PM_{90} 农田 0～20cm 土层平均土壤含水率分别为 0.344cm^3/cm^3、0.354cm^3/cm^3、0.355cm^3/cm^3，较 PM_w 分别降低了 6.4%、2.5%和 0.9%；2020 年分别为 0.346cm^3/cm^3、0.362cm^3/cm^3、0.367cm^3/cm^3，较 PM_w 分别降低了 5.8%、2.2%和 0.4%。而在作物生育后期（DAS 91～140 天），由于地膜覆盖面积显著减小，导致土壤蒸发在大气蒸发力的强烈作用下明显提高，进而造成各处理土壤含水率差异达到显著。其中 2019 年 PM_{30}、PM_{60} 和 PM_{90} 农田 0～20cm 土层平均土壤含水率分别为 0.321cm^3/cm^3、0.333cm^3/cm^3、0.337cm^3/cm^3，较 PM_w 分别降低了 8.2%、5.1%和 4.7%；2020 年分别为 0.308cm^3/cm^3、0.317cm^3/cm^3、0.335cm^3/cm^3，分别降低了 8.1%、5.9%和 3.9%。然而，随着土层深度的增加，由灌溉和降雨事件造成的土体水分补给效果减弱，深层土壤水分将主要受到地下水补给作用，故不同揭膜农田土壤含水率无明显差异。2019 年 PM_{30}、PM_{60} 和 PM_{90} 农田 20～40cm 土层全生育期平均土壤含水率分别为 0.315cm^3/cm^3、0.320cm^3/cm^3、0.325cm^3/cm^3，分别较 PM_w 减小了 4.8%、1.5%和 0.8%；2020 年分别为 0.318cm^3/cm^3、0.328cm^3/cm^3、0.335cm^3/cm^3，分别较 PM_w 减小了 6.6%、2.1%和 1.4%。在 40～100cm 土层，2019 年 PM_{30}、PM_{60} 和 PM_{90} 农田全生育期平均土壤含水率分别为 0.287cm^3/cm^3、0.288cm^3/cm^3、0.291cm^3/cm^3，较 PM_w 仅减小了 1.6%、1.3%和 0.4%；2020 年分别为 0.301、0.305 和 0.308，较 PM_w 减小了 1.2%、0.6%和 0.2%。另外，由于 2 年降雨频率不同，2020 年降雨量较 2019 年提高了 71.6%，且在作物生育中后期显著提高 237.2%。因此，不同揭膜处理农田不同土层土壤含水率出现明显差异。2020 年 0～20cm、20～40cm 和 40～100cm 土层全生育期平均土壤含水率较 2019 年分别显著增加了 1.4%、2.5%和 5.3%（图 14.1）。

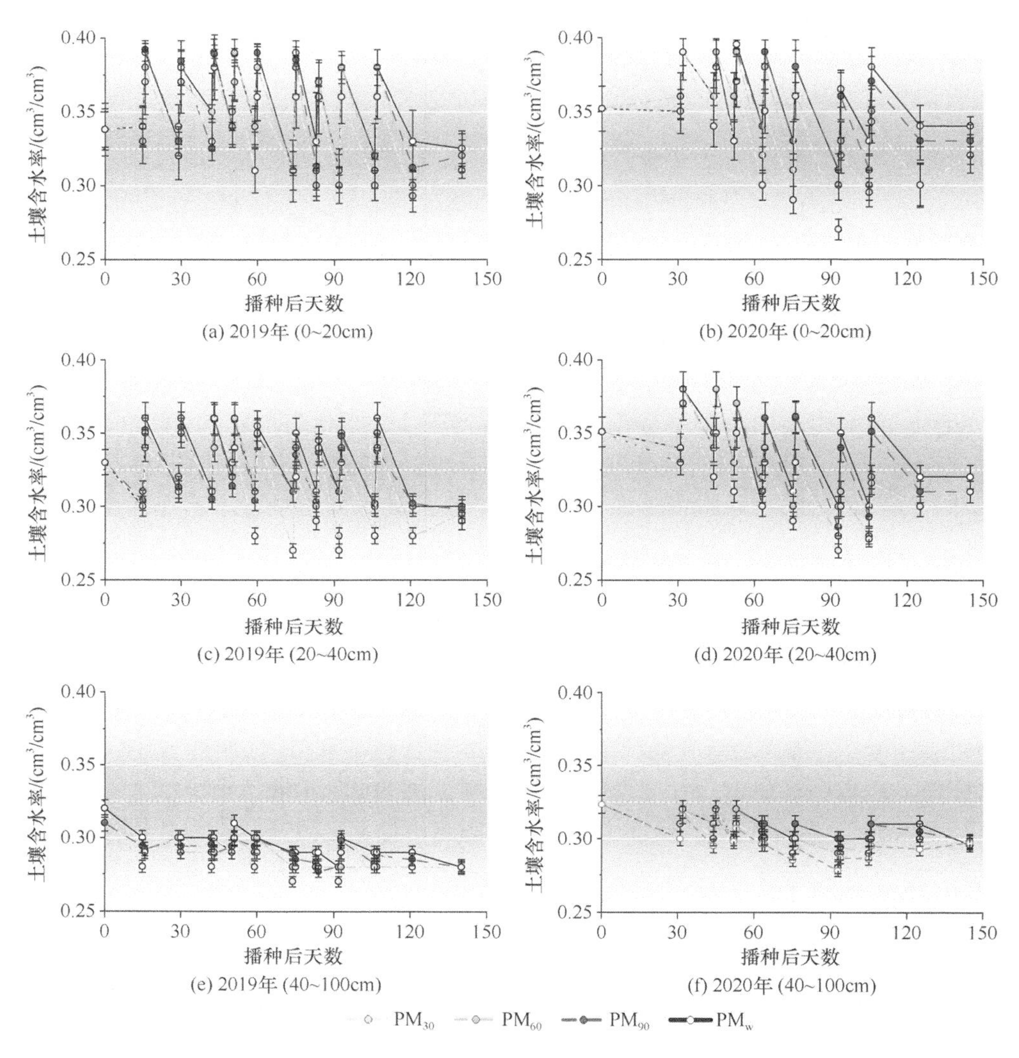

图 14.1　不同揭膜处理农田土壤水分运移特征

14.4　不同揭膜时间下农田剖面土壤水分分布规律

为了进一步摸清不同揭膜覆盖农田剖面土壤水分二维分布特征，本章在 2019 年不同生育期灌水前后分别选择了具有典型性的土壤水分分布，共计 8 天。由图 14.2 可见，不同揭膜覆盖农田土壤水分分布差异主要出现在 0～40cm 土层，且在不同生育期存在显著性差异。在作物生育前期（DAS 15 天和 DAS 16 天），由于各处理均未进行揭膜，故不同揭膜处理农田土壤水分分布特征无明显差异。PM_{30}、PM_{60}、PM_{90} 和 PM_w 在灌水前一天（DAS 15 天）的土壤水分亏缺区面积

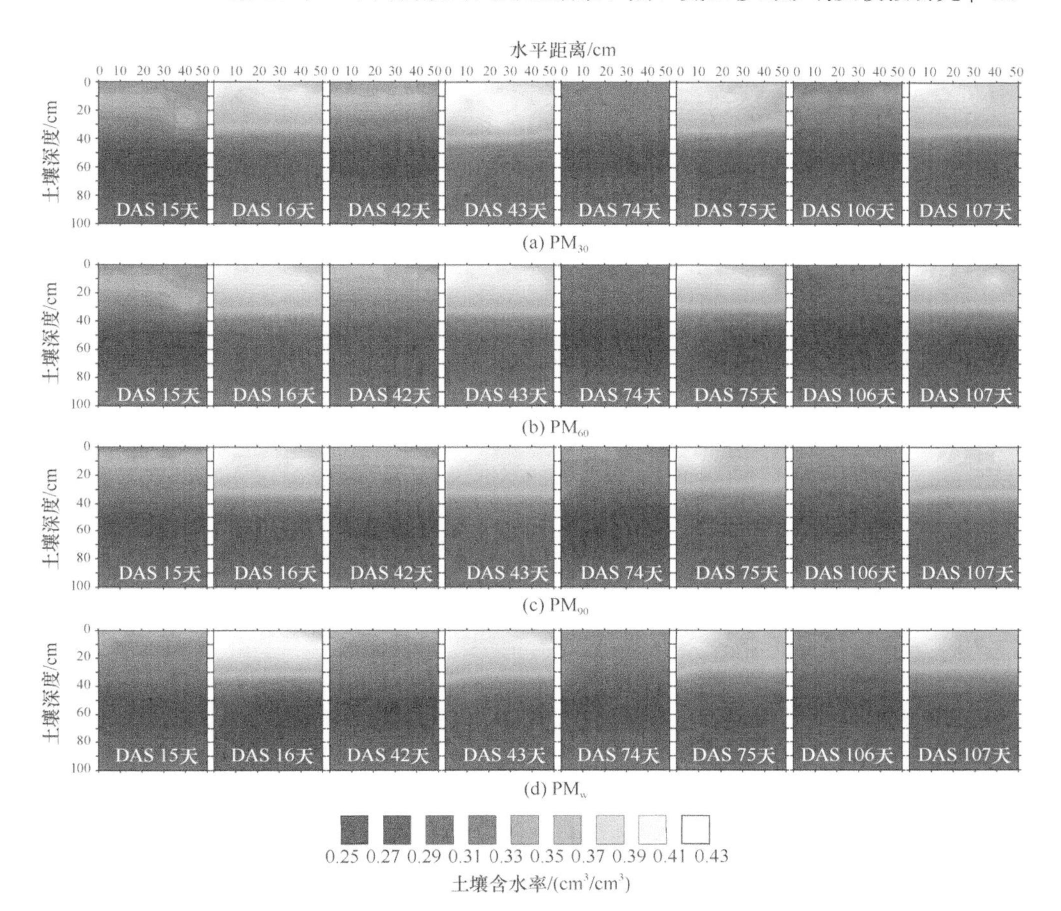

图 14.2　不同揭膜处理农田土壤水分分布规律

（低于易于吸水含水率）分别为 53cm^2、47cm^2、65cm^2 和 0cm^2。而在灌水后一天（DAS 16 天），土壤水分饱和区面积（高于田间持水率）分别为 25cm^2、40cm^2、55cm^2、307cm^2。随着生育期的推进，当地膜在播种后 30 天被提前移除后，土壤蒸发被显著提高，导致 PM_{30} 处理灌水前后根区土壤含水率（0～40cm）均低于其他处理，特别对于土壤表层（0～20cm）。其中在 DAS 42 天，PM_{30} 土壤水分亏缺区面积较 PM_{60}、PM_{90} 和 PM_w 分别增加了 13.2%、17.3%和 18.5%，而在 DAS 43 天，PM_{30} 土壤水分饱和区面积分别减小了 17.9%、21.5%和 23.8%。在作物生育中期（DAS 74 天和 DAS 75 天），由于 PM_{60} 处理农田地膜也被提前移除，导致其表层土壤含水率显著低于 PM_{90} 和 PM_w，但仍明显高于 PM_{30}。PM_{60} 处理农田在 DAS 74 天的土壤水分亏缺面积分别较 PM_{90} 和 PM_w 增加了 12.5%和 14.2%，较 PM_{30} 减小了 10.8%；而在 DAS 75 天，PM_{60} 处理农田土壤水分饱和区面积分别较 PM_{90} 和 PM_w 减小了 17.3%和 19.6%，较 PM_{30} 增加了 13.6%。在作物生育后期（DAS

106 天和 DAS 107 天），除 PM_{90} 农田土壤水分分布与 PM_w 相似外，PM_{30} 和 PM_{60} 农田土壤水分分布状况均较差。PM_{30}、PM_{60}、PM_{90} 和 PM_w 在 DAS 106 天的土壤水分亏缺区面积分别为 $416cm^2$、$252cm^2$、$153cm^2$ 和 $56cm^2$，而在 DAS 107 天，土壤水分饱和区面积分别为 $80cm^2$、$105cm^2$、$168cm^2$ 和 $180cm^2$。

14.5 不同揭膜时间下农田土壤温度差异

不同覆膜时长处理农田表层土壤温度时空分布差异与土壤水分相似。在作物生育前期，由于各处理农田覆盖面积相似，不同地膜覆盖农田土壤温度无明显差异，2019 年 PM_{30}、PM_{60}、PM_{90} 和 PM_w 农田土壤温度分别为 27.2℃、27.6℃、27.6℃和 27.5℃；2020 年分别为 21.4℃、21.4℃、21.5℃和 21.5℃。而在作物生育中期，揭膜处理导致农田土壤蒸发较大，土壤温度经升华作用后显著降低，不同地膜覆盖农田土壤温度开始出现差异，其中 PM_{30} 表层土壤温度最低，2019 年 PM_{30} 农田 5cm 土壤温度分别较 PM_{60}、PM_{90} 和 PM_w 分别降低了 12.1%、17.4%和 21.3%；2020 年分别降低了 15.3%、19.6%和 19.8%。而在作物生育后期，除 PM_{90} 土壤温度与 PM_w 土壤温度较为相似外，PM_{30} 和 PM_{60} 土壤温度均显著低于 PM_w。其中 PM_{30} 农田 2019 年和 2020 年土壤温度分别较 PM_w 降低了 28.0%和 19.9%；PM_{60} 土壤温度较 PM_w 分别降低了 16.7%和 14.9%；而 PM_{90} 土壤温度较 PM_w 仅降低了 17.4%和 8.0%。随着热传导阻力的增加，热通量的减小，不同揭膜处理农田 15cm 和 30cm 土层土壤温度均未发现明显差异。其中 2019 年 PM_{30}、PM_{60}、PM_{90} 和 PM_w 在 15cm 土层的土壤温度分别为 24.6℃、26.3℃、25.6℃和 26.4℃，2020 年分别为 20.9℃、21.2℃、21.7℃和 22.1℃；2019 年 30cm 土层的土壤温度分别为 26.2℃、26.5℃、26.3℃和 26.3℃；2020 年分别为 21.4℃、21.2℃、21.3℃和 21.2℃（图 14.3）。

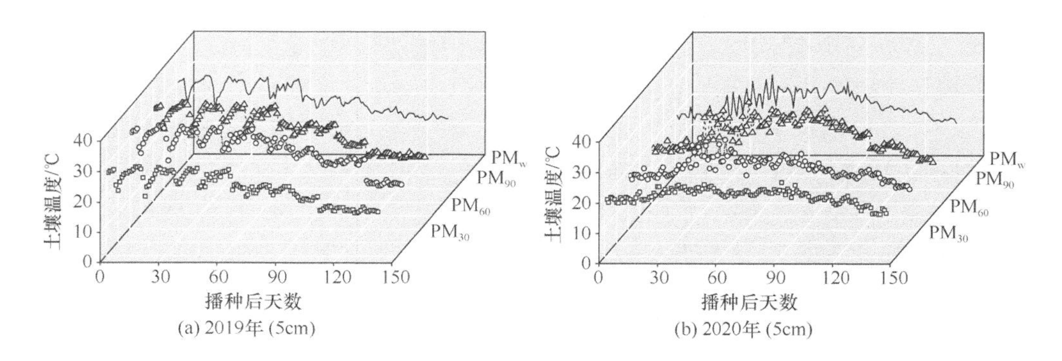

(a) 2019年 (5cm)　(b) 2020年 (5cm)

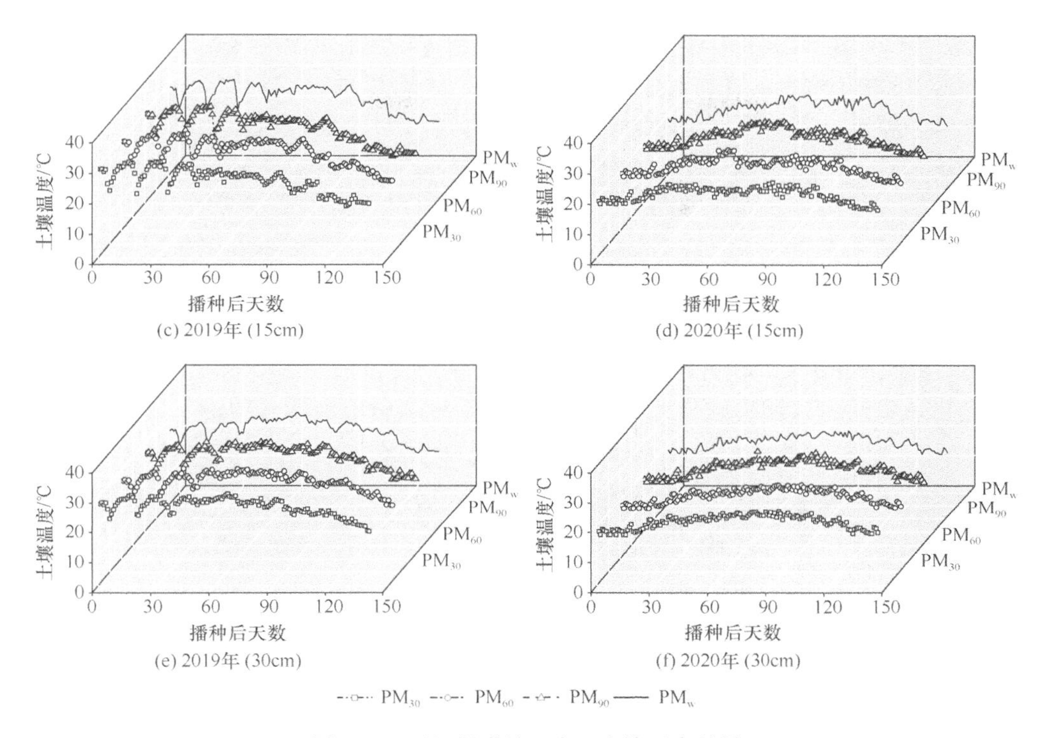

图 14.3　不同揭膜处理农田土壤温度差异

14.6　不同揭膜时间下农田剖面土壤温度分布规律

不同揭膜处理农田土壤温度分布规律与土壤水分分布呈相反趋势，但在不同生育期也存在显著性差异。在作物生育前期（DAS 15 天和 DAS 16 天），不同揭膜处理农田土壤水分分布特征无明显差异，均表现为覆膜区土壤温度高于裸地，且距滴头半径为 10cm 的区域内土壤温度较高。在 DAS 15 天，PM_{30}、PM_{60}、PM_{90} 和 PM_w 农田 0～30cm 土层内土壤高温区面积（34～40℃）分别为 225cm^2、180cm^2、0cm^2 和 0cm^2，无低温区出现，而适宜土壤温度区（22～34℃）面积分别为 1275cm^2、1320cm^2、1500cm^2 和 1500cm^2。由于灌溉水热容要显著高于土体热容，灌溉后，不同揭膜处理农田耕层土壤温度均被显著降低，特别对于在滴头湿润体半径 5cm 区域，PM_{30}、PM_{60}、PM_{90} 和 PM_w 土壤温度分别被显著降低了 58.4%、62.5%、32.1% 和 52.9%。在 DAS 16 天，适宜土壤温度区面积分别为 1407cm^2、1438cm^2、1483cm^2、1474cm^2，低温区面积分别为 93cm^2、62cm^2、17cm^2、26cm^2，各处理均未出现高温区域。随着生育期的推进，当地膜在播种后 30 天被移除后，土壤蒸发被显著提高，导致 PM_{30} 处理灌水前耕层土壤温度高于其他处理，特别对于 0～10cm 土层。其中在 DAS 42 天，PM_{30} 适宜土壤温度区面积较 PM_{60}、PM_{90} 和 PM_w 分别减小了

3.6%、14.2%和 14.8%，而在 DAS 43 天，PM_{30}适宜土壤温度区面积分别减小了 2.5%、4.2%和 3.8%。在作物生育中期（DAS 74 天和 DAS 75 天），随着PM_{60}农田地膜被移除，其表层土壤温度显著高于PM_{90}和PM_{w}，但仍明显低于PM_{30}。PM_{60}处理农田在 DAS 74 天的适宜土壤温度区面积分别较PM_{30}、PM_{90}和PM_{w}增加了 8.1%、7.8%和 4.3%；而在 DAS 75 天，适宜土壤温度区面积分别增加 12.3%、9.7%和 6.4%。在作物生育后期（DAS 106 天和 DAS 107 天），PM_{60}农田耕层土壤温度分布最优。其中在 DAS 106 天，适宜土壤温度区面积分别为 1108cm^2、1424cm^2、1372cm^2、1321cm^2，而在 DAS 107 天，分别为 1233cm^2、1486cm^2、1396cm^2、1352cm^2。可见，覆膜后 60 天揭膜处理既可以有效保持作物生育前期土壤温度，促进胚芽发育，也可以避免长期覆膜导致的作物生育中后期热胁迫问题（图 14.4）。

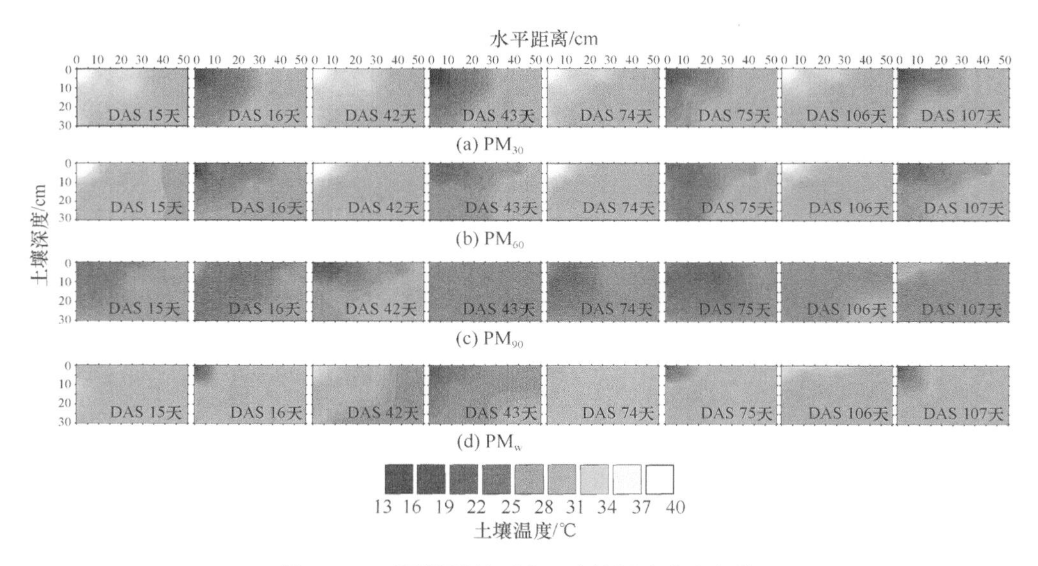

图 14.4 不同揭膜处理农田土壤温度分布规律

14.7 不同揭膜时间下农田土壤硝态氮动态

2019 年和 2020 年不同揭膜覆盖处理农田土壤硝态氮时空分布差异明显。在 2019 年，不同揭膜处理农田 0～100cm 土壤硝态氮浓度的差异均较为显著。总体上，土壤硝态氮浓度随地膜覆盖时长的缩短而增加，即$PM_{30}>PM_{60}>PM_{90}>PM_{w}$。$PM_{30}$农田 0～20cm 全生育期平均土壤硝态氮浓度为 0.39g/L，分别较PM_{60}、PM_{90}和PM_{w}分别提高了 6.8%、10.5%和 11.9%。在 20～40cm 土层，除PM_{30}显著高于PM_{w}，各处理农田土壤硝态氮浓度均与PM_{w}接近，其中PM_{60}较PM_{w}减小了 3.3%，而PM_{90}仅较PM_{w}提高了 2.4%。不同揭膜时长处理农田 40～100cm 土壤硝态氮浓度差异规律与 20～40cm 相似。PM_{30} 农田土壤硝态氮显著高于其他处理，特别在作物生育中后期，PM_{30} 分别较 PM_{60}、PM_{90} 和 PM_w 分别显著提高了 46.9%、26.8% 和 35.4%(图 14.5)。不同处理间最低的土壤硝态氮浓度出现在 PM_{60}，仅为 0.12g/L。然而，对于地下水埋深更浅的 2020 年，不同揭膜时长处理间土壤硝态氮差异仅出现在 0～20cm。PM_{30}、PM_{60} 和 PM_{90} 农田 0～20cm 土壤硝态氮浓度分别 0.32g/L、0.30g/L 和 0.28g/L，分别较 PM_w 提高了 14.5%、8.1%和 2.6%。而 20～40cm 和 40～100cm 土壤硝态氮无明显差异。PM_{30}、PM_{60}、PM_{90} 和 PM_w 农田 20～100cm 土壤硝态氮浓度分别为 0.12g/L、0.10g/L、0.11g/L 和 0.11g/L。

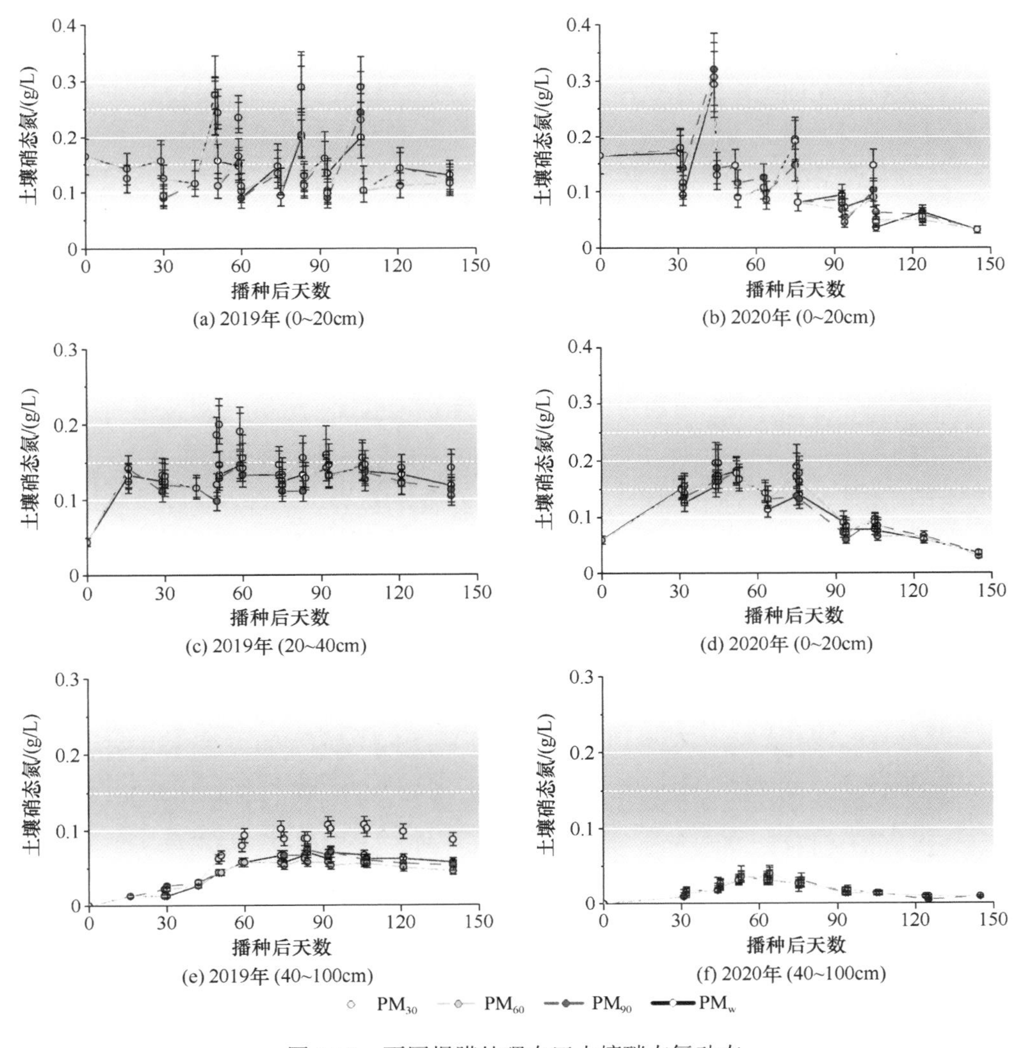

图 14.5　不同揭膜处理农田土壤硝态氮动态

14.8 不同揭膜时间下农田剖面土壤硝态氮分布规律

由于土壤硝态氮受对流弥散作用，导致不同揭膜处理农田土壤硝态氮二维剖面分布规律与土壤水分分布存在明显差异。在作物生育前期(DAS 15 天和 DAS 16 天)，不同揭膜处理农田土壤硝态氮分布特征均无明显差异，表现为裸地土壤硝态氮浓度高于覆膜区，且主要集中于 0～30cm 土层。在 DAS 15 天，PM_{30}、PM_{60}、PM_{90} 和 PM_w 农田 0～30cm 土层内土壤氮胁迫面积（> 0.4mg/L）分别为 $1432cm^2$、$1250cm^2$、$956cm^2$、$952cm^2$，而适宜土壤氮面积分别为(0～0.4mg/L)$68cm^2$、$250cm^2$、$544cm^2$、$548cm^2$。灌溉后，不同揭膜处理农田覆膜区耕层土壤硝态氮均被显著降低，特别对于在滴头湿润体半径 10cm 区域，PM_{30}、PM_{60}、PM_{90} 和 PM_w 土壤硝态氮浓度分别显著减小了 51.2%、56.1%、43.5%和 40.7%。在 DAS 16 天，适宜土壤硝态氮浓度面积分别为 $1192cm^2$、$996.0cm^2$、$1027.5cm^2$、$1032.7cm^2$。当地膜在播种后 30 天被移除后，PM_{30} 处理灌水前耕层土壤硝态氮高于其他处理，特别对于 0～10cm 土层。其中在 DAS 42 天，PM_{30} 适宜土壤硝态氮浓度面积较 PM_{60}、PM_{90} 和 PM_w 分别减小了 4.1%、12.7%和 13.2%，而在 DAS 43 天，PM_{30} 适宜土壤硝态氮浓度面积分别增加了 62.1%、65.3%和 74.0%。在作物生育中期（DAS 74 天和 DAS 75 天），由于 PM_{60} 农田地膜被移除，导致其表层土壤硝化速率在高氧条件下被显著提高，进而造成 PM_{60} 表层土壤硝态氮浓度高于 PM_{90} 和 PM_w，但仍明显低于 PM_{30}。PM_{60} 处理农田在 DAS 74 天的适宜土壤硝态氮浓度面积分别较 PM_{30}、PM_{90}、PM_w 增加了 3.5%、7.2%和 8.4%；而在 DAS 75 天，适宜土壤硝态氮浓度面积分别增加 10.8%、5.3%和 4.0%。在作物生育后期（DAS 106 天和 DAS 107 天），PM_{60} 农田耕层土壤温度分布最优。其中在 DAS 107 天，适宜土壤硝态氮浓度面积可达 $521cm^2$（图 14.6）。

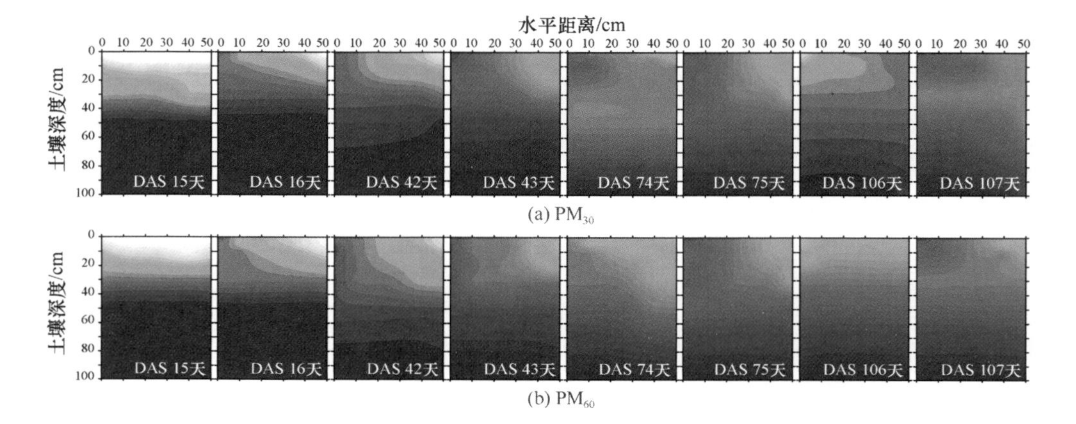

(a) PM_{30}

(b) PM_{60}

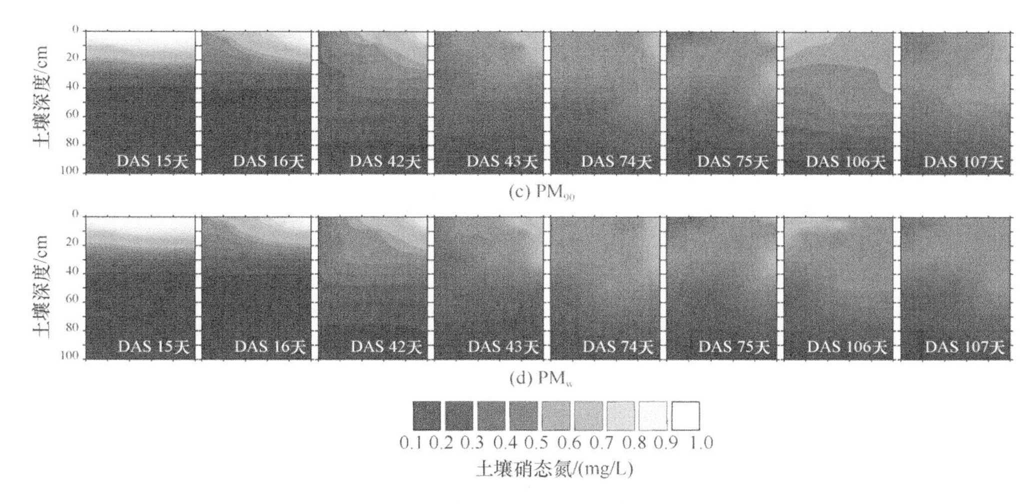

图 14.6 不同揭膜处理农田土壤硝态氮分布

14.9 不同揭膜时间下农田作物生长指标差异

由于不同揭膜处理农田土壤水土环境差异，导致各处理农田作物生理指标也出现差异性变化。在作物生育前期，不同揭膜覆盖处理叶面积指数无明显差异。但在 DAS（30～60 天），由于揭膜导致土壤蒸发显著提高，PM_{30} 农田作物叶面积指数较其他处理开始出现差异，PM_{30} 在 2019 年分别较 PM_{60}、PM_{90} 和 PM_w 降低 12.4%、11.7%和 11.5%，在 2020 年分别降低 6.2%、7.3%和 6.2%。然而，当地膜在 DAS 60 天被移除后，由于 PM_{60} 农田土壤环境较优，从而造成其作物叶面积指数在 DAS（61～90 天）较其他处理显著提高。在 2019 年，PM_{60} 较 PM_{30}、PM_{90}、PM_w 分别提高 14.5%、4.2%和 7.0%，在 2020 年，分别提高 13.5%、3.1%和 4.6%。随着作物生育期推进，玉米叶片在作物生育后期逐渐凋零，导致叶面积指数均显著降低，各处理差异不显著。在 2019 年，PM_{60} 较 PM_{30}、PM_{90} 和 PM_w 分别提高 23.2%、7.1%和 10.7%，在 2020 年，分别提高 22.5%、9.0%和 11.2%。不同揭膜处理农田作物株高在不同生育期的变化与叶面积指数相似。在作物生育前期，PM_{30} 农田作物株高在 2019 年分别较 PM_{60}、PM_{90} 和 PM_w 降低 23.0%、19.3%和 19.1%，在 2020 年分别降低 30.5%、28.0%和 26.8%。在作物生育中期，PM_{60} 较 PM_{30}、PM_{90}、PM_w 分别提高 26.6%、5.4%和 9.3%，在 2020 年，分别提高 25.7%、6.9%和 11.5%。在作物生育后期，PM_{60} 较 PM_{30}、PM_{90}、PM_w 分别提高 28.5%、5.0%和 9.0%，在 2020 年，分别提高 23.0%、6.7%和 10.9%（图 14.7）。

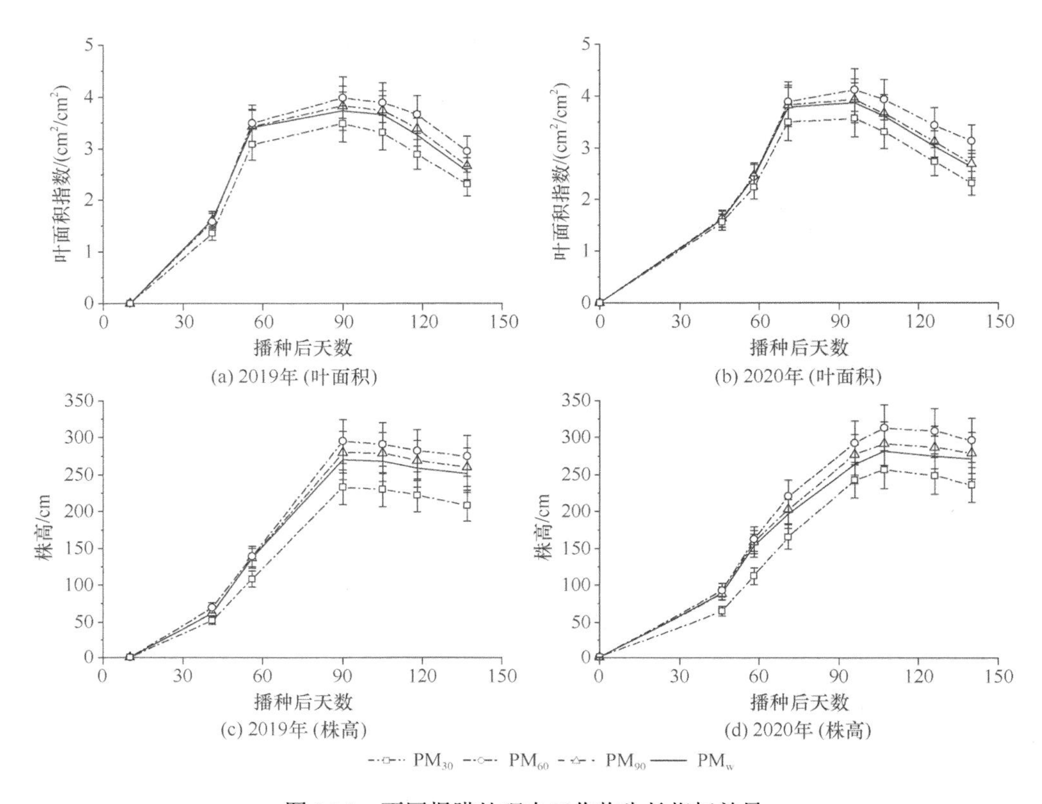

图 14.7　不同揭膜处理农田作物生长指标差异

14.10　不同揭膜时间下农田作物产量及经济效益

由于不同揭膜时长处理农田土壤水热氮环境的变化，导致作物吸水量和吸氮量产生较大差异。总体上表现为随着覆膜时长的缩短，作物吸收能力增强。但作物根系最高吸收强度出现在 PM_{60}，其中 PM_{60} 农田 2 年平均根系吸水量分别较 PM_{30}、PM_{90} 和 PM_w 提高 18.4%、3.4%和 6.9%；根系吸氮量分别提高 23.3%、8.0%和 10.5%。此外，不同覆膜处理下作物产量差异与作物吸收能力一致。PM_{60} 农田 2 年平均作物产量为 10572.8kg/hm^2，分别较 PM_{30}、PM_{90} 和 PM_w 提高了 34.1%、20.8%和 23.9%。而 PM_{60} 农田 2 年平均水分利用效率和氮素利用效率分别可达 24.8kg/（hm^2·mm）和 53.1kg/（hm^2·mm），其中水分利用效率分别较 PM_{30}、PM_{90} 和 PM_w 提高 20.1%、18.2%和 18.4%；NUE 分别提高 21.9%、15.1%和 17.8%。另外，不同揭膜处理农田经济效益也存在显著差异。最高的收益同样出现在 PM_{60} 处理，2 年平均收益为 4758.2$/hm^2，分别较 PM_{30}、PM_{90} 和 PM_w 提高 32.6%、22.2%和 24.0%。同时，PM_{60} 的 ROI 分别较 PM_{30}、PM_{90} 和 PM_w 提高 32.5%、22.1%和

24.0%（表 14.1）。因此，播种后 60 天揭膜可推荐为本地区最优处理，可通过优化农田水土环境显著地提高农田水氮利用效率和经济效益。

表 14.1　不同揭膜处理农田作物产量及经济效益

年份	处理	根系吸水量/mm	根系吸氮量/（kg/hm²）	产量/（kg/hm²）	水分利用效率/［kg/（hm²·mm）］	氮肥利用效率	支出/（$/hm²）	收益/（$/hm²）	收益率
2019	PM_{30}	296.6	126.5	5283.5	17.8	41.8	1740.4	2518.2	1.5
	PM_{60}	400.7	186.7	9289.4	23.2	49.7	1740.4	4182.0	2.4
	PM_{90}	387.2	160.2	7086.5	18.3	44.2	1740.4	3069.2	1.8
	PM_{w}	372.9	157.9	6771.6	18.2	42.9	1740.4	3040.1	1.7
2020	PM_{30}	396.9	171.3	8648.7	21.8	41.2	1673.1	3894.3	2.3
	PM_{60}	449.5	201.4	11856.2	26.4	56.5	1673.1	5334.3	3.2
	PM_{90}	434.3	197.0	9653.7	22.2	46.0	1673.1	4334	2.6
	PM_{w}	418.3	189.5	9328.6	22.3	44.4	1673.1	4188.1	2.5

14.11　不同揭膜处理农田水-热-氮迁移模型构建

14.11.1　模型介绍

HYDRUS-2D 模型是由美国盐土实验室开发的多孔介质有限元模型，可以被用以模拟分析不同工况条件下饱和和非饱和带刚体结构中水分、温度和溶质运移及转化过程。该模型主要是通过数值求解饱和-非饱和水流的 Richards 方程，变饱和刚体土壤热传输守恒方程和溶质传输的对流弥散方程。在水流及溶质方程中分别包含一个汇源项，以表示植物根系对土壤水分和溶质的吸收关系，特别表示为被动吸收过程。土壤热传输守恒方程考虑了土壤热流与液态水的传导和对流运动，通过包括固相和液相之间的非线性、非平衡反应，以及液相和气相之间的线性平衡反应的规定，以相对通用的形式写出控制对流-扩散溶质迁移方程。运移模型还考虑了液相中的对流和弥散，以及气相中的扩散。

14.11.2　模型构建

1. 土壤水分运移方程

基于 HYDRUS-2D 模型对膜下滴灌农田土壤水分运动进行模拟，该模型采用 Galerkin 有限元求解 Richards 方程，公式如下（Richards，1931）：

$$\frac{\partial\theta}{\partial t}=\frac{\partial}{\partial x}\left[K(h)\frac{\partial h}{\partial x}\right]+\left[K(h)\frac{\partial h}{\partial z}\right]+\frac{\partial K(h)}{\partial z}-S(h) \tag{14.1}$$

式中，θ 为体积含水率，cm^3/cm^3；h 为压力水头，cm；K（h）为导水率，cm/d；t 为模拟时间，天；x、z 为水平和垂直坐标，cm；S 为根系吸水项，指单位时间单位体积土壤中根系吸水率，d^{-1}。

土壤水力函数采用 Van Genuchten 模型，如下所示（Van Genuchten，1980）：

$$\theta=\theta_r+\frac{\theta_s-\theta_r}{(1+(\alpha|h|)^n)^m}\left(m=1-\frac{1}{n}\right) \tag{14.2}$$

$$K(h)=K_s S_e^{\,l}\left[1-(1-S_e^{1/m})^m\right]^2 \tag{14.3}$$

$$S_e=\frac{\theta-\theta_r}{\theta_s-\theta_r} \tag{14.4}$$

式中，θ_s 为饱和土壤含水率，cm^3/cm^3；θ_r 为残余土壤含水率，cm^3/cm^3；n、m、α 为形状参数；S_e 为相对饱和度；K_s 为饱和导水率，cm/d；l 为孔隙关联度参数，经前人研究（黄凯等，2015），l=0.5。

根系吸水项 S 可利用 Feddes 模型求得（Feddes et al.，1978）：

$$S(h)=\alpha(h)\beta(x,z)T_p L_t \tag{14.5}$$

式中，T_p 为潜在蒸腾速率，cm/d；L_t 为冠层宽度，cm；β（x，z）为二维土壤根区的标准化根系分布密度，cm^{-2}；α（h）为根系吸水胁迫函数（$0<\alpha<1$），可由下式计算得到（Feddes et al.，1978）：

$$\alpha(h)=\begin{cases}\dfrac{h_1-h}{h_1-h_2} & h_2<h\leqslant h_1\\ 1 & h_3\leqslant h\leqslant h_2\\ \dfrac{h-h_4}{h_3-h_4} & h_4\leqslant h<h_3\end{cases} \tag{14.6}$$

式中，h_1 为根系吸水厌氧点压力水头，cm；h_2 为根系吸水最适的压力水头，cm；h_3 为根系吸水结束的压力水头，cm；h_4 为根系吸水萎靡点压力水头，cm。根系吸水的具体参数参考 Wesseling 提出的参考值（Wesseling and Brandyk，1985），直接在 HYDRUS-2D 软件中选定。

为减小根系动态生长引起的误差，本章分别选择两个时间区间（即 DOY 110～169，170～270）对根系空间分布进行平均。同时，本章假设玉米茎正下方 10cm×10cm 处根长相对值为 1.0，并相应地调整其他部位的相对根长密度值。根系分布函数 β（x，z）可通过对根区各部分的相对根长密度值积分求得：

$$\beta(x,z)=\frac{\beta'(x,z)}{\int_{\Omega_R}\beta'(x,z)\mathrm{d}\Omega} \tag{14.7}$$

2. 土壤热动态方程

忽略了水汽蒸发的二维土壤热流运移方程如下：

$$\frac{\partial C(\theta)T}{\partial \mathrm{t}}=\frac{\partial}{\partial x_i}\left[\lambda_{ij}(\theta)\frac{\partial T}{\partial x_j}\right]-C_{\mathrm{w}}q_i\frac{\partial T}{\partial x_i} \tag{14.8}$$

式中，C（θ）和 C_{w} 分别为土体和水的体积热容，J/（cm^3·℃）；λ_{ij}（θ）为表面土壤热传导度，W/（cm·℃）；T 为土壤温度，℃；q_i 为水流通量，cm/d。

C（θ）采用 Hillel（1998）推荐的线性函数方程：

$$C(\theta)=(2\times10^6 BD/2.65)+4.2\times10^6\theta+2.5\times10^6 f_0 \tag{14.9}$$

式中，BD 为土壤容重，mg/cm^3；f_0 为土壤有机质的占比，cm^3/cm^3。

表面土壤热传导度 λ_{ij}（θ）可采用下式求得：

$$\lambda_{ij}(\theta)=\lambda_{\mathrm{T}}C_{\mathrm{w}}|q|\delta_{ij}+(\lambda_{\mathrm{L}}-\lambda_{\mathrm{T}})C_{\mathrm{w}}\frac{q_j q_i}{|q|}+\lambda_0(\theta)\delta_{ij} \tag{14.10}$$

式中，λ_{L} 和 λ_{T} 分别为土壤剖面纵向和横向热分散度，cm；δ_{ij} 为 Kronecker 常数；λ_0（θ）为热传导度，W/（cm·℃），由下式计算获得（Chung and Horton，1987）：

$$\lambda_0(\theta)=b_1+b_2+b_3\theta^{0.5} \tag{14.11}$$

式中，b_1、b_2、b_3 均为经验参数，W/（cm·℃）。

3. 土壤氮转化方程

溶质运移方程主要考虑了液相阶段的对流弥散运动。本章对变饱和刚性多孔介质瞬态水流动过程中一阶顺序衰变链中溶质非平衡迁移的偏微分方程进行了如下简化（Šimůnek et al.，2016）：

对于土壤铵态氮（NH_4-N）：

$$\begin{aligned}\frac{\partial\theta c_1}{\partial t}+\rho\frac{\partial s_1}{\partial t}=&\frac{\partial}{\partial x}\left(\theta D_{xx}\frac{\partial c_1}{\partial x}\right)+\frac{\partial}{\partial x}\left(\theta D_{xz}\frac{\partial c_1}{\partial z}\right)+\frac{\partial}{\partial z}\left(\theta D_{zx}\frac{\partial c_1}{\partial x}\right)\\&+\frac{\partial}{\partial z}\left(\theta D_{zz}\frac{\partial c_1}{\partial z}\right)-\left(\frac{\partial q_x c_1}{\partial x}+\frac{\partial q_z c_1}{\partial z}\right)-\mu_l\theta c_1-\mu_{\mathrm{s}}\rho s_1-S_{c_1}\end{aligned} \tag{14.12}$$

对于土壤硝态氮（NO_3-N）：

$$\begin{aligned}\frac{\partial\theta c_2}{\partial t}=&\frac{\partial}{\partial x}\left(\theta D_{xx}\frac{\partial c_2}{\partial x}\right)+\frac{\partial}{\partial x}\left(\theta D_{xz}\frac{\partial c_2}{\partial z}\right)+\frac{\partial}{\partial z}\left(\theta D_{zx}\frac{\partial c_2}{\partial x}\right)\\&+\frac{\partial}{\partial z}\left(\theta D_{zz}\frac{\partial c_2}{\partial z}\right)-\left(\frac{\partial q_x c_2}{\partial x}+\frac{\partial q_z c_2}{\partial z}\right)+\theta\mu c_1-S_{c_2}\end{aligned} \tag{14.13}$$

式中，θ 为土壤含水率，cm^3/cm^3；ρ 为土壤容重，g/cm^3；s_1 为 NH_4-N 的吸附浓度；D_{xx}、D_{xz}、D_{zx} 和 D_{zz} 分别为有效扩散系数的分量，cm^2/d；c 为溶质浓度，mg/cm^3；

q_x 和 q_z 分别为体积通量密度分量，cm/d；μ_l 和 μ_s 分别液相和固相阶段硝化速率的一阶反应常数，d^{-1}；S 为汇源项，d^{-1}。上式主要包括扩散产生的溶质通量、对流产生的溶质通量和根系对养分的吸收 S_c：

$$S_{c_1} = S(h)c_1 \quad S_{c_2} = S(h)c_2 \tag{14.14}$$

式中，c_1 和 c_2 分别为根系吸收的 NH_4-N 和 NO_3-N 浓度，mg/cm^3。

14.11.3 初始及边界条件

播种前，0～100cm 土层土壤含水率和土壤硝态氮含量以及 0～30cm 土层土壤温度被采集测量作为模拟初始值。根据 2019～2020 年实测地下水埋深，最大值为 248cm，为考虑地下水补给，故将模拟区深度设为 250cm，并将下边界设为变水头边界，左右边界为零通量边界。上边界分别采用变通量边界、零通量边界和大气边界代表滴头湿润区、覆膜区和裸地区。

初始条件：

$$h(x,z,t) = h_0(x,z) \quad (0 \leqslant x \leqslant 200, t=0, -250 \leqslant z \leqslant 0) \tag{14.15}$$

上边界条件：

覆膜区：

$$-K(h)\left(\frac{\partial h}{\partial z}+1\right) = q(t) \quad (0 \leqslant x \leqslant 35, 65 \leqslant x \leqslant 135, 165 \leqslant x \leqslant 200, t>0, z=0) \tag{14.16}$$

未覆膜区：

$$-K(h)\left(\frac{\partial h}{\partial z}+1\right) = E(t) \quad (35 < x < 65, 135 < x < 165, t>0, z=0) \tag{14.17}$$

下边界条件：

$$h(x,z,t) = h'(t) \quad (0 \leqslant x \leqslant 200, t>0, z=-250) \tag{14.18}$$

左右边界条件：

$$-K(h)\frac{\partial h}{\partial x} = 0 \quad (x=0, x=200, t \geqslant 0, -250 < z \leqslant 0) \tag{14.19}$$

式中，h_0 为初始水头，cm；q 为上边界的水分通量，cm/d；h' 为地下水位，cm；E 为当前大气条件下入渗或蒸发速率。

该模型需要日降雨量、潜在土壤蒸发（E_p）、潜在作物蒸腾（T_p）和辐射源通量作为输入来定义上边界条件。日降水量资料利用自动气象站实测获得。E_p 和 T_p 分别为潜在蒸散发的分量（Campbell and Norman，1989）：

$$T_p = \left[1-\exp(-k\mathrm{LAI})\right]\mathrm{ET}_p \tag{14.20}$$

$$E_p = \exp(-k\mathrm{LAI})\mathrm{ET}_p \tag{14.21}$$

式中，k 为作物冠层的消光系数；LAI 为叶面积指数。

HYDRUS-2D 模型中上边界变通量边界处滴头通量可由下式计算得到（Skaggs et al.，2004）：

$$q = \frac{Q}{L \times 2\pi r} \tag{14.22}$$

式中，q 为滴头通量，cm/h；Q 为滴头流量，L/h；L 为滴头间距，cm；r 为滴头半径，cm。

14.11.4　模型参数

1. 土壤水力参数

土壤水力参数基于 HYDRUS-2D 模型内置的 Rosetta 模型进行预测，应用土壤颗粒组成（黏粒、粉粒、砂粒体积百分比）和初始容重预测土壤水力参数，并通过 2019 年实测土壤含水率率定，根据剖面分层，将 0～250cm 土层分成 3 层，每层取平均值，率定后的土壤水力参数具体见表 14.2。

表 14.2　土壤水力参数

土层/cm	残余体积含水率/（cm^3/cm^3）	饱和体积含水率/（cm^3/cm^3）	形状参数/cm^{-1}	经验参数	饱和导水率/（cm/d）
0～30	0.03	0.41	0.02	1.45	55.36
>30～100	0.04	0.42	0.01	1.63	52.03
>100～250	0.05	0.41	0.01	1.63	37.92

2. 土壤温度参数

使用 2019 年不同地膜覆盖农田全生育期不同土层土壤温度对土壤热传导参数 b_1、b_2 和 b_3 进行优化。

此外，基于能量平衡方程，求解得到覆膜区和裸地区土壤热通量：

$$R_n - H_m - LE_m - G_m = 0 \tag{14.23}$$

$$R_n - H_b - LE_b - G_b = 0 \tag{14.24}$$

式中，R_n 为土壤接受的净辐射，W/m^2；H_m 和 H_b 分别为覆膜区和裸地区感热通量，W/m^2；L 为汽化潜热，2.45MJ/kg；E_m 和 E_b 分别为微型蒸渗仪实测得到的覆膜区和裸地区蒸发速率，kg/（$m^2 \cdot s$）；G_m 和 G_b 分别为覆膜区和裸地区表面热通量密度，W/m^2。其中 R_n 可由式（14.25）计算得到（Liakatas et al.，1986）：

$$R_n = (1 - \rho_s)\tau S + L_n' \tag{14.25}$$

式中，ρ_s 为土壤反射系数；τ 为地膜的透射系数；S 为水平面上太阳辐射的通量密度，该值是由安装在地膜上方 40cm 处的管式净辐射计测量的（Biscoe et al.，1974）；L_n' 为覆盖层下的土壤接收到净热辐射，由下式可得（Liakatas et al.，1986）：

$$L_n'=\tau' L_d+\varepsilon_m\sigma T_m^4-\sigma T_s^4 \tag{14.26}$$

式中，τ'为地膜对热辐射的透射系数；L_d 为热辐射的吸收通量；ε_m 为地膜的反射率；σ 为 Stefan Boltzmann 常数，56.7×10^{-9}W/（$m^2\cdot K^4$）；T_m和 T_s分别为覆膜区和裸地区平均土壤温度。

表面热通量密度可由下式求解（Rai et al.，2019）：

$$G_m=\lambda\frac{dT_m}{dZ} \tag{14.27}$$

$$G_b=\lambda\frac{dT_b}{dZ} \tag{14.28}$$

式中，$\frac{dT_m}{dZ}$ 和 $\frac{dT_b}{dZ}$ 分别为覆膜区和裸地区地温梯度；λ 为热传导率，W/（cm·℃）。

3. 土壤溶质参数

HYDRUS-2D 模型中溶质迁移是一个相对复杂的过程，主要包括硝化、反硝化、挥发、固化和矿化等反应过程。在本章中，由于反硝化反应主要发生在饱和条件下，而本章采用的是流量较小的滴灌技术，全生育期未出现土壤水饱和现象，因此忽略了反硝化过程（Ravikumar et al.，2011）。此外，砂壤土氮的固化和矿化能力较小，故该反应也被忽略（Ramos et al.，2012；Tafteh and Sepaskhah，2012）。同时，由于本试验采用的膜下滴灌水肥一体化技术，滴头流量和施肥速率均较低，且地膜会阻隔氮挥发效应，因此氨挥发过程也被合理忽略（Ramos et al.，2012）。通常，施用的铵态氮（NH_4-N）先转化为 NO_2-N，然后进一步转化为 NO_3-N。然而，由于土壤剖面中 NO_2-N 的残留浓度较低，NO_2-N 向 NO_3-N 的硝化作用是一个相对快速的过程，可以假设 NH_4-N 直接转化为 NO_3-N，这与其他许多研究一致（Tafteh and Sepaskhah，2012；Wang et al.，2010）。本章还假设 NO_3-N 不吸附土壤颗粒，只存在于溶解相中，而铵态铵 NH_4-N 易于吸附土壤颗粒，故存在于固相和溶解相中。NO_3-N 和 NH_4-N 的分配系数（K_d）分别设置为 0 和 3.5cm^3/g（Hanson et al.，2006）。砂壤土中液相和固相溶质的一级速率（硝化）常数分别设置为 0.03d^{-1} 和 0.16d^{-1}（Castaldelli et al.，2018）。

在 HYDRUS-2D 模型的溶质运移方程中，利用土壤的纵向弥散度（D_L）和横向弥散度（D_T），以及溶质在自由水中的分子扩散系数计算弥散张量的分量。D_L 在 0～20cm 土层为 20cm，20～40cm 土层为 10cm，40～100cm 土层为 5cm。D_T 假设为 D_L 的 1/10（Ramos et al.，2012；Hanson et al.，2006；Cote et al.，2003）。NH_4-N 和 NO_3-N 在游离水中的分子扩散系数分别为 0.064cm^2/h 和 0.068cm^2/h

(Nakamura et al.，2004；Cote et al.，2003)。最后，通过比较作物氮素吸收的模拟值和观测值得到根系养分吸收的最大允许浓度 c_{smax}（Šimunek et al.，2016），这是通过比较作物氮素吸收的模拟值和观测值得到的。

4. 统计指标

本书分别采用决定系数 R^2，一致性指数 d，标准平均相对误差 NMRE（%）和标准均方根误差 NRMSE 等 4 个统计指标评价土壤水热氮的模拟精度，计算公式如下：

$$R^2 = \frac{\sum_{i=1}^{n}(O_i - \bar{O})(S_i - \bar{S})}{\sqrt{\sum_{i=1}^{n}(O_i - \bar{O})}\sqrt{\sum_{i=1}^{n}(S_i - \bar{S})}} \tag{14.29}$$

$$d = 1 - \frac{\sum_{i=1}^{n}\left(S_i - O_i\right)^2}{\sum_{i=1}^{n}\left(\left|S_i - \bar{O}\right| + \left|M_i - \bar{O}\right|\right)^2} \tag{14.30}$$

$$\text{NMRE} = \frac{\frac{1}{n}\sum_{i=1}^{n}\frac{S_i - O_i}{O_i}}{\text{Max}(O_i) - \text{Min}(O_i)} \times 100\% \tag{14.31}$$

$$\text{NRMSE} = \frac{\sqrt{\frac{1}{n}\sum_{i=1}^{n}\left(S_i - O_i\right)^2}}{\text{Max}(O_i) - \text{Min}(O_i)} \tag{14.32}$$

式中，S_i 为模拟值；O_i 为观测值；$\bar{S}$ 为模拟值的平均值；$\bar{O}$ 为观测值的平均值；i 为观测点；n 为观测点总数。

14.12　水-热-氮迁移模型率定与验证

本节利用2019年试验观测的土壤含水率、土壤温度和土壤硝态氮对HYDRUS模型不同土层水力参数和溶质弥散度进行了率定，并利用相应的 2020 年试验数据进行验证。结果表示 HYDRUS 模型可以较好地捕捉不同揭膜处理农田土壤水、热和氮的动态。在率定期（2019 年），不同处理下土壤含水率的 R^2、d、NMRE 和 NRMSE 分别为 0.91、0.97、6.3%和 0.10，土壤温度的 R^2、d、标准平均相对误差（NMRE）和标准均方根误差（NRMSE）分别为 0.80、0.88、11.6%和 0.19；土壤硝态氮 R^2、d、NMRE 和 NRMSE 分别为 0.90、0.96、7.3%和 0.09。在验证期（2020 年），不同处理下土壤含水率的 R^2、d、NMRE 和 NRMSE 分别为 0.81、0.92、11.2%和 0.10，土壤温度的 R^2、d、NMRE 和 NRMSE 分别为 0.81、0.86、13.9%和 0.17；土壤硝态氮 R^2、d、NMRE 和 NRMSE 分别为 0.91、0.97、9.1%和 0.13。总体上，率定期模拟精度要高于验证期，但 2 年模拟值精度仍满足要求。故基于 HYDRUS2D/3D 模型构建的滴灌条件下玉米农田土壤水分模型能够精确模拟土壤水分运动。

由误差分析表可知（表 14.3），土壤浅层（0～20cm）的 NMRE 是深层（60～100cm）的 1.88 倍。这是由于表层受灌溉，降雨影响很大，变化较强烈，测量误差较大，而该地区地下水位相对较浅，50cm 以下根系比重较小，无明显根系吸水过程，故深层土壤水分变幅较小，土壤含水率相对稳定，测量误差较小。另外，从率定和验证结果来看，土壤含水率和土壤温度的模拟精度要高于土壤硝态氮，土壤硝态氮 NRMSE、R^2 和 d 的验证误差分别较土壤含水率减小 10.4%、9.9%和 12.1%。这是由于土壤中氮素硝化、反硝化过程复杂，模型对部分过程进行了简化，如硝态氮在厌氧条件下反硝化成 N_2 和 N_2O 过程并未考虑，从而导致模拟精度降低。

表 14.3　HYDRUS2D 模型率定和验证结果

年份	参数	统计指标	PM_{30}	PM_{60}	PM_{90}	PM_w
2019	SWC	R^2	0.91	0.94	0.89	0.91
		d	0.97	0.97	0.95	0.97
		NMRE/%	4.5	6.7	7.9	6.1
		NRMSE	0.08	0.11	0.13	0.10
	ST	R^2	0.84	0.78	0.78	0.81
		d	0.88	0.92	0.87	0.86
		NMRE/%	11.2	12.7	10.5	11.8
		NRMSE	0.20	0.17	0.19	0.22
	SNC	R^2	0.94	0.89	0.89	0.89
		d	0.98	0.95	0.95	0.96
		NMRE/%	6.0	8.2	7.4	7.6
		NRMSE	0.08	0.10	0.10	0.10
2020	SWC	R^2	0.80	0.83	0.80	0.82
		d	0.87	0.93	0.92	0.95
		NMRE/%	16.5	8.5	9.5	10.2
		NRMSE	0.08	0.11	0.13	0.10
	ST	R^2	0.75	0.80	0.85	0.83
		d	0.83	0.87	0.88	0.85

续表

年份	参数	统计指标	PM_{30}	PM_{60}	PM_{90}	PM_w
2020	ST	NMRE/%	15.5	12.4	12.5	15.1
		NRMSE	0.19	0.16	0.15	0.18
	SNC	R^2	0.92	0.93	0.92	0.87
		d	0.96	0.97	0.98	0.96
		NMRE/%	8.9	9.7	8.8	9.0
		NRMSE	0.14	0.12	0.12	0.15

14.13 不同揭膜处理对农田土壤水分动态模拟研究

HYDRUS-2D 模型模拟土壤水分时空动态存在较大的变异性。由于表层土壤易受到降水和辐射等外界因素的影响，导致表层土壤含水率模拟精度相比深层土壤含水率有所降低。其中在作物生育前期，PM_{30}、PM_{60}、PM_{90} 和 PM_w 农田 0～20cm 土壤含水率模拟值与实测值的 MRE 分别相差 6.5%、7.2%、7.4%和 8.1%。随着作物耗水强度的提高，在作物生育中期，不同揭膜处理农田表层土壤含水率模拟精度明显降低。PM_{30}、PM_{60}、PM_{90} 和 PM_w 农田 0～20cm 土壤含水率模拟值与实测值的 MRE 分别相差 8.7%、9.3%、9.1%和 11.7%，相比于作物生育前期，分别降低 25.3%、22.6%、18.7%和 30.8%。而在作物生育后期，由于作物逐渐达到生理成熟，叶片开始凋零，特别是根系活性明显降低，造成土壤含水率变化幅度减小。PM_{30}、PM_{60}、PM_{90} 和 PM_w 农田土壤含水率模拟值与实测值的 MRE 分别相差 6.3%、7.4%、7.3%和 6.9%。随着土层深度的增加，模型模拟精度逐渐提高。其中 PM_{30}、PM_{60}、PM_{90} 和 PM_w 农田 20～40cm 土壤含水率模拟值与实测值的 MRE 分别为 5.2%、6.7%、6.8%和 7.8%。在 40～100cm 土壤含水率模拟值与实测值的 MRE 分别为 6.5%、6.9%、5.9%和 6.6%。可见，HYDRUS-2D 模型可以精确地捕捉地下水波动对深层土壤含水率的影响（图 14.8）。

为进一步摸清地下水与土壤水的交换规律，本章利用 HYDRUS 模型在土层深度 100cm 处设置了辅助线，用于计算通过该边界的水流通量。模拟结果发现 2019 年和 2020 年土壤水流动态差异显著。在 2019 年 DAS 0～60 天，不同揭膜处理农田土壤水流基本呈现向下渗漏趋势，且不同揭膜处理无明显差异出现。不同揭膜处理农田平均土壤水分通量和累计土壤水分通量分别为–0.67mm/d 和–64.6mm。然而，在 DAS 60～140 天，由于作物生长旺盛，地下水与土壤水水分通量交换强烈。其中最大的土壤水分通量和累计土壤水分通量出现在 PM_{60} 处理，分别为 1.06mm/d 和 84.6mm，较 PM_{30} 分别提高了 60.4%和 61.2%，较 PM_{90} 分别提高了 86.8%和 87.3%，而较 PM_w 分别提高了 94.3%和 94.1%。2020 年土壤水分通量变化除在 DAS 30～60 天出现部分渗漏过程外，基本处于向上补给状态。在 DAS 30～60 天，PM_{30}、PM_{60}、PM_{90} 和 PM_w 农田平均土壤水分通量分别为–0.21mm/d、–0.20mm/d、–0.21mm/d 和–0.11mm/d。然而，各处理间全生育期土壤水分通量并无明显差异。PM_{30}、PM_{60}、PM_{90} 和 PM_w 农田平均土壤水分通量分别为 2.92mm/d、2.90mm/d、2.90mm/d 和 2.92mm/d。

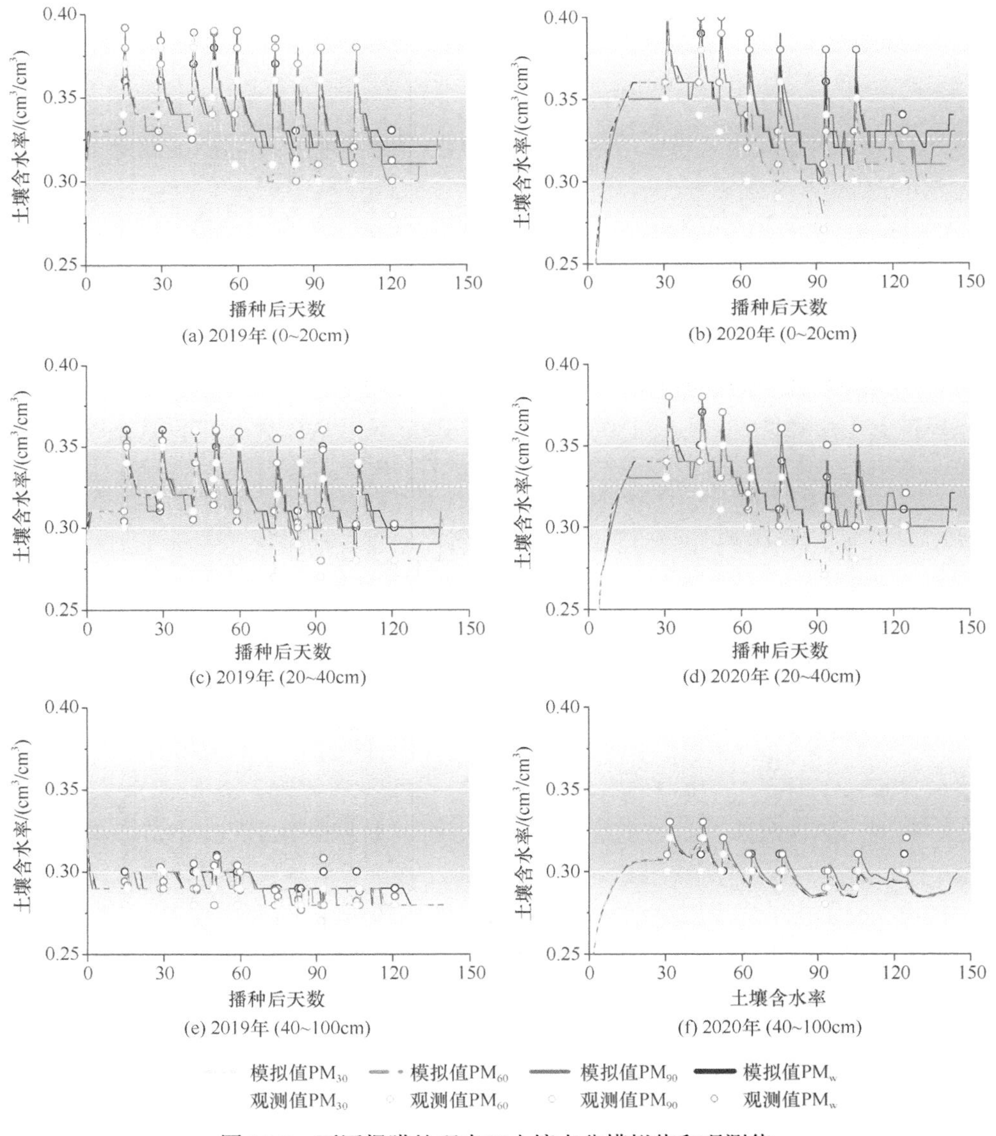

图 14.8 不同揭膜处理农田土壤水分模拟值和观测值

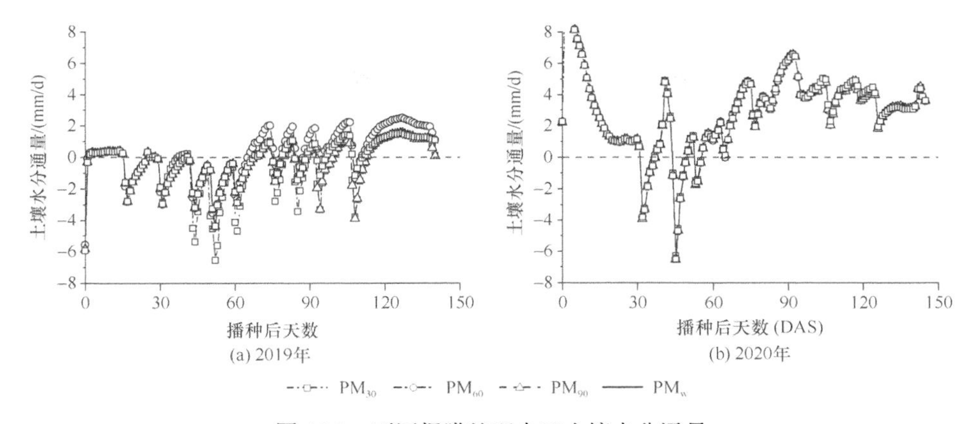

图 14.9　不同揭膜处理农田土壤水分通量

14.14　不同揭膜处理对农田土壤热动态模拟研究

地膜覆盖条件下，可通过减小地表对太阳辐射的反射通量提高表层土壤温度。在作物生育前期，PM_{30}、PM_{60}、PM_{90}和PM_w农田 5cm 土壤温度模拟值与实测值的 MRE 两年平均分别相差 20.6%、17.2%、18.6%和 20.6%，模拟精度较低。在作物生育中期，随着冠层覆盖度的提高，导致地表接受热通量显著降低，不同揭膜处理农田表层土壤温度模拟精度明显升高。PM_{30}、PM_{60}、PM_{90}和PM_w农田 0～20cm 土壤温度模拟值与实测值的 MRE 两年平均分别为 12.3%、10.1%、9.4%和 12.8%，相比于作物生育前期，两年平均分别提高了 40.3%、41.3%、49.5%和 37.9%。而在作物生育后期，由于气温平稳，且无强降雨和灌溉事件，土壤温度变化幅度减小。PM_{30}、PM_{60}、PM_{90}和PM_w农田土壤温度模拟值与实测值的 MRE 两年平均分别为 12.9%、13.4%、11.8%和 15.1%。随着土层深度的增加，模型模拟精度逐渐降低。其中PM_{30}、PM_{60}、PM_{90}和PM_w农田 15cm 土壤温度模拟值与实测值的 MRE 两年平均分别为 8.2%、7.8%、8.1%和 7.7%。在 30cm 土壤温度模拟值与实测值的 MRE 两年平均分别为 5.0%、4.6%、7.9%和 6.0%。可见，HYDRUS 模型可以精确地捕捉热通量对表层土壤温度的影响（图 14.10）。

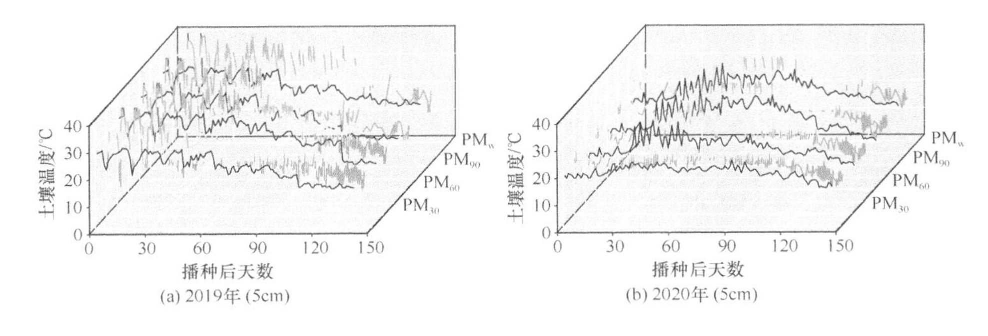

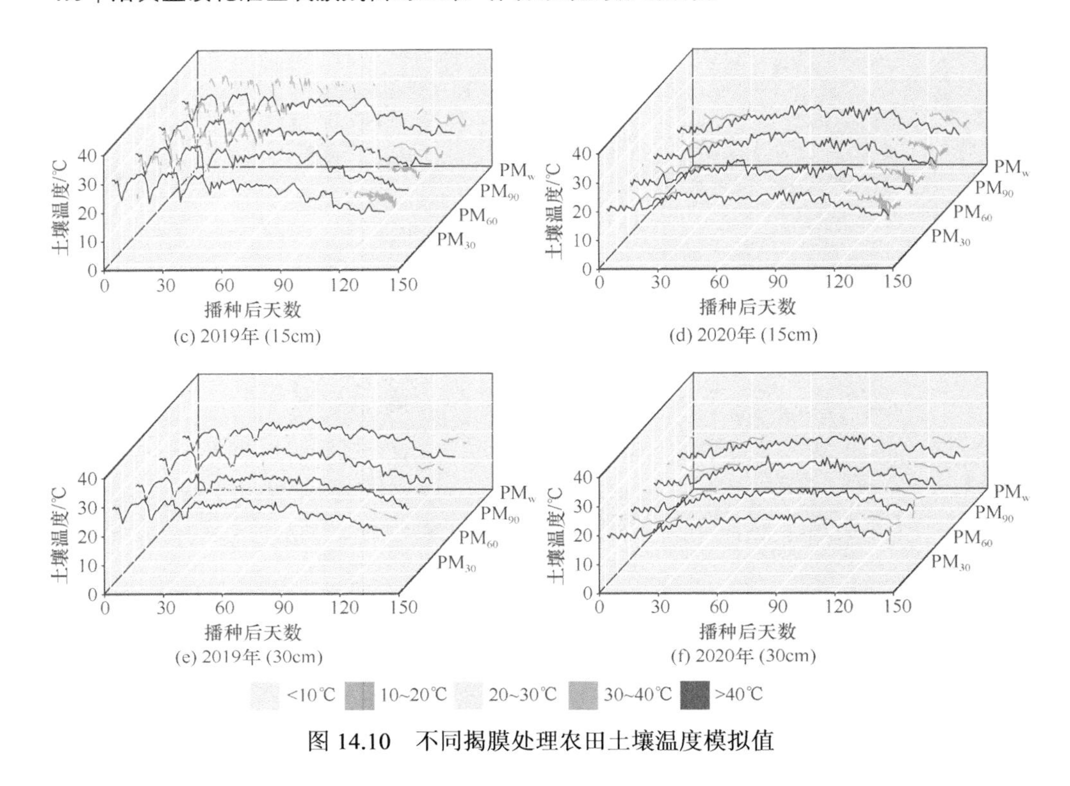

图 14.10　不同揭膜处理农田土壤温度模拟值

14.15　不同揭膜处理对农田土壤硝态氮动态模拟研究

不同揭膜处理对农田土壤硝态氮模拟精度存在较大的差异。其中由于氨挥发在 HYDRUS 模型溶质转化模块中被忽略，但本试验处理为部分覆膜处理，在裸地区域存在较大的氨挥发通量。因此，不同试验处理农田土壤表层（0～20cm）硝态氮浓度模拟精度相对较低。在 2019 年，PM_{30}、PM_{60}、PM_{90} 和 PM_w 土壤硝态氮模拟值的 MRE 分别为 5.4%、6.7%、6.1%和 9.5%，在 2020 年，分别为 6.9%、7.7%、10.5%和 13.2%。然而，随着土层深度的增加，不同揭膜处理农田土壤硝态氮浓度模拟精度逐渐提高，特别在作物生育前期。在 2019 年，PM_{30}、PM_{60}、PM_{90} 和 PM_w 全生育期 20～40cm 土层土壤硝态氮模拟值的 MRE 分别为 5.5%、7.8%、6.8%和 4.7%，其中在作物生育前期，土壤硝态氮模拟值的 MRE 分别为 5.2%、9.9%、7.0%和 4.8%。而在 2020 年，PM_{30}、PM_{60}、PM_{90} 和 PM_w 全生育期 20～40cm 土层土壤硝态氮模拟值的 MRE 分别为 10.2%、10.0%、10.3%和 11.3%，其中在作物生育前期，土壤硝态氮模拟值的 MRE 分别为 4.1%、4.1%、7.5%和 7.4%。对于 40～100cm 土层，由于该层硝态氮浓度仅受上层硝态氮的对流弥散运动的影响，无氮转化过程发生（固化和矿化）。故不同揭膜处理农田土壤硝态氮模拟精度均较高。

在 2019 年，PM_{30}、PM_{60}、PM_{90} 和 PM_w 全生育期 40～100cm 土层土壤硝态氮模拟值的 MRE 分别为 14.6%、13.1%、11.7%和 18.1%，在 2020 年，分别为 17.2%、11.7%、13.4%和 20.3%（图 14.11）。

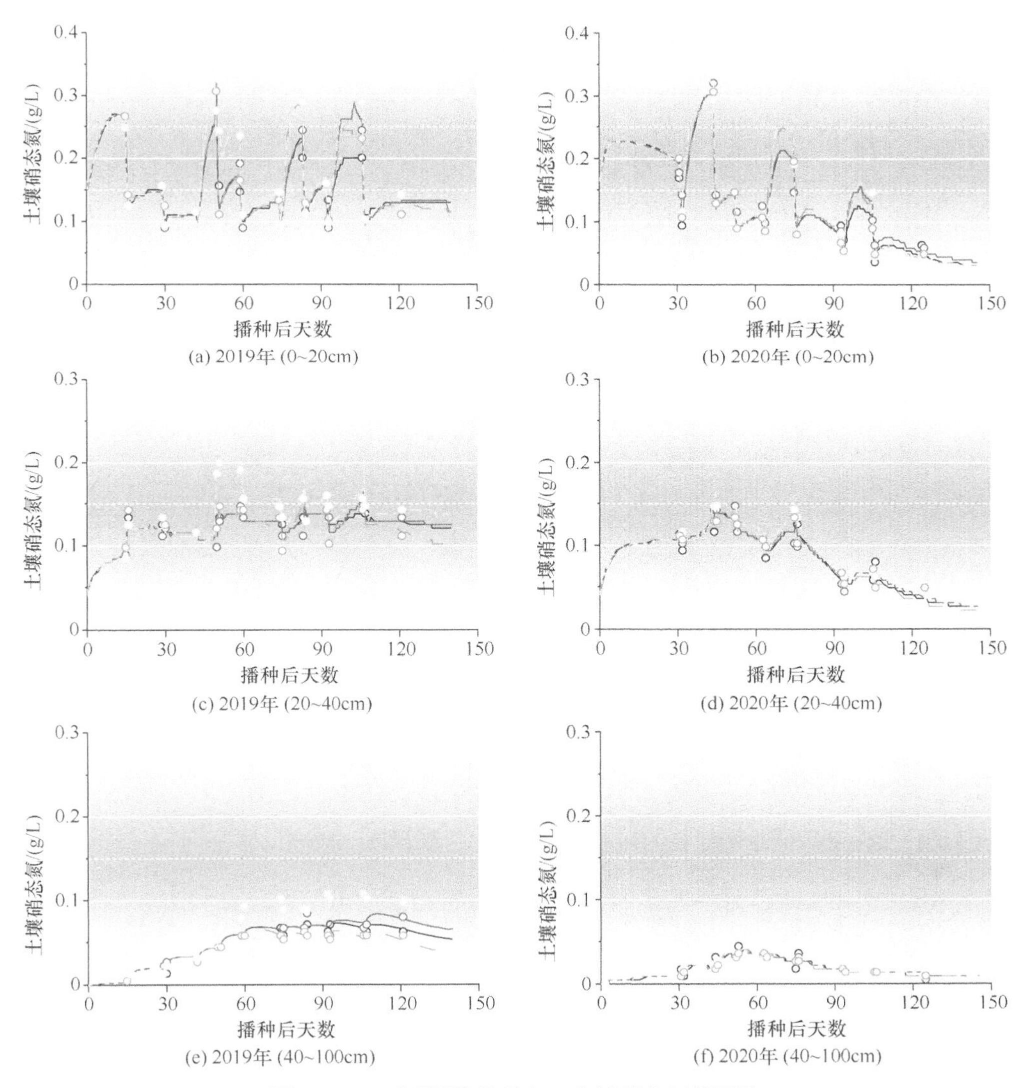

图 14.11　不同揭膜处理农田土壤硝态氮模拟值

不同揭膜处理农田土壤硝态氮在 100cm 土层的交换通量变化规律与土壤水流相似。在 2019 年 DAS 0～60 天，土壤硝态氮表现为向下淋溶趋势，但不同揭膜处理无明显差异出现。不同揭膜处理农田平均土壤硝态氮通量和累计土壤硝态氮通量分别为-1.8×10^{-4}mg/（L·d）和-1.1×10^{-2}mg/（L·d）。然而，在 DAS 60～140 天，由于地下水与土壤水水分通量交换强烈，造成土壤硝态氮通量剧烈变化。其中最大的土壤硝态氮通量和累计土壤硝态氮通量出现在PM_{60}处理，分别为1.9×10^{-5}mg/(L·d)和1.6×10^{-3}mg/（L·d)，较PM_{30}分别提高了72.0%和71.9%（图14.12），较PM_{90}分别提高了53.4%和52.8%，而较PM_w分别提高了23.9%和23.8%。2020年土壤硝态氮通量变化除在DAS 30～60天出现部分渗漏现象，全生育期无明显淋溶。在DAS 30～60天，PM_{30}、PM_{60}、PM_{90}和PM_w农田土壤硝态氮通量分别为-5.7×10^{-5}mg/（L·d)、-5.3×10^{-5}mg/（L·d)、-5.7×10^{-5}mg/（L·d）和-4.0×10^{-5}mg/（L·d)。然而，各处理间全生育期土壤硝态氮通量并无明显差异。PM_{30}、PM_{60}、PM_{90}和PM_w农田平均土壤硝态氮通量分别为5.2×10^{-4}mg/（L·d)、5.1×10^{-4}mg/（L·d)、5.1×10^{-4}mg/（L·d）和5.2×10^{-4}mg/（L·d)。

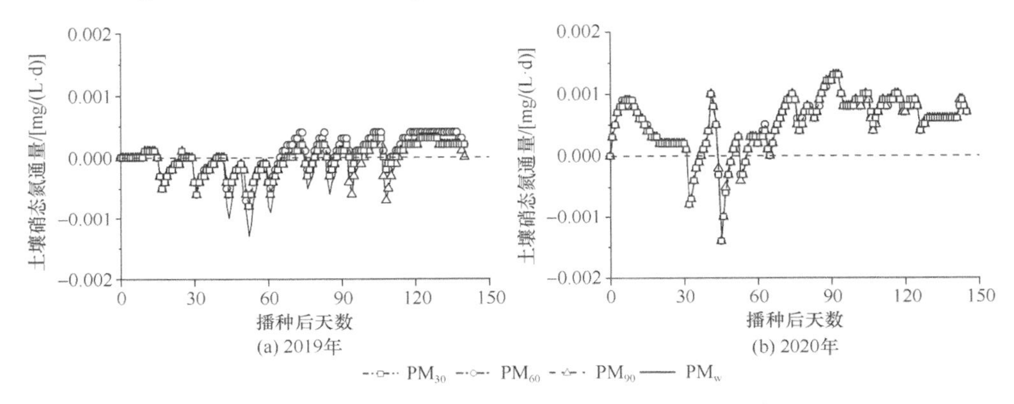

图14.12　不同揭膜处理农田土壤硝态氮通量

14.16　讨　　论

14.16.1　不同揭膜时间对农田土壤水、热、氮的影响

不同揭膜处理指通过选定适宜的揭膜时间减小地膜覆盖面积，以达到作物增产增效的目的（Zhang et al.，2012；Hou et al.，2010；Li et al.，2004a)。揭膜的时间的确定对于揭膜农艺措施至关重要（Li et al.，2008，2004b)。通常，若揭膜时间过早（与无膜相似)，由于前期冠层覆盖度较低，根系幼小，将造成土壤蒸发强度的增加，土壤水热显著降低，从而导致土壤水热胁迫现象的发生（Kader et al.，2019；Wang et al.，2009)。若揭膜时间过晚，过高的水热和过低的氮含量也将导致作物根系受到水热氮胁迫，其中热氮胁迫是主要因素（Chen et al.，2020；Wang et al.，2009)。该现象的原因是地膜通气性较差，将在作物生育中后期显著提高土壤温度和硝态氮含量，进而提高CO_2和N_2O的排放量，减小了土壤孔隙中氧气含量（Shahzad et al.，2019；Lee et al.，2021)，将抑制根系的活性。本章也发现了

相似的结果，如 PM_{30} 表层土壤含水率和土壤温度较 PM_w 显著降低了 7.1%和 19.9%，但土壤硝态氮浓度提高了 13.2%。而过晚的揭膜 PM_{90} 和不揭膜处理，土壤含水率、土壤温度和土壤硝态氮浓度均明显高于 PM_{60}。另外，本章通过优化对比不同揭膜时长处理的土壤环境和作物产量，发现 PM_{60} 为最优处理。Hou 等（2010）通过研究不同揭膜时长处理对马铃薯地瓜农田蒸散的影响，也表明 PM_{60} 为最优处理，可以较不覆膜处理减小 11.3%。Li 等（2014a）通过研究揭膜处理农田土壤微生物量 C 和土壤肥力特征，发现 PM_w 农田土壤肥力较 PM_{30} 和 PM_{60} 均显著降低，故推荐最优的覆盖周期为 DAS 30～60 天。可见，PM_{60} 对于生长期主要集中在夏季的作物是一个最优的处理。然而，也有不同的优化结果被发现，如 Zhang 等（2012）通过分析 4 种揭膜时长下花生农田水氮变化，发现尽管 PM_{90} 土壤含水率较 PM_w 降低，但可以有效提高氮矿化，减小氮淋溶。产生该现象的原因可能与不同作物根系的生长规律有关。玉米、马铃薯和小麦等作物根系在作物生长前期较高的水热环境中生长较快（即覆盖 60 天内），但在之后，根系发育所需的水热环境明显降低（Yang and Tu，2003）。因此，在该阶段移除地膜，可以有效降低过高的土壤水分和土壤温度，从而促进根系对水氮的吸收强度。但花生的根系生长快速期要明显推后，需要在覆盖 90 天左右才能达到生长稳定期，因此覆膜时长较玉米等作物明显增加。

14.16.2　农田效益

由于不同揭膜处理农田水土环境的差异，导致作物产量和农田效益也出现较大的差异（He et al.，2020）。本章发现最低的作物产量出现在 PM_{30}。该原因主要是由于该处理揭膜时间更早，导致土壤水分和温度散失严重，平均土壤水分和温度仅为 0.28～0.33cm^3/cm^3 和 11.2～27.3℃，而玉米种子发芽最适宜环境通常为 0.33～0.35cm^3/cm^3 的土壤水分和 25～35℃温度范围（Yang and Tu，2003），因此该环境不利于胚芽的生长发育，从而造成出苗率过低，降低了农田总产量。而在作物生育中后期，尽管有灌水和降雨的水分补给，但由于冠层较为稀疏，土壤蒸发强烈（Naveen-Gupta et al.，2021；Allen et al.，1998），减小了农田水分利用效率，同时减小了氮素利用效率。该处理农田经济效益仅为 2518.2$，较传统覆膜技术（$PM_w$）减小了 29.6%。相似的研究结果在无膜农田研究中也被发现（Al-Othman et al.，2020；Javed et al.，2019；Barua and Hazarika，2014）。次低的作物产量出现在 PM_{90}。总体上，该处理农田产量和经济效率均与传统覆膜技术无明显差异。产生该现象的原因可能是由于揭膜时间的不合理。在作物生育中后期，玉米根系发育所需的水土环境阈值较前期明显偏低，特别对于土壤温度。而 PM_{90} 由于揭膜时间稍晚，造成土壤-地膜-作物系统的通气性较差，土壤温度被显著提高，从而导致根系受到热胁迫，降低根系吸收能力（Beauchamp and Lathwell，1966；Knoll et al.，1964）。Hou 等（2010）通过对比不同揭膜处理农田产量，同样发现过晚的揭膜与不揭膜处理差异不明显。不同揭膜处理农田中，最优的处理为 PM_{60}。可见，PM_{60} 覆盖农田水热氮变化规律与玉米根系所需的土壤环境变化一致，即前期可以提供较高的水热环境，促进胚芽发育，而在中后期，可以避免热胁迫现象的发生，提高作物根系吸水吸氮能力。

14.17 结　　论

在作物生育前期（DAS 0～30 天），由于各处理覆膜面积相同，故不同揭膜处理间土壤含水率、土壤温度和土壤硝态氮浓度无明显差异。

随着地膜覆盖面积的减小，不同处理间土壤含水率和土壤温度在作物生育中期（DAS 31～90 天）开始出现差异。2019 年 PM_{30}、PM_{60} 和 PM_{90} 农田 0～20cm 土层平均土壤含水率分别为 $0.344cm^3/cm^3$、$0.354cm^3/cm^3$ 和 $0.355cm^3/cm^3$，较 PM_w 分别降低了 6.4%、2.5%和 0.9%；2020 年分别为 $0.346cm^3/cm^3$、$0.362cm^3/cm^3$ 和 $0.367cm^3/cm^3$，较 PM_w 分别降低了 5.8%、2.2%和 0.4%。2019 年 PM_{30} 农田 5cm 土壤温度分别较 PM_{60}、PM_{90} 和 PM_w 分别降低了 12.1%、17.4%和 21.3%；2020 年分别降低了 15.3%、19.6%和 19.8%。总体上，土壤硝态氮浓度随地膜覆盖时长的缩短而增加，即 $PM_{30}>PM_{60}>PM_{90}>PM_w$。

不同揭膜覆盖农田土壤水热氮分布差异主要出现在 0～40cm 土层。灌水后，土壤水分饱和区面积分别为 $25cm^2$、$40cm^2$、$55cm^2$ 和 $307cm^2$；适宜土壤温度区面积分别为 $1407cm^2$、$1438cm^2$、$1483cm^2$ 和 $1474cm^2$；适宜土壤硝态氮浓度面积分别为 $1192cm^2$、$996.0cm^2$、$1027.5cm^2$ 和 $1032.7cm^2$。

由于不同揭膜时长处理农田土壤水热氮环境的变化，导致作物吸水量和吸氮量产生较大差异。总体上表现为随着覆膜时长的缩短，作物吸收能力增强。最高的作物产量及经济效益出现在 PM_{60} 处理。PM_{60} 农田 2 年平均作物产量为 $10572.8kg/hm^2$，2 年平均收益为 $4758.2\$/hm^2$。因此，播种后 60 天揭膜可推荐为本地区最优处理，可通过优化农田水土环境显著地提高农田水氮利用效率和经济效益。

HYDRUS-2D 模型可以较好地捕捉不同揭膜处理农田土壤水、热和氮的动态。在验证期（2020 年），不同处理下土壤含水率的 R^2、d、NMRE 和 NRMSE 分别为 0.81、0.92、11.2%和 0.10，土壤温度的 R^2、d、NMRE 和 NRMSE 分别为 0.81、0.86、13.9%和 0.17；土壤硝态氮 R^2、d、NMRE 和 NRMSE 分别为 0.91、0.97、9.1%和 0.13。

第15章　总结与展望

15.1　总　　结

15.1.1　农膜残留对土壤水分运移的影响及模拟研究

内蒙古沿黄盐渍化灌区典型研究区近10年来地膜使用量和覆膜面积均呈跨越式增长，分别增长了99.63%和104.22%；而磴口县更是增长了225.77%和264.73%，然而单位面积覆膜量却下降了7.08%。不同覆膜年限和灌水方法显著影响农膜残留强度 R 和破碎率 D（$P<0.05$），其中覆膜5年、10年、20年后的残留强度 R 平均比覆膜2年分别增长了80.14%、163.70%、273.64%，破碎率 D 平均比覆膜2年分别增长了20.97%、38.14%、60.20%；滴灌覆膜与地面灌溉覆膜相比残留强度 R 平均提高了42.92%，破碎率 D 平均提高了20.01%。农膜残留主要集中在土壤0～10cm土层内，占64.89%；典型研究区面积为0～4cm^{2}和4～20cm^{2}的残膜占总残膜量的58.86%，且随着覆膜年限增加，下层残膜量占总残膜量的比例逐渐增加，而不同灌水方法对残膜在土壤中的分布影响不大。随着覆膜年限的增加土壤中不同面积残膜比例差异越显著且小面积残膜比例增加，覆膜20年、10年、5年和2年后，面积为20cm^{2}以下的残膜分别是面积为20cm^{2}以上残膜数量的1.43倍、1.44倍、1.51倍、1.59倍（$P<0.05$）。

当农膜残留量增加后，二值化后的CT图像显示片状黑斑面积明显增加，并与残膜量呈比例关系，其中400kg/hm^{2}处理黑斑面积是无膜处理的19倍。随着残膜量的逐渐增多，两种质地土壤饱和含水率均呈逐渐减小趋势，但砂壤土SL1～SL4各处理饱和含水率差异均不显著（$P>0.05$），直到SL5处理（残膜量400kg/hm^2）才表现出显著性差异（$P<0.05$），砂土各处理饱和含水率虽然也呈下降趋势，但均未表现出显著性差异（$P>0.05$）；两种质地土壤毛管含水率均呈逐渐减小趋势，同时砂土的减小程度要小于砂壤土；田间持水率随残膜量的升高下降趋势更加明显，对于砂壤土当残膜量达到200kg/hm^{2}时即与无残膜处理产生显著差异（$P<0.05$）；当残膜量达到100kg/hm^{2}时，砂壤土饱和导水率比无膜处理降低了41.37%，对于砂土，饱和导水率随残膜量增加的下降趋势没有砂壤土那么明显，整体呈缓慢减小态势；不同处理的Boltzmann参数 λ 值均随土壤含水率的升高呈减小的变化趋势。

随着土壤中残膜量增多，土壤保水能力逐渐呈降低趋势，且这种差异在砂壤土和壤土中呈显著性（$P<0.05$）；随着残膜量的增加，壤土和砂壤土持水特性逐渐变差，特征曲线有逐渐向砂土靠拢的趋势。低吸力段（主要排大孔隙土壤水）的当量孔径体积占比增大，而高吸力段（主要排中小孔隙土壤水）的当量孔径体积占比则减小。通过对 RPF-SWCC 模型参数估计，显示随残膜量增加土壤饱和含水率呈降低趋势，且 RPF-SWCC 模型拟合精度总体上高于 VG 模型、BC 模型及 LND 模型等常用土壤水分特征曲线模型；对高含残膜量处理，RPF-SWCC 模型的均方根误差、几何平均数及决定系数 R^2 均优于常用模型，可见构建的 RPF-SWCC 模型能较好地应用于含残膜土壤的水分特征曲线拟合。

随着土壤中残膜量增多，砂壤土和砂土入渗速率变慢，土壤湿润锋运移相同距离所需时间均显著增加；相同入渗时间内累积入渗量随残膜量增加均显著减小（$P<0.05$），入渗结束后 SL5 处理比 SL1 处理累积入渗量减小了 52.01mL（23.12%）；残膜量增加导致蒸发速率、累积蒸发量都显著减小（$P<0.05$），且不同残膜量对砂壤土的影响大于砂土。对 4 个主要的土壤水分入渗及蒸发模型进行拟合后，结果显示 Kostiakov 和 Philip 入渗模型均能较好模拟残膜条件下土壤水分入渗，其中 Philip 入渗模型拟合精度高于 Kostiakov 入渗模型，且对砂土中农膜残留的适应性更好；Black 蒸发模型随着残膜量增加拟合精度下降，而 Rose 蒸发模型受残膜量的影响较小，更适合于农膜残留土壤累积蒸发量估算。

残膜埋深越深滴灌结束时湿润范围越小，残膜区湿润体曲线呈不规则现象；残膜区水分入渗速率明显低于对应其他处理该层的入渗速率（$P<0.01$）；另外残膜区土壤含水率明显高于无残膜区，并且随着残膜埋深增加，土体内最高含水率呈增加趋势，且不同滴头流量处理不同残膜埋深对滴灌入渗的影响相似。故残膜在土壤中埋深位置的不同对滴灌入渗有较大的影响，掌握残膜在土壤中不同位置对入渗的影响对于制定残膜存在下合理灌溉制度具有重要意义。

15.1.2 农膜残留对农田水盐运移和玉米生长的影响机制研究

残膜量为 450kg/hm^2 时大量残膜形成了诱发因子，诱导了优先流的产生，而残膜量的继续增加，优先流的发生概率有所降低。

残膜对 0～30cm 土壤含水率的影响显著，随着深度增加，影响逐渐降低；总体上高水灌溉下残膜处理（T1、T2、T3）土壤含水率低于无残膜处理（CK），中水灌溉和低水灌溉下残膜处理土壤含水率高于无残膜处理。

高水灌溉下，残膜处理的 EC 值在 0～30cm 土层小于无残膜处理，在 30～100cm 土层大于无残膜处理，为主要积盐土层。中水和低水灌溉下，残膜处理的 EC 值在 0～30cm 土层均大于无残膜处理，盐分积累较多，30～100cm 土层则相反。

残膜影响玉米冠层的生长发育，玉米株高、茎粗和叶面积指数呈下降趋势，下降幅度随着残膜量的增加而增加，当残膜量为 600kg/hm^2（T3）时，株高、茎粗、叶面积指数较 CK 处理分别下降了 11.28%、24.88%和 15.29%。同时受残膜的影响，残膜处理的玉米进入快速生长期的时间较无残膜处理推迟。

土壤中的残膜会降低玉米的根长密度、根重密度，增加细根比例，同时也会影响地上植株生长，造成地上干物质量和根冠比随残膜量的增加而减小，残膜对作物生长的阻碍作用在玉米的生育前期较为显著。残膜对玉米根系在土层的空间分布也有一定影响，根体积比在 30～60cm 和 60～90cm 土层随残膜量的增加而增加，残膜处理在 30～60cm 和 60～90cm 土层的根体积比较 CK 处理平均分别增加了 17.78%和 20.83%。

运用 RPF-NRLD 分布模型估算不同残膜量处理根长密度分布，当残膜量为 100kg/hm^2 时，总径级、极细根、细根和粗根的根长密度分别下降 10.14%、6.59%、6.06%和 12.21%，将农田残膜量控制在 0～100kg/hm^2 有利于维持根系的正常生长。当残膜量增加为 200kg/hm^2 和 450kg/hm^2，根长密度显著下降，为 23.16%和 50.06%。

高、中、低 3 个灌水定额下残膜处理的产量均低于无残膜处理，与 CK 处理相比，T1 处理在 3 个灌水定额下的产量分别减小了 5.62%、5.02%和 6.36%；T2 处理分别减小了 17.41%、16.54%和 17.39%；T3 处理分别减小了 25.52%、24.61%和 27.01%，且当残膜量≥300kg/hm^2（T2）时，玉米产量显著下降。在 3 个灌水定额中，中水灌溉下各处理的玉米产量和水分利用效率最高。

15.1.3 农膜残留污染防控技术对土壤水热氮影响及模拟研究

在作物生育前期（DAS 0～30 天），由于各处理覆膜面积相同，故不同揭膜处理间土壤含水率、土壤温度和土壤硝态氮浓度无明显差异。

随着地膜覆盖面积的减小，不同处理间土壤含水率和土壤温度在作物生育中期（DAS 31～90 天）开始出现差异。2019 年 PM_{30}、PM_{60} 和 PM_{90} 农田 0～20cm 土层平均土壤含水率分别为 0.344cm^3/cm^3、0.354cm^3/cm^3 和 0.355cm^3/cm^3，较 PM_w 分别降低了 6.4%、2.5%和 0.9%；2020 年分别为 0.346cm^3/cm^3、0.362cm^3/cm^3 和 0.367cm^3/cm^3，较 PM_w 分别降低了 5.8%、2.2%和 0.4%。2019 年 PM_{30} 农田 5cm 土壤温度分别较 PM_{60}、PM_{90} 和 PM_w 分别降低了 12.1%、17.4%和 21.3%；2020 年分别降低了 15.3%、19.6%和 19.8%。总体上，土壤硝态氮浓度随地膜覆盖时长的缩短而增加，即 $PM_{30}>PM_{60}>PM_{90}>PM_w$。

不同揭膜覆盖农田土壤水热氮分布差异主要出现在 0～40cm 土层。灌水后，土壤水分饱和区面积分别为 25cm^2、40cm^2、55cm^2 和 307cm^2；适宜土壤温度区面积分别为 1407cm^2、1438cm^2、1483cm^2 和 1474cm^2；适宜土壤硝态氮浓度面积分别为 1192cm^2、996.0cm^2、1027.5cm^{2}和 1032.7cm^2。

由于不同揭膜时长处理农田土壤水热氮环境的变化，导致作物吸水量和吸氮量产生较大差异。总体上表现为随着覆膜时长的缩短，作物吸收能力增强。最高的作物产量及经济效益出现在 PM_{60} 处理。PM_{60} 农田 2 年平均作物产量为 10572.8kg/hm^2，2 年平均收益为 4758.2$/hm^2。因此，播种后 60 天揭膜可推荐为本地区最优处理，可通过优化农田水土环境显著地提高农田水氮利用效率和经济效益。

HYDRUS-2D 模型可以较好地捕捉不同揭膜处理农田土壤水、热和氮的动态。在验证期（2020 年），不同处理下土壤含水率的 R^2、d、NMRE 和 NRMSE 分别为 0.81、0.92、11.2%和 0.10，土壤温度的 R^2、d、NMRE 和 NRMSE 分别为 0.81、0.86、13.9%和 0.17；土壤硝态氮 R^2、d、NMRE 和 NRMSE 分别为 0.91、0.97、9.1%和 0.13。

15.2 展　　望

农膜残留带来的农田“白色污染”问题已经引起政府的高度关注，多次在中央一号文件中指出加大农业面源污染的防治力度，加强农业生态治理，促进农业绿色发展。本书从理论基础上探讨了农膜残留对土壤水土环境和作物生长发育的影响机制，并提出危害作物生长的残膜量阈值，对残膜污染防治政策的制定提供了参考，同时提出一种从源头减少残膜量的技术模式——不同生育期揭膜，以达到减污、稳产的效果，但是本书仍存在一些不足，在今后的研究中，应加强关于残膜污染防治的相关研究工作：①针对农膜高度残留的农田，提出适宜的灌溉方式和氮肥运筹模式，降低减产风险；②考虑不同类型可降解地膜的替代性研究，分析不同类型可降解地膜下土壤的水热氮效应和作物的生长发育情况及其带来的经济和环保效益；③借鉴其他地区的保护性耕作模式，在减小地膜使用量和残留量的同时恢复耕地质量，为作物生长提供良好的土壤环境。

参 考 文 献

毕继业, 王秀芬, 朱道林. 2008. 地膜覆盖对农作物产量的影响. 农业工程学报, 24(11): 172-175.

蔡利华, 练文明, 郜红忠, 等. 2021. 新疆地区棉花生育期揭膜与否对黄萎病发生的影响. 棉花科学, 43(4): 58-62, 72.

曹肆林, 王序俭, 沈从举, 等. 2009. 残膜回收机械化技术的专利分析研究. 中国农机化, (4): 8-50.

常芳红. 2017. 地膜残留对玉米产量和土壤理化性质的影响. 农业科技与信息, 20: 80-82.

陈墨. 2021. 棉田地膜残留量预测系统的设计与试验. 阿拉尔: 塔里木大学.

陈晓冰, 张洪江, 程金花, 等. 2015. 基于染色图像变异性分析的优先流程度定量评价. 农业机械学报, 46(5): 93-100.

程亚南, 刘建立, 吕菲, 等. 2012. 基于 CT 图像的土壤孔隙结构三维重建及水力学性质预测. 农业工程学报, 28(22): 115-122.

邓方宁, 祖米来提 • 吐尔干, 林涛, 等. 2019. 地膜覆盖时间对绿洲覆膜滴灌棉田土壤盐分时空变化的影响. 棉花学报, 31(5): 448-458.

董合干, 王栋, 王迎涛, 等. 2013a. 新疆石河子地区棉田地膜残留的时空分布特征. 干旱区资源与环境, 27(9): 182-186.

董合干, 刘彤, 李勇冠, 等. 2013b. 新疆棉田地膜残留对棉花产量及土壤理化性质的影响. 农业工程学报, 29(8): 91-99.

杜利, 李援农, 陈朋朋, 等. 2018. 不同残膜量对土壤环境及玉米生长发育的影响. 节水灌溉, 4(7): 4-9, 14.

杜晓明, 徐刚, 许端平, 等. 2005. 中国北方典型地区农用地膜污染现状调查及其防治对策. 农业工程学报, (S1): 225-227.

范严伟, 赵文举, 冀宏. 2012. 膜孔灌溉单孔入渗 Kostiakov 模型建立与验证. 兰州理工大学学报, 38(3): 61-66.

冯志桥, 钟伟, 罗鑫, 等. 2019. 洞庭湖区下新码头水体富营养化评价及微塑料污染特征研究. 环境保护与循环经济, 39(4): 46-49.

付强, 蒋睿奇, 王子龙, 等. 2015. 基于改进萤火虫算法的土壤水分特征曲线参数优化. 农业工程学报, 31(11): 117-122.

傅子洹, 王云强, 安芷生. 2015. 黄土区小流域土壤容重和饱和导水率的时空动态特征. 农业工程学报, 31(13): 128-134.

高琳, 潘志华, 杨书运, 等. 2017. 覆膜对旱地马铃薯田土壤温湿度及温室气体排放的影响. 干旱区资源与环境, 31(6): 136-141.

高维常, 蔡凯, 曾陨涛, 等. 2020. 农用地膜残留对土壤氮素运移及烤烟根系生长的影响. 土壤学报, 57(6): 1556-1563.

勾芒芒. 2015. 生物炭节水保肥机理与作物水炭肥耦合效应研究. 呼和浩特: 内蒙古农业大学.

哈力甫 • 阿布拉哈提. 2020. 残膜回收机具研究现状及存在问题. 农业技术与装备, 11: 55-56.

韩瑞瑞. 2013. K-means 聚类算法的研究. 青岛: 中国石油大学(华东).
韩文霆, 彭星硕, 张立元, 等. 2020. 基于多时相无人机遥感植被指数的夏玉米产量估算. 农业机械学报, 51(1): 148-155.
韩咏香, 帕里旦, 曾桂芳. 2013. 博乐市农田残膜污染调查及综合治理措施. 农村科技, (12): 24-25.
郝西, 张俊, 臧秀旺, 等. 2019. 河南省花生田地膜使用及残膜污染现状分析. 土壤与作物, 8(1): 43-49.
何春霞. 1998. 农用降解塑料的研究与生产状况. 农业环境保护, (3): 19-20.
何凡, 张洪江, 史玉虎, 等. 2005. 长江三峡花岗岩地区降雨因子对优先流的影响. 农业工程学报, 21(3): 75-78.
何文清, 严昌荣, 赵彩霞, 等. 1993. 我国地膜应用污染现状及其防治途径研究. 农业环境科学学报, 28(3): 533-538.
侯凯旋, 岳卫峰, 孟恺恺, 等. 2019. 内蒙古河套灌区秋浇对区域尺度地下水水化学影响分析——以义长灌域为例. 灌溉排水学报, 38(6): 85-91, 112.
胡灿, 王旭峰, 陈学庚, 等. 2019. 新疆农田残膜污染现状及防控策略. 农业工程学报, 35(24): 223-234.
胡灿, 王旭峰, 王士国, 等. 2020. 新疆干旱区农田塑料残膜对膜下滴灌棉花生长和产量的影响. 农业工程技术, 40(18): 88.
胡琦. 2020. 河套灌区膜下滴灌农田水盐运移和玉米生长对农膜残留的响应机制研究. 内蒙古农业大学.
胡琦, 李仙岳, 史海滨, 等. 2020. 基于染色示踪的农膜残留农田土壤优先流特征. 水土保持学报, 34(3): 142-149.
黄凯, 蔡德所, 潘伟, 等. 2015. 广西赤红壤甘蔗田间滴灌带合理布设参数确定. 农业工程学报, 31(11): 136-143.
黄星炯, 陈仲清, 刘香春. 1993. 地膜残留对花生生育影响的研究. 中国油料, (3): 45-48.
黄占斌, 山仑. 2000. 论我国旱地农业建设的技术路线与途径. 干旱地区农业研究, 18(2): 1-6.
贾彪, 李振洲, 王锐, 等. 2020. 不同施氮量下覆膜滴灌玉米相对根长密度模型研究. 农业机械学报, 51(9): 266-273.
贾浩, 王振华, 张金珠, 等. 2021. 不同残膜量对土壤水分运移的影响及模拟. 干旱地区农业研究, 39(1): 49-56.
姜良超, 仝川, 胡敏杰, 等. 2017. 河套灌区玉米光合特征及产量对全膜覆盖下不同滴灌量的响应. 水土保持学报, 31(4): 289-297, 319.
姜益娟, 郑德明, 朱朝阳. 2001. 残膜对棉花生长发育及产量的影响. 农业环境保护, 20(3): 177-179.
蒋耿民. 2013. 关中西部地区覆膜玉米揭膜契机与水肥耦合关系的研究. 西北农林科技大学.
蒋金凤, 温圣贤, 江玉萍. 2014. 农用残膜对土壤理化性质和作物产量影响的研究. 蔬菜, (2): 25-27.
蒋俊明, 蔡小虎, 陆元昌, 等. 2008. 石砾对土壤水分常数的影响. 四川林业科技, 29(6): 11-15.
蒋文君, 汪时机, 李贤, 等. 2021. 含残膜紫色土土壤水分特征曲线及模型分析. 排灌机械工程学报, 39(8): 844-850.
靳明明. 2012. 基于聚类算法胆结石 CT 图像分割的研究. 焦作: 河南理工大学.

雷蕾, 汤秋香, 陈利军, 等. 2021. 新疆典型覆膜地区农户残膜污染治理行为调查与分析. 中国农学通报, 37(17): 157-164.
雷志栋, 杨诗秀, 谢森传. 1988. 土壤水动力学. 北京: 清华大学出版社.
李朝辉, 杨术明, 丁文捷, 等. 2020. 玉米地残膜回收机的原理改进及试验分析. 农机化研究, 42(7): 99-104, 110.
李付广, 章力建, 崔金杰, 等. 2005. 我国棉田生态系统立体污染及其防治对策. 棉花学报, 17(5): 299-303.
李佳雨, 王华斌, 王光辉, 等. 2018. 多源卫星数据的农用地膜信息提取. 测绘通报, 7: 78-82.
李青军, 危常州, 雷咏雯, 等. 2008. 白色污染对棉花根系生长发育的影响. 新疆农业科学, 45(5): 769-775.
李仙岳, 史海滨, 吕烨, 等. 2013. 土壤中不同残膜量对滴灌入渗的影响及不确定性分析. 农业工程学报, 29(8): 84-90.
李艳, 刘海军, 黄冠华. 2015. 麦秸覆盖条件下土壤蒸发阻力及蒸发模拟. 农业工程学报, 31(1): 98-106.
李扬. 2017. 基于双目视觉的柑橘采摘机器人目标识别及定位技术研究. 重庆理工大学.
李映强. 1998. 赤红壤非饱和土壤水扩散率及其影响因素. 华南农业大学学报, 19(2): 71-75.
李元桥, 何文清, 严昌荣, 等. 2015. 点源供水条件下残膜对土壤水分运移的影响. 农业工程学报, 31(6): 145-149.
李元桥, 何文清, 严昌荣, 等. 2017. 残留地膜对棉花和玉米苗期根系形态和生理特性的影响. 农业资源与环境学报, 34(2): 108-114.
李卓, 吴普特, 冯浩, 等. 2019. 容重对土壤水分入渗能力影响模拟试验. 农业工程学报, 25(6): 40-45.
梁长江. 2019. 基于无人机的田间残膜污染评估方法与技术. 贵州大学.
梁志宏, 王勇. 2012. 我国农田地膜残留危害及防治研究综述. 中国棉花, 39(1): 3-8.
梁志虎. 2018. 不同可降解农用地膜对土壤环境的影响研究. 中国水土保持, (7): 31-33, 69.
林刚, 于芳, 康志梅, 等. 2021. 一种新的舌像色标卡分割算法. 湘南学院学报, 42(2): 120-124.
林涛, 汤秋香, 郝卫平, 等. 2019. 地膜残留量对棉田土壤水分分布及棉花根系构型的影响. 农业工程学报, 35(19): 117-125.
刘昌华, 王哲, 陈志超, 等. 2018. 基于无人机遥感影像的冬小麦氮素监测. 农业机械学报, 49(6): 207-214.
刘春成, 李毅, 任鑫, 等. 2011. 四种入渗模型对斥水土壤入渗规律的适用性. 农业工程学报, 27(5): 62-67.
刘春利, 邵明安. 2009. 黄土高原坡地表层土壤饱和导水率和水分含量空间变异特征. 中国水土保持科学, 7(1): 13-8.
刘国峰. 2020. 基于孔隙尺度模拟的土壤中水运移研究. 武汉理工大学.
刘继龙, 马孝义, 张振华, 等. 2012. 基于联合多重分形的土壤水分特征曲线土壤传递函数. 农业机械学报, 43(3): 51-56.
刘建国, 李彦斌, 张伟, 等. 2010. 绿洲棉田长期连作下残膜分布及对棉花生长的影响. 农业环境科学学报, 29(2): 246-250.
刘金军, 王环. 2009. 农用地膜的污染及其治理对策研究. 山东工商学院学报, 23(6): 9-13.
刘启明, 梁海涛, 锡桂莉, 等. 2019. 厦门湾海滩微塑料污染特征. 环境科学, 40(3): 1217-1221.

刘淑丽, 简敏菲, 周隆胤, 等. 2019. 鄱阳湖湿地候鸟栖息地微塑料污染特征. 环境科学, 40(6): 2639-2646.

刘新平, 张铜会, 何玉惠, 等. 2008. 不同粒径沙土水分扩散率. 干旱区地理, 31(2): 249-253.

刘星志, 吴悦, 潘诗婷, 等. 2018. 颗粒级配对非饱和红土土-水特征曲线的影响. 水利水运工程学报, (5): 103-110.

刘旭. 2010. 科尔沁沙地坨甸相间地区土壤蒸发的野外试验与动态模拟. 内蒙古农业大学.

刘亚菲. 2018. 滇池湖滨农田土壤中微塑料数量及分布研究. 云南大学.

刘岳燕. 2009. 水分条件与水稻土壤微生物生物量、活性及多样性的关系研究. 浙江大学.

吕继东, 赵德安, 姬伟. 2014. 苹果采摘机器人目标果实快速跟踪识别方法. 农业机械学报, 45(1): 65-72.

罗雅丹, 林千惠, 贾芳丽, 等. 2019. 青岛 4 个海水浴场微塑料的分布特征. 环境科学, 40(6): 2631-2638.

马辉, 梅旭荣, 严昌荣, 等. 2008. 华北典型农区棉田土壤中地膜残留特点研究. 农业环境科学学报, (2): 570-573.

马鑫. 2014. 聚丙烯酰胺对盐渍化土壤物理和水力特性的影响及机理研究. 内蒙古农业大学.

马彦, 杨虎德. 2015. 甘肃省农田地膜污染及防控措施调查. 生态与农村环境学报, 31(4): 478-483.

马兆嵘, 刘有胜, 张芊芊, 等. 2020. 农用塑料薄膜使用现状与环境污染分析. 生态毒理学报, 15(4): 21-32.

毛新颖, 张云艳, 周明臣, 等. 2020. 残膜对大豆产量和根际土壤微生物影响的初步研究. 现代农业, (11): 16-18.

牛庆林, 冯海宽, 杨贵军, 等. 2018. 基于无人机数码影像的玉米育种材料株和 LAI 监测. 农业工程学报, 34(5): 73-82.

牛文全, 邹小阳, 刘晶晶, 等. 2016. 残膜对土壤水分入渗和蒸发的 影响及不确定性分析. 农业工程学报, 32(14): 110-119.

牛媛, 杨相昆, 张占琴, 等. 2022. 揭膜种植方式下不同灌水量对棉花干物质积累及产量的影响. 新疆农业科学, 59(2): 291-301.

潘金华, 庄舜尧, 曹志洪, 等. 2016. 生物炭添加对皖南旱地土壤物理性质及水分特征的影响. 土壤通报, 47(1): 320-326.

潘英华, 雷廷武, 张晴雯, 等. 2003. 土壤结构改良剂对土壤水动力学参数的影响. 农业工程学报, 19(4): 37-39.

祁虹, 赵贵元, 王燕, 等. 2021. 我国棉田残膜污染危害与治理措施研究进展. 棉花学报, 33(2): 169-179.

齐小娟, 顾延强, 李文重, 等. 2001. 内蒙古农田残留地膜对农作物的危害调查. 内蒙古农业科技, (2): 36-37.

芮孝芳. 2004. 水文学原理. 北京: 中国水利水电出版社.

桑以琳. 2005. 土壤学与农作学. 北京: 中国农业出版社.

邵明安, 王全九, 黄明斌. 2006. 土壤物理学. 北京: 高等教育出版社.

佘冬立, 刘营营, 俞双恩, 等. 2014. 不同土地利用方式下土壤水力性质对比研究. 农业机械学报, 45(9): 175-186.

申丽霞, 王璞, 张丽丽. 2012. 可降解地膜的降解性能及对土壤温度、水分和玉米生长的影响.

农业工程学报, 28(4): 2111-116.
单特. 2018. 不同覆膜时间对土壤水热效应及玉米产量形成的影响. 沈阳农业大学.
单秀枝, 魏由庆, 严慧峻, 等. 1998. 土壤有机质含量对土壤水动力学参数的影响. 土壤学报, 35(1): 1-9.
史艳虎. 2022. 适时揭膜对玉米产量和残膜回收率的影响. 农业科技与信息, (1): 4-7.
宋克森. 2007. 地膜污染综合防治技术. 安徽农学通报, (2): 85-86.
宋秋华. 2006. 半干旱黄土高原区地膜覆盖春小麦土壤微生物特征与养分转化. 兰州大学.
苏磊. 2020. 微塑料在内陆至河口多环境介质中的污染特征及其迁移规律. 华东师范大学.
孙荣国, 韦武思, 王定勇. 2011. 秸秆-膨润土-PAM 改良材料对砂质土壤饱和导水率的影响. 农业工程学报, 27(1): 89-93.
孙诗睿, 赵艳玲, 王亚娟, 等. 2019. 基于无人机多光谱遥感的冬小麦叶面积指数反演. 中国农业大学学报, 24(11): 51-58.
孙钰, 韩京冶, 陈志泊, 等. 2018. 基于深度学习的大棚及地膜农田无人机航拍监测方法. 农业机械学报, 49(2): 133-140.
孙志高, 刘景双. 2008. 三江平原典型草甸小叶章湿地土壤水分扩散率研究. 干旱区资源与环境, 22(2): 152-156.
唐建阳, 周先治. 2016. 新型环保可降解生物地膜降解速率研究. 现代农业科技, (18): 147, 157.
唐赛珍, 陶钦. 2002. 中国降解塑料的研究与发展. 现代化工, 22(1): 2-7.
唐永金, 刘俊利. 2015. 聚乙烯光解地膜降解产物对小麦的影响. 安徽农业科学, 43(18): 95-98.
唐泽华, 盛丰, 高云鹏. 2015. 入渗水量和试验尺度对土壤水非均匀流动的影响. 水土保持通报, 35(2): 173-178.
田娟. 2020. 机械化残膜回收存在的问题与建议. 农业开发与装备, 7: 38.
田岩, 彭复员. 2009. 数字图像处理与分析. 武汉: 华中科技大学出版社.
田志强, 霍轶珍, 韩翠莲, 等. 2019. 河套灌区总排干沟氮污染负荷分割与估算. 内蒙古农业大学学报(自然科学版), 40(3): 75-79.
童文杰, 陈中督, 陈阜, 等. 2012. 河套灌区玉米耐盐性分析及生态适宜区划分. 农业工程学报, 28(10): 131-137.
王福义. 2012. 农用残地膜回收机械发展概述. 农业科技与装备, (9): 44-45, 48.
王海青. 2012. 黄瓜收获机器人视觉系统的研究. 南京农业大学.
王辉, 毛文华, 刘刚, 等. 2012. 基于视觉组合的苹果作业机器人识别与定位. 农业机械学报, 43(12): 165-170.
王建平, 程声通, 贾海峰. 2006. 基于 MCMC 法的水质模型参数不确定性研究. 环境科学, 27(1): 24-30.
王静. 2016. 不同残膜水平绿洲棉田水盐运移规律及对灌溉量的响应研究. 新疆农业大学.
王军, 姜芸. 2021. 基于无人机多光谱遥感的大豆叶面积指数反演. 中国农学通报, 37(19): 134-142.
王坤. 2021. 农用残膜对土壤理化性质和作物产量影响的研究. 现代农业研究, 27(1): 27-28.
王亮, 林涛, 田立文, 等. 2017. 残膜对棉田耗水特性及干物质积累与分配的影响. 农业环境科学学报, 36(3): 547-556.
王亮, 林涛, 严昌荣, 等. 2016. 地膜残留量对新疆棉田蒸散及棵间蒸发的影响. 农业工程学报, 32(14): 120-128.

王亮, 林涛, 严昌荣, 等. 2018. 不同残膜量和灌溉定额对棉花养分和水分利用的影响. 植物营养与肥料学报, 24(1): 122-133.
王林林, 陈炜, 徐莹, 等. 2013. 氮素营养对小麦干物质积累与转运的影响. 西北农业学报, 22(10): 85-89.
王鹏, 曹卫彬, 张振国. 2012. 新疆建设兵团地膜残留特点的研究. 农机化研究, (8): 107-110, 115.
王频. 1998. 残膜污染治理的对策和措施. 农业工程学报, 14(3): 185-188.
王向丽. 2018. 地膜覆盖技术及残膜回收技术的研究. 当代农机, 12: 68-71.
王雪, 郭鑫鑫. 2018. 绿色作物图像分割算法研究综述. 黑龙江科学, 9(20): 36-37.
王幼奇, 包维斌, 白一茹, 等. 2020. 生物炭对黑垆土土壤水分运移特征参数影响. 排灌机械工程学报, (3): 292-297.
王增丽. 2012. 秸秆不同处理还田方式对土壤理化特性和作物生长效应的影响. 西北农林科技大学.
王赵男, 辛颖, 赵雨森. 2017. 长白山系榛子灌木林根系对优先流的影响. 林业科学研究, 30(6): 887-894.
王志超, 李仙岳, 史海滨, 等. 2017a. 覆膜年限及灌水方法对河套灌区农膜残留的影响. 农业工程学报, 33(14): 159-165.
王志超, 李仙岳, 史海滨, 等. 2017b. 农膜残留对砂壤土和砂土水分入渗和蒸发的影响. 农业机械学报, 48(1): 198-205.
王志超, 孟青, 于玲红, 等. 2020. 内蒙古河套灌区农田土壤中微塑料的赋存特征. 农业工程学报, 36(3): 204-209.
王忠江, 刘卓, 曹振, 等. 2019. 生物炭对东北黑土持水特性的影响. 农业工程学报, 35(17): 147-153.
韦建玉, 王政, 徐天养, 等. 2021. 秸秆覆盖与揭膜互作对坡耕地烟田土壤细菌群落及烟叶品质的影响. 土壤通报, 52(1): 82-89.
尉海东, 伦志磊, 郭峰. 2008. 残留农膜对土壤性状的影响. 生态环境, 17(5): 1853-1856.
吴才聪, 胡冰冰, 赵明, 等. 2017. 基于无人机影像和半变异函数的玉米螟空间分布预报方法. 农业工程学报, 33(9): 84-91.
吴凤平, 王辉, 卢霞, 等. 2009. 砂石含量及粒径对红壤水分扩散率的影响. 水土保持学报, 23(2): 228-231.
吴凤全, 林涛, 王静, 等. 2018. 不同残膜量对棉田土壤水盐运移的影响. 棉花学报, 30(5): 395-405.
吴雪梅, 梁长江, 张大斌, 等. 2020. 基于无人机遥感影像的收获期后残膜识别方法. 农业机械学报, 51(8): 189-195.
夏雪. 2018. 基于计算机视觉的苹果树果实探测与定位方法. 中国农业科学院.
肖军, 赵景波. 2005. 农药污染对生态环境的影响及防治对策. 安徽农业科学, (12): 2376-2377.
解红娥, 李永山, 杨淑巧, 等. 2007. 农田残膜对土壤环境及作物生长发育的影响研究. 农业环境科学学报, 4(S1): 153-156.
谢静. 2009. 农业清洁生产下的农膜污染防治. 合作经济与科技, 10: 24-25.
辛静静, 史海滨, 李仙岳, 等. 2014. 残留地膜对玉米生长发育和产量影响研究. 灌溉排水学报, 33(3): 52-54.

辛岩. 2019. 塔城地区农田废旧地膜回收机械化技术思考. 新疆农机化, (2): 38-39, 46.
徐长新, 彭国华. 2012. 二维 Otsu 阈值法的快速算法. 计算机应用, 32(5): 1258-1260.
徐沛, 彭谷雨, 朱礼鑫, 等. 2019. 长江口微塑料时空分布及风险评价. 中国环境科学, 39(5): 2071-2077.
薛少平, 朱琳, 姚万生, 等. 2002. 麦草覆盖与地膜覆盖对旱地可持续利用的影响. 农业工程学报, 18(6): 71-73.
薛文瑾, 王春耀, 朱振中, 等. 2005. 卷膜式棉花苗期残膜回收机的设计. 农业机械学报, 36(3): 148-150.
闫加亮, 赵文智. 2019. 长期机械耕作压实对绿洲农田土壤优先流的影响. 生态学杂志, 38(5): 1376-1383.
闫加亮, 赵文智, 张勇勇. 2015. 绿洲农田土壤优先流特征及其对灌溉量的响应. 应用生态学报, 26(5): 1454-1460.
严昌荣, 刘恩科, 舒帆, 等. 2014. 我国地膜覆盖和残留污染特点与防控技术. 农业资源与环境学报, 31(2): 95-102.
严昌荣, 梅旭荣, 何文清, 等. 2006. 农用地膜残留污染的现状与防治. 农业工程学报, 22(11): 269-272.
严昌荣, 王序俭, 何文清, 等. 2008. 新疆石河子地区棉田土壤中地膜残留研究. 生态学报, (7): 3470-3474.
严健汉, 詹重慈. 1985. 环境土壤学. 武汉: 华中师范大学出版社.
杨彩霞. 2020. 不同残膜量对番茄生长发育、产量和品质的影响. 太原理工大学.
杨贵军, 李长春, 于海洋, 等. 2015. 农用无人机多传感器遥感辅助小麦育种信息获取. 农业工程学报, 31(21): 184-190.
杨蕊菊, 车宗贤, 贺春贵, 等. 2021. 农田残膜对耕地土壤质量的影响简述. 甘肃农业科技, 52(12): 5.
杨素梅, 董学礼, 陈福等. 1999. 宁夏农田农膜污染现状及防治对策研究. 宁夏农林科技, (6): 43-46.
杨薇. 2022. 赤峰地区农用地膜回收率调查及应用回收现状分析. 农业与技术, 42(5): 35-38.
杨香云, 陈晓飞, 丁加丽, 等. 2004. 溶质种类和浓度对棕壤土水分扩散率的影响. 灌溉排水学报, 23(3): 45-48.
杨彦明, 傅建伟, 庞彰, 等. 2010. 内蒙古农田地膜残留现状分析. 内蒙古农业科技, (1): 10-12.
杨永辉, 武继承, 毛永萍, 等. 2013. 利用计算机断层扫描技术研究土壤改良措施下土壤孔隙. 农业工程学报, 29(23): 99-108.
尹勤瑞. 2011. 盐碱化对土壤物理及水动力学性质的影响. 西北农林科技大学.
于德芬, 徐福安. 1990. 介绍一种土壤饱和导水率测定仪. 土壤, 2: 103-106.
于立红, 王鹏, 于立河, 等. 2013. 地膜中重金属对土壤-大豆系统污染的试验研究. 水土保持通报, 33(3): 86-90.
于树, 汪景宽, 李双异. 2008. 应用 PLFA 方法分析长期不同施肥处理对玉米地土壤微生物群落结构的影响. 生态学报, 28(9): 4221-4227.
于文颖, 纪瑞鹏, 冯锐, 等. 2015. 不同生育期玉米叶片光合特性及水分利用效率对水分胁迫的响应. 生态学报, 35(9): 2902-2909.
于潇, 侯云寒, 徐征和, 等. 2019. 微咸水灌溉对冬小麦光合及荧光动力学参数的影响. 节水灌溉, 282 (2): 102-106.
原林虎. 2013. Philip 入渗模型参数预报模型研究与应用. 太原理工大学.
袁小翠, 黄志开, 马永力, 等. 2019. Otsu 阈值分割法特点及其应用分析. 南昌工程学院学报, 38(1): 85-90, 97.
占东霞, 阿力木江・克来木, 赵强, 等. 2021. 揭膜时间对北疆棉花生长发育和产量形成的影响. 河南农业科学, 50(8): 36-43.
张保民, 王兰芝, 潘同霞, 等. 1994. 残膜对花生生长发育的影响. 农业环境保护, 13(4): 178-184.
张弛, 李伟, 周慧成. 2008. 基于贝叶斯分析的水文组合预报模型. 应用基础与工程科学学报, 16 (2): 287-295.
张丹, 刘宏斌, 马忠明, 等. 2017. 残膜对农田土壤养分含量及微生物特征的影响. 中国农业科学, 50(2): 310-319.
张东旭, 张洪江, 程金花. 2017. 基于多指标评价和分形维数的坡耕地优先流定量分析. 农业机械学报, 48(12): 214-220, 277.
张富林, 蔡金洲, 吴茂前, 等. 2016. 残膜对土壤水分运移的影响. 湖北农业科学, 55(24): 6418-6420.
张建军, 郭天文, 樊廷录, 等. 2014. 农用地膜残留对玉米生长发育及土壤水分运移的影响. 灌溉排水学报, 33(1): 100-102.
张金华, 杨中义, 何轶, 等. 2009. 不同栽培措施对烤烟根系生长发育及产质量的影响. 湖南农业科学, (1): 24-26.
张少文, 张玻华, 刘洁颖, 等. 2015. 盐分对土壤蒸发影响的试验及其数值模拟. 灌溉排水学报, 34(5): 1-5.
张守都. 2018. 膜下滴灌条件下土壤氮素和玉米生长对揭膜时间的响应特征及施肥制度优化. 中国水利水电科学研究院.
张婉璐, 魏占民, 徐睿智, 等. 2012. PAM 对河套灌区盐渍土物理性状及水分蒸发影响的初步研究. 水土保持学报, 26(3): 227-231.
张雯宇, 马娟娟, 郑利剑, 等. 2021. 地膜残留对设施番茄土壤水分、耗水规律及水分利用效率的影响研究. 中国农村水利水电, 11: 149-153, 160.
张相松, 王献杰, 房晓燕, 等. 2019. 可降解地膜农田适用性评价. 安徽农业科学, 47(22): 79-82.
赵鸿. 2012. 黄土高原(定西)旱作农田垄沟覆膜对马铃薯产量和水分利用效率影响. 兰州大学.
赵萍, 唐永金, 江世杰. 2012. 聚乙烯降解产物对小麦叶绿素和植物学性状的影响. 湖北农业科学, 51(18): 3946-3949.
赵素荣, 张书荣, 徐霞, 等. 1998. 农膜残留污染研究. 农业环境与发展, 15(3): 7-10.
赵文旻. 2012. 成熟苹果的图像识别及其位姿的获取研究. 南京农业大学.
赵雪. 2007. 地膜残留累积对土壤生物活性影响的研究. 西安科技大学.
赵燕, 李淑芬, 吴杏红, 等. 2010. 我国可降解地膜的应用现状及发展趋势. 现代农业科技, (23): 105-107.
赵永敢, 王婧, 李玉义, 等. 2013. 秸秆隔层与地膜覆盖有效抑制潜水蒸发和土壤返盐. 农业工程学报, 29(23): 109-117.
郑健, 王燕, 蔡焕杰, 等. 2014. 植物混掺土壤水分特征曲线及拟合模型分析. 农业机械学报, 45(5): 107-112.
郑浪, 罗天洪, 王成琳, 等. 2020. 适用于机场跑道异物检测的区域生长改进算法. 现代电子技术, 43(9): 51-54.
郑小南, 杨凡, 李富忠. 2020. 农作物图像分割算法综述. 现代计算机, (19): 72-75.
周超, 向绪友, 钟旭, 等. 2017. 无人机在农业中的应用及展望. 湖南农业科学, (11): 80-82, 86.
周虎, 吕贻忠, 李保国. 2009. 土壤结构定量化研究进展. 土壤学报, 46(3): 501-506.
周虎, 彭新华, 张中彬, 等. 2011. 基于同步辐射微 CT 研究不同利用年限水稻土团聚体微结构特征. 农业工程学报, 27(12): 343-347.
朱金儒, 王振华, 李文昊, 等. 2021. 长期膜下滴灌棉田残膜对土壤水盐、养分和棉花生长的影响. 干旱区资源与环境, 35(5): 151-156.
朱秀芳, 李石波, 肖国峰. 2019. 基于无人机遥感影像的覆膜农田面积及分布提取方法. 农业工程学报, 35(4): 106-113.
朱秀芳, 李石波, 肖国峰. 基于无人机遥感影像的覆膜农田面积及分布提取方法. 农业工程学报, 35(4): 106-113.
朱珠, 姚宝林, 李男等. 2021. 微咸水灌溉条件下土壤残膜对棉花出苗率与土壤盐分影响研究. 节水灌溉, 4(3): 7-11.
颛孙玉琦, 汪益林, 蔡佳奇, 等. 2022. 中国残膜回收机研究现状. 南方农机, 53(3): 48-50.
邹海洋, 张富仓, 吴立峰, 等. 2018. 基于不同水肥组合的春玉米相对根长密度分布模型. 农业工程学报, 34(4): 133-142.
邹小阳, 牛文全, 刘晶晶, 等. 2016b. 残膜对土壤水分水平运动的阻滞作用. 水土保持学报, 30(3): 96-102, 108.
邹小阳, 牛文全, 刘晶晶, 等. 2016c. 残膜对番茄苗期和开花坐果期生长的影响. 中国生态农业学报, 4(12): 1643-1654.
邹小阳, 牛文全, 刘晶晶, 等. 2017. 残膜对土壤和作物的潜在风险研究进展. 灌溉排水学报, 36(7): 47-54.
邹小阳, 牛文全, 许健, 等. 2016a. 残膜对土壤水分入渗的影响及入渗模型适用性分析. 灌溉排水学报, 35(9): 1-7, 12.
祖米来提·吐尔干, 林涛, 王亮, 等. 2017. 地膜残留对连作棉田土壤氮素、根系形态及产量形成的影响. 棉花学报, 29(4): 374-384.
祖米来提·吐尔干, 林涛, 严昌荣, 等. 2018. 地膜覆盖时间对新疆棉田水热及棉花耗水和产量的影响. 农业工程学报, 34(11): 113-120.
Allen R, Pereira L, Raes D, et al. 1998. Crop Evapotranspiration: Guidelines for Computing Crop Requirements. FAO Irrigation and Drainage Paper No. 56. FAO, Rome.
Al-Othman A A, Mattar M A, Alsamhan M A. 2020. Effect of mulching and subsurface drip irrigation on soil water status under arid environment. Span J Agric Res, 18(1): e1201.
Anand J P, Koonnamas P, Sai K Vanapalli. 2006. Soil-water characteristic curves of stabilized expansive soils. Journal of Geotechnical and Geoenvironmental Engineering, 132(6): 736-751.
Bacq-Labreuil A, Crawford J, Mooney S J, et al. 2018. Effects of cropping systems upon the three-dimensional architecture of soil systems are modulated by texture. Geoderma, 332: 73-83.
Ballent A, Corcoran P L, Madden O, et al. 2016. Sources and sinks of microplastics in canadian lake ontario nearshore, tributary and beach sediments. Marine Pollution Bulletin, 110(1): 383-395.
Bargués Tobella A, Reese H, Almaw A, et al. 2014. The effect of trees on preferential flow and soil infiltrability in an agroforestry parkland in semiarid Burkina Faso.Water Resources Research, 30(7): 3342-3354.

Barua P, Hazarika R. 2014. Studies on fertigation and soil application methods alongwith mulching on yield and quality of assam lemon (citrus limon l. burmf.). Indian Journal of Horticulture, 71(2): 190-196.

Beauchamp E G, Lathwell D J. 1966. Effect of root zone temperatures on corn leaf morphology. Canad J Plant Sci, 46 (6): 593-601.

Besseling E, Quik J T K, Sun M, et al. 2017. Fate of nano- and microplastic in freshwater systems: A modeling study. Environmental Pollution, 220: 540-548.

Bezborodova G A, Shadmanovb D K, Mirhashimovb R T, et al. 2010. Mulching and water quality effects on soil salinity and sodicity dynamics and cotton productivity in Central Asia. Agriculture, Ecosystems and Environment, 138(1): 95-102.

Bhandari A K, Kumar I V, Srinivas K. 2019. Cuttlefish alogorithm based multilevel 3D Otsu function for color inmage segmentation. IEEE Transactions on Instrymentation and Measurment, PP(99): 1.

Bianco C H, Lal R. 2007. Impacts of long-term wheat straw management on soil hydraulic properties under no-tillage. Soil Science Society of America Journal, 71(4): 1166-1173.

Biscoe P V, Clark J A, Gregson K, et al.1974. Barley and its environment. 1. Theory and practice. Journal Applied Ecology, 12: 227-247.

Blair R M, Waldron S, Phoenix V R, et al. 2019. Microscopy and elemental analysis characterisation of microplastics in sediment of a freshwater urban river in Scotland, UK. Environmental Science and Pollution Research, 26: 12491-12504.

Brooks R H, Corey A T. 1964. Hydraulic properties of porous media. Hydrology Paper 3. Fort Collins: Colorado State University.

Bulanon D M, Burks T F, Alchanatis V. 2010. A multispectral imaging analysis for enhancing citrus fruit detection. Environmental Control in Biology, 48(2): 81-91.

Campbell G S, Norman J M, Russell G, et al. 1989. The description and measurement of plant canopy structure. Plant Canopies, 133(42): 2057-2059.

Castaldelli G, Nicolò C, Tamburini E, et al. 2018. Soil type and microclimatic conditions as drivers of urea transformation kinetics in maize plots. Catena, 166: 200-208.

Cesa F S, Turra A, Baruque-Ramos J. 2017. Synthetic fibers as microplastics in the marine environment: A review from textile perspective with a focus on domestic washings. Science of the Total Environment, 598: 1116-1129.

Chen N, Li X Y, Shi H B, et al. 2021. Effect of biodegradable film mulching on crop yield, soil microbial and enzymatic activities, and optimal levels of irrigation and nitrogen fertilizer for the zea mays crops in arid region. Science of the Total Environment, 776: 145970.

Chen N, Li X Y, Šimůne J, et al. 2020. Evaluating soil nitrate dynamics in an intercropping dripped ecosystem using HYDRUS-2D. Science of the Total Environment, 718: 137314.

Cheng J H, Zhang H J, Wang W, et al. 2011. Changes in preferential flow path distribution and its affecting factors in Southwest China. Soil Science, 176(12): 652-660.

Chung S O, Horton R. 1987. Soil heat and water flow with a partial surface mulch. Water Resources Research, 23: 2175-2186.

Collignon A, Hecq J H, Glagani F, et al. 2012. Neustonic microplastic and zooplankton in the North Western Mediterranean Sea. Marine Pollution Bulletin, 64(4): 861-864.

Connors K A, Dyer S D, Belanger S E. 2017. Advancing the quality of environmental microplastic research. Environmental Toxicology and Chemistry, 36(7): 1697-1703.

Cote C, Bristow K, Charlesworth P, et al. 2003. Analysis of soil wetting and solute transport in subsurface trickle irrigation. Irrigation Science, 22: 143-156.

Culligan K A, Wildenschild D, Christensen B S B, et al. 2004. Interfacial area measurements for unsaturated flow through a porous medium. Water Resources Research, 40(12): W12S06.

Culligan K A, Wildenschild D, Christensen B S B, et al. 2006. Pore-scale characteristics of multiphase flow in porous media: A comparison of air-water and oil-water experiments. Advances in Water Resources, 29(2): 227-238.

Dam J C, Huygen J, Wesseling J G. 1997. Theory of swap, version 2.0. simulation of water flow, solute transport and plant growth in the soil-water-atmosphere-plant environment. Wageningen Dlo Winand Staring Centre.

Di M, Wang J. 2018. Microplastics in surface waters and sediments of the Three Gorges Reservoir, China. Science of the Total Environment, 616-617: 1620-1627.

Dick R P, Myrold D D, Kerle E A. 1988. Microbial biomass and soil enzyme activities in compactedand rehabilitated skid trail soils. Soil Science Society of America Journal, 52(2): 512-516.

Ding L, Mao R F, Guo X T, et al. 2019. Microplastics in surface waters and sediments of the Wei River, in the northwest of China. Science of the Total Environment, 667(1): 427-434.

Dong H G, Liu T, Han Z Q, et al. 2015. Determining time limits of continuous film mulching and examining residual effects on cotton yield and soil properties. Journal of Environmental Biology, 36(3): e677-e684.

Eo S, Hong S H, Song Y K, et al. 2019. Spatiotemporal distribution and annual load of microplastics in the Nakdong River, South Korea. Water Research, 160: 228-237.

Feddes R A, Kowalik P J, Zaradny H. 1982. Simulation of field water use and crop yield. Soil Science, 129 (3) : 193.

Feddes R, Kowalik P, Zaradny H. 1978. Simulation of Field Water Use and Crop Yield. New York: John Wiley & Sons.

Fredlund D G, Xing A. 1994. Equations for the soil-water characteristic curve. Canadian Geotechnical Journal, 31(4): 521-532.

Frère L, Paul-Pont I, Rinnert E, et al. 2017. Influence of environmental and anthropogenic factors on the composition, concentration and spatial distribution of microplastics: A case study of the Bay of Brest (Brittany, France). Environmental Pollution, 225: 211-222.

Galvan-Ampudia C S, Testerink C. 2011. Salt stress signals shape the plant root. Curr Opin Plant Biol, 14: 296-302.

Gao H H, Yan C R, Liu Q, et al. 2018. Effects of plastic mulching and plastic residue on agricultural production: A meta-analysis. Science of the Total Environment, 651: 484-492.

Gao Q. 2019. Reducing basal nitrogen rate to improve maize seedling growth, water and nitrogen use efficiencies under drought stress by optimizing root morphology and distribution. Agric Water Manag, 212: 328-337.

Ghanbarian-Alavijeh B, Liaghat A, Huang G H, et al. 2010. Estimation of the Van Genuchten soil water retention properties from soil textural data. Pedosphere, 20(4): 456-465.

Gongal A, Amatya S, Karkee M, et al. 2015. Sensors and systems for fruit detection and localization: A review. Computers and Electronics in Agriculture, (116): 8-19.

Guerranti C, Martellini T, Perra G, et al. 2019. Microplastics in cosmetics: Environmental issues and needs for global bans. Environmental Toxicology and Pharmacology, 68: 75-79.

Han M, Niu X, Tang M, et al. 2020. Distribution of microplastics in surface water of the lower Yellow River near estuary. Science of the Total Environment, 707: 135601.

Hannan M W, Burks T F. 2004. Current developments in automated citrus harvesting. 2004 ASAE Annual Meeting, p.1, American Society of Agricultural and Biological Engineers.

Hanson B, Šimůnek J, Hopmans J. 2006. Evaluation of urea-ammonium-nitrate fertigation with drip irrigation using numerical modeling. Agric Water Manage, 86: 102-113.

He G, Wang Z, Hui X, et al. 2020. Black film mulching can replace transparent film mulching in crop production. Field Crops Res, 261: 108026.

He H J, Wang Z H, Guo L, et al. 2018. Distribution characteristics of residual film over a cotton field under long-term film mulching and drip irrigation in an oasis agroecosystem. Soil and Tillage Research, 180: 194-203.

Hernandez E, Nowack B, Mitrano D M. 2017. Synthetic textiles as a source of microplastics from households: A mechanistic study to understand microfiber release during washing. Environmental Science & Technology, 51: 7036-7046.

Hillel D. 1998. Environmental Soil Physics: Fundamentals, Applications, and Environmental Considerations. Waltham: Academic Press.

Horton A A, Walton A, Spurgeon D J, et al. 2017. Microplastics in freshwater and terrestrial environments: Evaluating the current understanding to identify the knowledge gaps and future research priorities. Science of The Total Environment, 586: 127-141.

Hou X Y, Wang F X, Han J J, et al. 2010. Duration of plastic mulch for potato growth under drip irrigation in an arid region of Northwest China. Agric For Meteorol, 150(1): 115-121.

Hu K X, Yue W F, Meng K K, et al. 2019. Autumn irrigation alerted the geochemistry of groundwater in Hetao irrigation district: Take Yichang irrigation district as an example. Journal of Irrigation and Drainage, 38(6): 85-91, 112.

Hu Q, Li X Y, Gonçalves José M, et al. 2020. Effects of residual plastic-film mulch on field corn growth and productivity. Science of The Total Environment, 729: 138901.

Hu W, Jiang Y, Chen D, et al. 2018. Impact of pore geometry and water saturation on gas effective diffusion coefficient in soil. Applied Sciences, 8(11): 2097.

Ibrahim M, Khan A, Anjum Ali W, et al. 2020. Mulching techniques: An approach for offsetting soil moisture deficit and enhancing manure mineralization during maize cultivation. Soil Tillage Res, 200: 104631.

Javed A, Iqbal M, Farooq M, et al. 2019. Plastic film and straw mulch effects on maize yield and water use efficiency under different irrigation levels in punjab, pakistan. Int J Agric Biol, 21(4): 767-774.

Jiang X J, Liu W, Wang E, et al. 2017. Residual plastic mulch fragments effects on soil physical properties and water flow behavior in the Minqin Oasis, northwestern China. Soil and Tillage Research, 166: 100-107.

John L, Michael B, Andreas B. 1998.The profitability of traditional and innovative mulching techniques using millet crop residues in the west African Sahara. A Culture, Ecosystems and Environment, 67: 23-35.

Jongrungklang N, Toomsan B, Vorasoot N, et al. 2011. Rooting traits of peanut genotypes with different yield responses to pre-flowering drought stress. Field Crops Res, 120: 262-270.

Kader M A, Nakamura K, Senge M, et al. 2019. Numerical simulation of water- and heat-flow regimes of mulched soil in rain-fed soybean field in central japan. Soil Tillage Res, 191: 142-155.

Knoll H A, Lathwell D J, Brady N C. 1964. The influence of root zone temperature on the growth and contents of phosphorus and anthocyanin of corn. Soil Sci Soc Am J, 28(3): 400-402.

Kooi M, Besseling E, Kroeze C, et al. 2018. Erratum to: Modeling the fate and transport of plastic debris in freshwaters: Review and guidance. Berlin: Freshwater Microplastics, 125-152.

Kosugi K. 1996. Lognormal distribution model for unsaturated soil hydraulic properties. Water Resources Research, 32(9): 2697-2703.

Lahens L, Strady E, Kieule T C, et al. 2018. Macroplastic and microplastic contamination assessment of a tropical river (Saigon River, Vietnam) transversed by a developing megacity. Environmental Pollution, 236: 661-671.

Lanorte A, Santis F D, Gabriele Nolè, et al. 2017. Agricultural plastic waste spatial estimation by Landsat 8 satellite images. Computers & Electronics in Agriculture, 141: 35-45.

Lebreton L C, Van Der Zwet J, Damsteeg J W, et al. 2017. River plastic emissions to the world's oceans. Nature Communications, 8: 15611.

Lee J G, Chae H G, Song R C, et al. 2021. Impact of plastic film mulching on global warming in entire chemical and organic cropping systems: Life cycle assessment. J Cleaner Prod, 308: 127256.

Leslie H A, Brandsma S H, Van V M J M, et al. 2017. Microplastics en route: Field measurements in the Dutch river delta and Amsterdam canals, wastewater treatment plants, North Sea sediments and biota. Environment International, 101: 133-142.

Li F M, Ping W, Wang J, et al. 2004a. Effects of irrigation before sowing and plastic film mulching on yield and water uptake of spring wheat in semiarid Loess Plateau of China. Agric Water Manage, 67(2): 77-88.

Li F M, Song Q H, Jjemba P K, et al. 2004b. Dynamics of soil microbial biomass C and soil fertility in cropland mulched with plastic film in a semiarid agro-ecosystem. Soil Biol Biochem, 36(11): 1893-1902.

Li J, Liu H, Duan L, et al. 2008. Spike differentiation in winter wheat (Triticum aestivum L.) mulched with plastic films during over-wintering period. J Sustain Agric, 31(3): 133-144.

Li X Y, Yang P L, Ren S M, et al. 2010. An improved canopy transpiration model and parameter uncertainty analysis by Bayesian approach. Mathematical and Computer Modelling, 51(11-12): 1363-1367.

Liakatas A, Clark J A, Monteith J L. 1986. Measurements of the heat balance under plastic mulches. Part I. Radiation balance and soil heat flux. Agric For Meteorol, 36(3): 227-239.

Liao J, Huang Y. 2014. Global trend in aquatic ecosystem research from 1992 to 2011. Scientometrics, 98(2): 1203-1219.

Lin L, Zuo L Z, Peng J P, et al. 2018. Occurrence and distribution of microplastics in an urban river: A case study in the Pearl River along Guangzhou City, China. Science of The Total Environment, 644: 375-381.

Liu C G, Zhou L M, Li F M, et al. 2009. Effects of plastic film mulch and tillage on maize productivity and soil parameters. European Journal of Agronomy, 31(4): 241-249.

Liu E K, He W Q, Yan C R. 2014. White revolution to white pollution-agricultural plastic film mulch in China. Environmental Research Letters, 9(9): 091001.

Luo J, Zhou J, Li H, et al. 2015. Global poplar root and leaf transcriptomes reveal links between growth and stress responses under nitrogen starvation and excess. Tree Physiol, 35: 1283-1302.

Mahajan G, Sharda R, Kumar A, et al. 2007. Effect of plastic mulch on economizing irrigation water and weed control in baby corn sown by different methods. African Journal of Agricultural Research, (2): 19-26.

Martínez García G, Pachepsky Y A, Vereecken H. 2014. Effect of soil hydraulic properties on the relationship between the spatial mean and variability of soil moisture. Journal of Hydrology, (516): 154-160.

Mataji A, Taleshi M S, Balimoghaddas E. 2020. Distribution and characterization of microplastics in surface waters and the southern caspian sea coasts sediments. Archives of Environmental Contamination and Toxicology, 78(1): 86-93.

Mendonça S R, Ávila M C R, Vital R G, et al. 2021. The effect of different mulching on tomato development and yield. Sci Hortic, 275: 109657.

Miller R Z, Watts A J R, Winslow B O, et al. 2017. Mountains to the sea: River study of plastic and non-plastic microfiber pollution in the northeast USA. Marine Pollution Bulletin, 124(1): 245-251.

Min W, Guo H J, Zhou G W, et al. 2014. Root distribution and growth of cotton as affected by drip irrigation with saline water. Field Crops Res, 169: 1-10.

Mokany K, Raison R J, Prokushkin A S. 2005. Critical analysis of root: Shoot ratios in terrestrial biomes. Global Change Biology, 12(1): 84-96.

Mu X, Chen Y. 2021. The physiological response of photosynthesis to nitrogen deficiency. Plant Physiology and Biochemistry, 158: 76-82.

Mualem Y. 1976. A new model for predicting the hydraulic conductivity of unsaturated porous media. Water Resources Research, 12(3): 513-522.

Muhammad N, Per M, Hans-JÖrg, et al. 2014. Impact of long-term fertilization practice on soil structure evolution. Geoderma, 217-218: 181-189.

Nakamura K, Harter T, Hirono Y, et al. 2004. Assessment of root zone nitrogen leaching as affected by irrigation and nutrient management practices. Vadose Zone J, 3: 1353-1366.

Narmatha S, Immaculate J K, Jamila P, et al. 2019. Abundance, characteristics and surface degradation features of microplastics in beach sediments of five coastal areas in Tamil Nadu, India. Marine Pollution Bulletin, 142: 112-118.

Naveen-Gupta H E, Eberbach P L, Balwinder-Singh, et al. 2021. Effects of tillage and mulch on soil evaporation in a dry seeded rice-wheat cropping system. Soil Tillage Res, 209: 104976.

Nel H A, Dalu T, Wasserman R J. 2018. Sinks and sources: Assessing microplastic abundance in river sediment and deposit feeders in an Austral temperate urban river system. Science of The Total Environment, 612: 950-956.

Ning S R, Shi J C, Zuo Q, et al. 2015. Generalization of the root length density distribution of cotton under film mulched drip irrigation. Field Crops Research, 177: 125-136.

Noam V D H, Ariel A, Angel D L. 2017. Exceptionally high abundances of microplastics in the oligotrophic Israeli Mediterranean coastal waters. Marine Pollution Bulletin, 116(1-2): 151-155.

Ohta Y I. 1980. Color information for region segmentation technique. Computer Graphics and Image Processing, 13(3): 222-241.

Peter G R. 2015. Does size and buoyancy affect the long-distance transport of floating debris. Environmental Research Letters, 10(8): 084019.

Porter M L, Schaap M G, Wildenschild D. 2009. Lattice-Boltzmann simulations of the capillary pressure–saturation–interfacial area relationship for porous media. Advances in Water Resources, 32(11): 1632-1640.

Qi Y L, Yang X M, Pelaez M A, et al. 2018. Macro- and micro- plastics in soil-plant system: Effects of plastic mulch film residues on wheat (Triticum aestivum) growth. Science of the Total Environment, 645: 1048-1056.

Rai V, Pramanik P, Das T K, et al. 2019. Modelling soil hydrothermal regimes in pigeon pea under conservation agriculture using Hydrus-2D. Soil Tillage Res, 190: 92-108.

Ramos T, Šimůnek J, Gonalves M, et al. 2012. Two-dimensional modeling of water and nitrogen fate from sweet sorghum irrigated with fresh and blended saline waters. Agric Water Manage, 111: 87-104.

Ravikumar V, Vijayakumar G, Šimůnek J, et al. 2011. Evaluation of fertigation scheduling for sugarcane using a vadose zone flow and transport model. Agric Water Manage, 98: 1431-1440.

Richards L. 1931. Capillary conduction of liquids in soil through porous media.Physics, 1: 318-333.

Rose E J. 1996. Agricultural Physics. Oxford: Pergamon.

Sanderson C, Paliwal K K. 2004. Information Fusion and Person Verification Using Speech & Face Information. IDIAP-RR 02-33, Martigny, Swizerla.

Schaap M G, Porter M L, Christensen B S B, et al. 2007. Comparison of pressure-saturation characteristics derived from computed tomography and Lattice Boltzmann simulations. Water Resources Research, 43: W12S06.

Schaik N L M B V. 2009. Spatial variability of infiltration patterns related to site characteristics in a semi-arid watershed. Catena, 78(1): 1-47.

Shahzad A N, Qureshi M K, Wakeel A, et al. 2019. Crop production in Pakistan and low nitrogen use efficiencies. Nature Sustainability, 2(12): 1106-1114.

Sharma P, Abrol V, Sankar G M. 2009. Effect of tillage and mulching management on the crop productivity and soil properties in maize-wheat rotation. Research on Crops, 10(3): 536-541.

Shi Z J, Wang Y H, Yu P T, et al. 2008. Effect of rock fragments on the percolation and evaporation of forest soil in Liupan Mountains, China. Acta Ecologica Sinica, (12): 6090-6098.

Silin D, Patzek T. 2006. Pore space morphology analysis using maximal inscribed spheres. Physica A: Statistical Mechanics and its Applications, 371(2): 336-360.

Silin D, Tomutsa L, Benson S M, et al. 2011. Microtomography and pore-scale modeling of two-phase fluid distribution. Transport in Purous Media, 86(2): 495-515.

Silva A B, Bastos A S, Justino C I L, et al. 2018. Microplastics in the environment: Challenges in analytical chemistry-A review. Analytica Chimica Acta, 1017: 1-19.

Šimůnek J, Van Genuchten M Th, Šejna M. 2016. Recent developments and applications of the HYDRUS computer software packages. Vadose Zone J, 15: 25.

Skaggs T H, Trout T J, Šimůnek J, et al. 2004. Comparison of hydrus-2d simulations of drip irrigation with experimental observations. J Irrig Drain Div, Am Soc Civ Eng, 130(4): 304-310.

Song Y K, Hong S H, Soeun E, et al. 2018. Horizontal and vertical distribution of microplastics in Korean coastal waters. Environmental Science&Technology, 52(21): 12188-12197.

Su J Y, Liu C J , Matthew C, et al. 2018. Wheat yellow rust monitoring by learning from multispectral UAV aerialimagery. Computers and Electronics in Agriculture, 155: 157-166.

Tafteh A, Sepaskhah A. 2012. Application of HYDRUS-1D model for simulating water and nitrate leaching from continuous and alternate furrow irrigated rapeseed and maize fields. Agric Water Manage, 113: 19-29.

Teng J, Zhao J M, Zhang C, et al. 2020. A systems analysis of microplastic pollution in Laizhou Bay, China. Science of the Total Environment, 745: 12.

Turner S, Horton A A, Rose N L, et al. 2019. A temporal sediment record of microplastics in an urban lake, London, UK. Journal of Paleolimnology, 61: 449-462.

van Genuchten M Th. 1980. A closed-form equation for predicting the hydraulic conductivity of unsaturated soils. Soil Science Society of America Journal, 44: 892-898.

Vermaire J C, Pomeroy C, Herczegh S M, et al. 2017. Microplastic abundance and distribution in the open water and sediment of the Ottawa River, Canada, and its tributaries. Facets, 2(1): 301-314.

Wang F X, Feng S Y, Hou X Y, et al. 2009. Potato growth with and without plastic mulch in two typical regions of Northern China. Field Crop Res, 110(2): 123-129.

Wang H, Ju X, Wei Y, et al. 2010. Simulation of bromide and nitrate leaching under heavy rainfall and high-intensity irrigation rates in North China Plain. Agric Water Manage, 97: 1646-1654.

Wang T, Zou X Q, Li B J, et al. 2018. Preliminary study of the source apportionment and diversity of microplastics: Taking floating microplastics in the South China Sea as an example. Environmental Pollution, 245: 965-974.

Wang Y, Wang Y L. 2017. Liquefaction characteristics of gravelly soil under cyclic loading with constant strain amplitude by experimental and numerical investigations. Soil Dynamics and Earthquake Engineering, 92: 388-396.

Wang Y, Zhang X Y, Chen J, et al. 2015. Global poplar root and leaf transcriptomes reveal links between growth and stress responses under nitrogen starvation and excess. Tree Physiol, 35: 1283-302.

Wang Z M, Jin M G, Šimůnek J, et al. 2014. Evaluation of mulched drip irrigation for cotton in arid Northwest China. Irrigation Science, 32(1): 15-27.

Wang Z, Qin Y, Li W, et al. 2019. Microplastic contamination in freshwater: First observation in Lake Ulansuhai, Yellow River Basin, China. Environmental Chemistry Letters, 17: 1821-1830.

Wen X F, Du C Y, Xu P, et al. 2018. Microplastic pollution in surface sediments of urban water areas in Changsha, China: Abundance, composition, surface textures. Marine Pollution Bulletin, 136: 414-423.

Wesseling J G, Brandyk T. 1985. Introduction of the occurrence of high groundwater levels and surface water storage in computer program SWATRE. Wageningen, The Netherlands, Nota 1636, Institute for Land and Water Management Research (ICW).

Wu J Q, Zhang R D, Gui S X. 1999. Modeling soil water movement with water uptake by roots. Plant and Soil, 215(1): 7-17.

Xiong X, Wu C, Elser J J, et al. 2019. Occurrence and fate of microplastic debris in middle and lower reaches of the yangtze river-from inland to the sea. Science of The Total Environment, 659(APR.1): 66-73.

Xu J, Li C F, Liu H T, et al. 2015. The effects of plastic film mulching on maize growth and water use in dry and rainy years in Northeast China. PLoS One, 10(5): e0125781.

Yan C R, He W Q, Neil C, et al. 2014. Plastic-film mulch in Chinese agriculture: Importance and problems. World Agriculture, 4(2): 32-36.

Yang W Y, Tu N M. 2003. Crop Cultivation. Beijing: China Agriculture Press.

Yechezkel M. 1976. A new model for predicting the hydraulic conductivity of unsaturated porous media. Water Resources Research, 12(3): 513-522.

Young M H, Caldwell T G, Meadows D G, et al. 2009. Variability of soil physical and hydraulic properties at the Mojave Global Change Facility, Nevada: Implications for water budget and evapotranspiration. Journal of Arid Environments, 73(8): 733-744.

Zhang B H, Huang W Q, Li J B, et al. 2014. Principles, developments and applications of computer vision for external quality inspection of fruits and vegetables: A review. Food Research International, (62): 326-343.

Zhang D, Liu H B, Hu W L, et al. 2016. The status and distribution characteristics of residual mulching film in Xinjiang, China. Journal of Integrative Agriculture, 15(11): 2639-2646.

Zhang G S, Liu Y F. 2018. The distribution of microplastics in soil aggregate fractions in southwestern china. Science of the Total Environment, 642(nov.15): 12-20.

Zhang H, Li D L. 2014. Applications of computer vision techniques to cotton foreign matter inspection: A review. Computers and Electronics in Agriculture, (109): 59-70.

Zhang H, Liu Q, Yu X, et al. 2012. Effects of plastic mulch duration on nitrogen mineralization and leaching in peanut (Arachis hypogaea) cultivated land in the Yimeng Mountainous Area, China. Agric Ecosyste Environ, 158: 164-171.

Zhang J X, Zhang C L, Deng Y X, et al. 2019. Microplastics in the surface water of small-scale estuaries in Shanghai. Marine Pollution Bulletin, 149: 110569.

Zhang K, Xiong X, Hu H, et al. 2017. Occurrence and characteristics of microplastic pollution in xiangxi bay of three gorges reservoir, china. Environmental Science&Technology, 51(7): 3794-

3801.

Zhang S, Yang X, Gertsen H, et al. 2018. A simple method for the extraction and identification of light density microplastics from soil. Science of The Total Environment, 616-617: 1056-1065.

Zhao S, Zhu L, Li D. 2015. Microplastic in three urban estuaries, China. Environmental Pollution, 206: 597-604.

Zhao Y, He Y, Xu X. 2012. A novel algorithm for damage recognition on pest-infested oilseed rape leaves. Computers & Electronics in Agriculture, 89(3): 41-50.

Zhou H, Yu X, Chen C, et al. 2019. Pore-scale lattice Boltzmann modeling of solute transport in saturated biochar amended soil aggregates. Journal of Hydrology, 577: 123933.

Zucker S W. 1976. Region growing: Childhood and adolescence. Computer Graphics Image Processing, 5: 382-399.